数据库系统设计与项目实践
——基于SQL Server 2008

潘永惠　编著

科学出版社

内 容 简 介

本书全面介绍了Microsoft SQL Server 2008数据库设计与项目实践的相关知识和应用技能。

书中还原真正的工程项目——教学管理系统的开发过程，以"项目引导、任务驱动"为中心，将内容划分为9大模块。在基于项目实践的层面上，深刻讲解了数据库概论、SQL Server 2008数据库系统设计、数据库创建、T-SQL语言、存储过程、触发器、游标、SQL Server安全机制、SQL Server 2008配置、备份与恢复等知识。通过穿插的ASP.NET技术实现项目"教学管理系统"的各项功能，介绍了ASP.NET入门知识、基础Web控件应用、ADO.NET数据库连接和开发技术，以巩固和提高读者的数据库项目开发能力，加深对基础理论的理解。

本书充分展现了作者在软件技术专业教学过程中所形成的"项目引导、任务驱动"课程建设与教学方法，以技能培养为首要任务，可作为各类院校、高职高专、中职、成人教育院校和计算机培训学校数据库相关课程的教材，也可作为微软数据库开发认证考试的辅导书。同时，也非常适合作为数据库设计与应用人员的入门与提高教程。

图书在版编目（CIP）数据

数据库系统设计与项目实践：基于 SQL Server 2008
/ 潘永惠编著.—北京：科学出版社，2011
ISBN 978-7-03-029910-9

I. ①数… II. ①潘… III. ①关系数据库—数据库管理系统，SQL Server 2008 IV. ①TP311.138

中国版本图书馆 CIP 数据核字（2011）第 000209 号

责任编辑：桂君莉	/	责任校对：刘雪连
责任印刷：新世纪书局	/	封面设计：彭琳君

科 学 出 版 社 出版

北京东黄城根北街 16 号
邮政编码：100717
http://www.sciencep.com

中国科学出版集团新世纪书局策划

北京市艺辉印刷有限公司印刷

中国科学出版集团新世纪书局发行 各地新华书店经销

*

2011 年 4 月 第 一 版　　　　　开本：16 开
2011 年 4 月第一次印刷　　　　印张：17.0
印数：1—3 000　　　　　　　　字数：414 000

定价：32.80 元

（如有印装质量问题，我社负责调换）

在步入信息时代的今天，数据库得到了广泛的应用。与专业的数据库设计师相比，没有项目实践经验的读者往往会遇到以下问题：

- ✪ 网页界面都设计好了，怎么连接数据库？
- ✪ 用户要登录，怎么验证用户名和密码？
- ✪ 用户的注册信息，如何保存起来？
- ✪ 存储过程要怎么用？……

是否进入项目组后才能解答以上问题呢？答案是不尽然的。实际上，对于真正的数据库设计师来讲，这些都不会是问题。读者们会遇到这些问题，主要是因为没有一个真正"项目实践"的学习环境。

本书依托 SQL Server 2008 中文版软件，围绕"数据库系统设计与项目实践"这个主题，将与之相关的知识和技能融入到"项目实践"的学习环境中，深入浅出地加以讲解，确保读者能将理论与实践相结合，从而做到融会贯通。

本书内容

书中还原真正的工程项目——教学管理系统的设计与实现的开发过程，以"项目引导、任务驱动"为中心，将内容划分为 9 大模块，51 个任务。每个模块都紧密结合项目"教学管理系统"，承上启下、相互衔接。

第 1 模块简要介绍数据库设计的基本原理，包括范式理论、实体-关系模型及数据库系统设计步骤等方面的知识，重点突出了数据库逻辑设计和规范化方面的应用，完成"教学管理系统"数据库的设计。

第 2 模块主要介绍 SQL Server 2008 数据库的安装步骤，及数据库的创建与维护，分离和附加方法。

第 3 模块主要介绍了 SQL Server 2008 数据表的创建和维护方法，重点突出了数据完整性的实现与维护，完成了"教学管理系统"数据库中相应表的创建。

第 4 模块主要介绍了 T-SQL 数据查询技能，简单介绍了 Visual Studio 2008 的工作环境，并结合"教学管理系统"项目，基于 ASP.NET 技术构建了学生功能网站，实现了登录功能和学生成绩查询功能。

第 5 模块主要介绍了 T-SQL 数据操纵语言，数据添加、更新和删除操作，同时基于.NET 技术实现了项目中班级信息的添加、更新和删除功能。

第 6 模块重点介绍了存储过程，同时介绍了 T-SQL 语言中的变量、运算符、函数、流程控制和注释等元素，同时基于.NET 技术结合存储过程的应用实现了项目中的课程班成绩查询及学生网上选课和退课功能。

第 7 模块结合"教学管理系统"主要介绍了触发器和游标，同时基于.NET 技术结合触发器和游标的应用实现了项目中的学生选课人数自增和教师成绩录入功能。

第 8 模块结合"教学管理系统"数据库的管理，介绍了 SQL Server 2008 的安全机制。

第 9 模块同样结合"教学管理系统"数据库的维护，介绍了 SQL Server 2008 的备份与恢复策略及相关知识，同时介绍了 SQL Server 2008 之间，SQL Server 2008 与 Excel 之间的数据导入与导出方法。

全书的每个模块中包含多个任务，每个任务又由"任务描述与分析"、"相关知识与技能"、"任务实施与拓展"三大部分组成。通过这种将项目模块化、模块任务化的独特方式，寓理论教学于项目实践之中，大大缩短了读者的学习时间，提高了学习效率。在学完一个模块的内容之后，还提供实训操作和练习，帮助读者掌握知识、巩固技能。

本书特色

本书融职业技能训练与职业素质教育于一体，在营造"项目实践"的学习环境下，对数据库系统设计与项目实践所需的各种知识进行了整合和重构，没有大套的理论知识，寓知识学习于项目实践之中，重点培养读者的数据库系统设计与项目综合应用能力。

- ✪ **应用为主、能力为本** 本书的编写自始至终紧扣"应用为主旨、能力为本位"，通过综合项目"教学管理系统"，对数据库系统设计与项目应用所需的各种知识进行了整合，重点培养学生的数据库项目综合设计与应用能力。
- ✪ **项目引导、任务驱动** 以项目"教学管理系统"为主线，贯穿于整本教材的所有模块。在引入整体项目的基础上，每个知识点由相应的任务来支撑，处处体现"项目引导、任务驱动"。
- ✪ **理实一体、讲练结合** 依托项目"教学管理系统"，理论教学与实践教学齐头并进，每个任务中都有机融合了知识点的讲解和技能的训练，融"教、学、做"于一体。

读者对象

本书在编写的过程中本着以简明、易学、实用为原则，为读者营造"项目实践"的学习氛围，读者只要根据本书所引入的项目，对照每个任务进行学习和实践，就能掌握数据库系统设计与实现的相关内容和技能，本书可作为各类院校、高职高专、中职、成人教育院校和计算机培训学校数据库相关课程的教材，也可作为微软数据库开发认证考试的辅导书。同时，也非常适合作为数据库设计与应用人员的入门与提高教程。

读者服务

本书拥有专属的精品课程教学网站：http://kc.jypc.org/08Dbsql/index1.htm，提供大量教学资源和学习素材。本书配套的系统源代码、数据库文件和电子课件，读者即可在该网站下载，也可来邮索取，客服邮箱地址：bookservice@126.com。

读者在使用本书时遇到问题，也可通过邮件与我们取得联系。

编者寄语

参与本书编写的还有范蕤、包芳、吴懋刚和刘文君老师，感谢陈士川老师对全书作了详细的审稿。由于编者水平所限，加上编写时间仓促，错误和不足之处在所难免，敬请广大读者朋友批评指正。

编著者
2011 年 2 月

目 录 | Contents

第 1 模块　教学管理系统的数据库设计

第 2 模块　教学管理系统数据库的创建与维护

第 5 模块　教学管理系统的数据操作

第 6 模块　教学管理系统中存储过程的应用

第 7 模块　教学管理系统中触发器和游标的应用

第 8 模块　系统安全机制设计

第 9 模块　数据备份策略

附录　**SQL Server 2008** 常用函数速查

第 1 模块 教学管理系统的数据库设计

所谓数据库就是存放数据的地方，是需要长期存放在计算机内的、有组织的、可共享的数据集合。数据库中的数据按一定的数据模型组织、描述和存储，具有较小的冗余度、较高的数据独立性和易扩展性，可为不同的用户共享。

一个好的数据库设计是管理信息系统应用成功的重要保证。设计合理的数据库模型可以使编写和调试应用程序更加容易，同时有助于提高和优化系统的性能。

工作任务

- 任务 1：教学管理系统的需求分析
- 任务 2：教学管理系统的概念设计
- 任务 3：教学管理系统的逻辑设计
- 任务 4：教学管理系统的数据库设计规范化

学习目标

- 理解关系型数据库基本概念
- 熟悉数据库设计的主要阶段和步骤
- 掌握数据库概念设计阶段绘制 E-R 图的方法
- 掌握 E-R 图转换为数据表逻辑形式的方法
- 理解并掌握数据库设计规范化方法

1.1 任务 1——教学管理系统的需求分析

任务描述与分析

近年来，随着教育管理信息化的日益深入和高校招生规模的不断扩大，传统的人工管理方式已经不能适应新的教学管理需求，学院教务处希望设计一个"教学管理系统"，以实现对学生从入学到毕业全过程的教学管理。

计算机系的孙教授接受了学院教务处的委托，根据学校目前的教学管理要求设计一个"教学管理系统"。与学院相关部门协调并达成共识后，孙教授作为项目经理立刻组建了开发团队，成立了 3 个项目小组，由李老师、陈老师和董老师分别担任项目小组组长，并挑选 6 名学生（曾丹丹、李勋、唐小磊、宋子杰、李娜和周丽）作为项目小组成员。在第一次项目会议上，项目经理孙教授就强调："好的设计是项目成功的基石"，开发一个高性能的"教学管理系统"，数据库设计非常重要。调研员要反复认真地到教务处和系部调研系统的需求，逐步明晰学分制教学管理的工作流程，明确系统的功能需求，确定系统详细的数据结构，为下一阶段的开发工作提供重要依据。

📎 相关知识与技能

数据库中的数据是通过数据库管理系统（Database Management System，DBMS）来管理的。数据库管理系统是指数据库系统中对数据进行管理的软件系统，它是数据库系统的核心组成部分，用户对数据库的一切操作，包括定义、查询、更新以及各种控制，都是通过数据库管理系统进行的。将负责数据的规划、设计、协调、维护和管理的人员称为数据库管理员（Database Administrator，DBA）。

在不引起混淆的情况下，人们常常将数据库管理系统称为数据库。例如，常见的 Access、SQL Server、Oracle 和 MySQL 等数据库，其实都属于 DBMS 的范围。

由 Microsoft 发布的 SQL Server 产品是一个典型的关系型数据库管理系统，以其功能的强大、操作简便、安全可靠的优点，得到很多用户的认可，应用也越来越广泛。在正式学习 SQL Server 2008 之前，我们首先来学习数据库技术的相关原理及应用知识，主要包括数据库基本概念、关系数据库、范式理论、实体-关系数据模型和数据库系统设计概念。

1.1.1 数据库系统模型

根据具体数据存储需求的不同，数据库可以使用多种类型的系统模型（模型是指数据库管理系统中数据的存储结构），其中较为常见的有层次模型（Hierarchical Model）、网状模型（Network Model）和关系模型（Relation Model）3 种。

1. 层次模型

层次型数据库使用层次模型作为自己的存储结构。这是一种树型结构，它由节点和连线组成，其中节点表示实体，连线表示实体之间的关系。在这种存储结构中，数据将根据需要分门别类地存储于不同的层次之下，如图 1-1 所示。

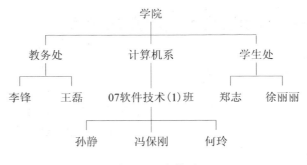

图 1-1　层次模型

从图 1-1 所示的例子中可以看出，层次模型的优点是数据结构类似金字塔，不同层次之间的关联性直接而且简单；缺点是由于数据纵向发展，横向关系难以建立，数据可能会重复出现，造成管理维护的不便。

2．网状模型

网状型数据库使用网状模型作为自己的存储结构。在这种存储结构中，数据记录将组成网中的节点，而记录与记录之间的关联组成节点之间的连线，从而构成一个复杂的网状结构，如图 1-2 所示。

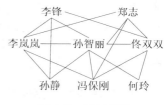

图 1-2　网状模型

使用这种存储结构的数据库的优点是，它很容易反映实体之间的关联，同时避免了数据的重复。缺点是，这种关联错综复杂，而且当数据增多时，将很难对结构中的关联性进行维护，尤其是当数据库变得越来越大时，关联性的维护将变得非常复杂。

3．关系模型

关系型数据库就是基于关系模型的数据库，它使用的存储结构是多个二维表格。在每个二维表格中，每一行称为一条记录，用来描述一个具体对象的信息；每一列称为一个字段，用来描述对象的一个属性。数据表与数据表之间存在相应的关联，如表 1-1 和表 1-2 所示。

表 1-1　班级信息表

编码	班级名称	班主任
040801	04 网络(1)班	T08003
040802	04 网络(2)班	T08015
050805	05 软件(1)班	T08002
040201	04 数控(1)班	T02001

表 1-2　学生信息表

学号	姓名	性别	入学年份	班级编码
04020101	周灵灵	女	2008	040201
04020102	余红燕	男	2008	040201
04020103	左秋霞	女	2008	040201
04080101	孙行路	女	2008	040801
04080102	郑志	男	2008	040801

从表 1-1 和表 1-2 可以看出，使用这种模型的数据库的优点是结构简单、格式唯一、理论基础严格，而且数据表之间是相对独立的，它们可以在不影响其他数据表的情况下进行数据的增加、修改和删除。在进行查询时，还可以根据数据表之间的关联性，从多个数据表中查询抽取相关的信息。这种存储结构的数据模型是目前使用最广泛的数据模型，很多数据库管理系统使用这种存储结构，本书将详细介绍的 SQL Server 2008 就是其中之一。

1.1.2　关系模型数据库

采用关系模型的数据库简称关系数据库（Relational Database，RDB），是数据和数据库对象的集合，而管理关系数据库的计算机软件称为关系数据库管理系统（Relational Database Management System，RDBMS）。

1．关系模型的完整性规则

关系模型的完整性规则是对数据的约束。关系模型提供了 3 类完整性规则：实体完整性规则、参照完整性规则和用户定义的完整性规则。其中实体完整性规则和参照完整性规则是关系模型必须满足的完整性的约束条件，称为关系完整性规则。

关系模型中存在 3 类完整性约束：实体完整性、参照完整性和用户定义的完整性，有关完整性约束的更多内容在第 3 模块中进行介绍。

2．关系模型数据库的组成

关系数据库是由数据表和数据表之间的关联组成的。其中，数据表通常是一个由行和列组成的二维表，每个数据表分别说明数据库中某一特定方面或部分的对象及其属性。数据表中的行通常叫做记录或元组，它是众多具有相同属性的对象中的一个实例。数据表中的列通常叫做字段或属性，它是相应数据表存储对象的共有的属性。

3．关系数据库对象

数据库对象是一种数据库组件，是数据库的主要组成部分。在关系数据库管理系统中，常见的数据库对象有表（Table）、索引（Index）、视图（View）、图标（Diagram）、默认值（Default）、规则（Rule）、触发器（Trigger）、存储过程（Stored Procedure）和用户（User）等。关系数据库中最重要的对象——表的结构如表 1-1 和表 1-2 所示。

1.1.3　数据库设计

在给定的 DBMS、操作系统和硬件环境下，如何表达用户的需求，并将其转换为有效的数据库结构，构成较好的数据库模式，这个过程称为数据库设计。要设计一个好的数据库必须用系统的观点分析和处理问题。数据库及其应用系统开发的全过程可分为两大阶段：数据库系统的分析与设计阶段和数据库系统的实施、运行与维护阶段，本章重点讲解前者。

1．数据库分析与设计

数据库系统的分析与设计一般分为"需求分析、概念设计、逻辑设计、物理设计"四个阶段。在数据库系统设计的整个过程中，需求分析和概念设计可以独立于任何的数据库管理系统（DBMS），而逻辑设计和物理设计则与具体的数据库管理系统密切相关。如图 1-3 所示反映了数据库系统设计过程中需求分析、概念设计阶段独立于计算机系统（软件、硬件），而逻辑设计、物理设计阶段应根据应用的要求和计算机的软硬件资源（操作系统、数据库管理系统、内存的容量、CPU 的速度等）进行设计。

下面分别介绍数据库系统设计的每个步骤。

（1）需求分析

需求分析就是分析用户的需求。需求分析是数据库系统设计的基础，通过调查和分析，了解用户的信息需求和处理需求，并以数据流图、数据字典等形式加以描述。

（2）概念设计

概念设计主要是把需求分析阶段得到的用户需求抽象化为概念模型。概念设计是数据库系统设计的关键，我们将使用 E-R 模型作为概念设计的工具。

（3）逻辑设计

逻辑设计就是将概念设计阶段产生的概念模式转换为逻辑模式。逻辑设计与数据库管理系统（DBMS）密切相关，本书引入的"教学管理系统"项目将以关系模型和关系数据库管理系统为基础讨论逻辑设计。

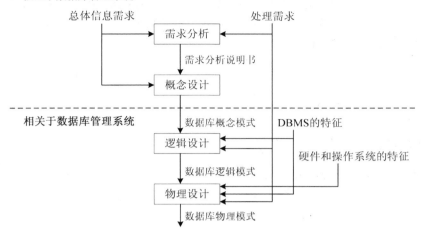

图 1-3　数据库系统分析设计流程

（4）物理设计

物理设计就是为关系模型选择合适的存取方法和存储结构，然后在相应的数据库管理系统中创建数据库及其对象，譬如 MS SQL Server 2008 数据库管理系统。

2．数据库系统设计的特点

同其他的工程设计一样，数据库系统设计具有如下 3 个特点：

（1）反复性

数据库系统的设计不可能"一气呵成"，需要反复推敲和修改才能完成。前一阶段的设计是后一阶段设计的基础和起点，后一阶段也可向前一阶段反馈其要求。如此反复修改，才能比较完善地完成数据库系统的设计。

（2）试探性

与解决一般问题不同，数据库系统设计的结果经常是不唯一的，所以设计的过程通常是一个试探的过程。

（3）分步进行

数据库系统设计常常由不同的人员分阶段进行。这样既使整个数据库系统的设计变得条理清晰、目的明确，又是技术上分工的需要。而且分步进行可以分段把关，逐级审查，能够保证数据库系统设计的质量和进度。

任务实施与拓展

1.1.4　系统开发环境

微软开发平台具有功能强大、容易使用、应用广泛、资源丰富等特点，加之用户非常熟悉相关技术，项目小组决定使用 MS SQL Server 2008 和 Visual Studio 2008 作为开发工具，其中 SQL Server 2008 用于数据库系统设计，在 Visual Studio 2008 中应用 ASP.NET 技术完成"教学管理系统"应用程序的开发。

系统采用三层体系结构（B/S 架构），即前台客户机为浏览器，中间件服务器为 Web 服务器，后台为数据库服务器，系统结构如图 1-4 所示，后台数据库采用 SQL Server 2008。

图 1-4　系统 B/S 架构的应用

1.1.5　教学管理流程

教学管理流程可以清晰地反映系统主要功能之间的逻辑关系，有助于对"教学管理系统"进行总体设计，使设计者对系统整体的管理和功能有一个清楚的认识。系统的教学管理流程如图 1-5 所示。

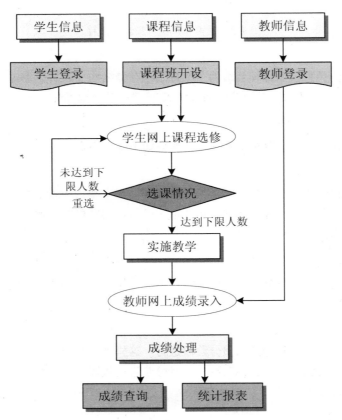

图 1-5　教学管理流程

1.1.6　系统功能结构

根据图 1-5 所示的教学管理流程图，画出相应的系统功能结构图。"教学管理系统"主要用来记录学生在校期间课程学习的过程，涉及的主要对象是学生、教师和课程，主要记录的数据是学生的课程成绩，涉及的两个重要行为分别是学生网上课程选修和教师网上成绩录入。"教学管理系统"的功能结构图如图 1-6 所示。

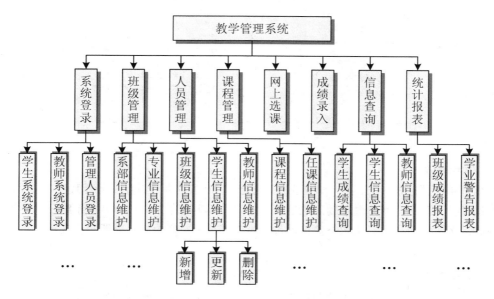

图 1-6　"教学管理系统"的功能结构

1．系统登录

从图 1-5 所示的"教学管理系统"流程图可以看出，学生要登录系统进行课程选修和个人成绩查询等操作；教师要登录系统进行课程成绩录入和课程成绩查询等操作；学校教学管理人员要登录系统进行系部、专业、班级、课程等信息的维护等操作。

2．班级管理

由于班级涉及系部和专业信息，所以该模块包含了系部和专业信息维护子模块，涉及这些信息的新增、更新和删除功能。

3．人员管理

人员管理主要是学生和教师的信息维护，涉及这些信息的新增、更新和删除功能。

4．课程管理

课程管理主要是课程信息的维护和课程教学任务的分配（课程班），也涉及这些信息的新增、更新和删除功能。学期课程教学任务分配后，形成不同的"课程班"，可以让学生进行网上课程选修，如图 1-7 所示。

5．网上选课

学生用学号登录系统后，进入课程选修界面，如图 1-7 所示。学生按照学校的规定并根据自己的实际情况，选择自己喜欢的课程，单击图 1-7 中的"选修确认"按钮，即可完成相应学期的课程选修。

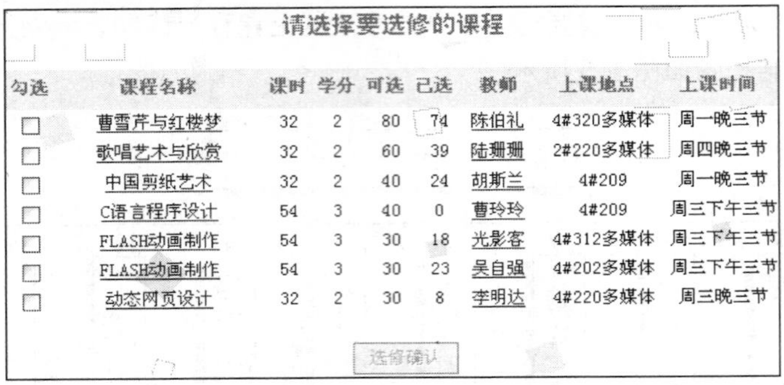
请选择要选修的课程

勾选	课程名称	课时	学分	可选	已选	教师	上课地点	上课时间
□	曹雪芹与红楼梦	32	2	80	74	陈伯礼	4#320多媒体	周一晚三节
□	歌唱艺术与欣赏	32	2	60	39	陆珊珊	2#220多媒体	周四晚三节
□	中国剪纸艺术	32	2	40	24	胡斯兰	4#209	周一晚三节
□	C语言程序设计	54	3	40	0	曹玲玲	4#209	周三下午三节
□	FLASH动画制作	54	3	30	18	光影客	4#312多媒体	周三下午三节
□	FLASH动画制作	54	3	30	23	吴自强	4#202多媒体	周三下午三节
□	动态网页设计	32	2	30	8	李明达	4#220多媒体	周三晚三节

选修确认

图 1-7　学生网上课程选修

6. 成绩录入

根据学生课程选修情况，绝大部分选修人数超过 20 人的课程开始进行课程教学，期末课程进行考试考核。随后，教师登录到系统中录入平时、期中和期末成绩，并由系统自动计算出课程总成绩。考试完两周后，由教务处管理人员将成绩锁定，任课教师只能查询成绩，不能再做修改。

7. 信息查询

信息查询主要是指学生个人成绩查询，教学管理人员对学生和教师的信息进行查询，任课教师对班级名单的查询。

8. 统计报表

统计报表主要是指学期结束后，系统需要生成每个班级学生的成绩单，以寄送给学生父母。另外，教学管理人员每学期还要对未修满学期总学分 60%的学生提出学业警告，所以还需要系统给出这些学生的报表。

1.1.7　项目小组分工

项目小组分工情况如表 1-3 所示。

表 1-3　项目小组分工情况

小组编号	成员	角色	职责描述
	孙教授	项目经理	系统总体设计与项目管理
1	李老师	项目组长	①“教学管理系统”需求分析 ②“教学管理系统”数据库概念设计、逻辑设计 ③“教学管理系统”数据库物理设计
	曾丹丹	小组成员	
	李勋	小组成员	
2	陈老师	项目组长	①“教学管理系统”数据维护与报表查询的 T-SQL 设计 ②“教学管理系统”业务逻辑的数据库底层设计 ③“教学管理系统”业务管理的应用软件功能实现
	唐小磊	小组成员	
	宋子杰	小组成员	
3	董老师	项目组长	①“教学管理系统”数据库系统设计规范化检查 ②“教学管理系统”数据库安全机制与备份策略设计 ③“教学管理系统”应用软件登录功能设计与实现
	李娜	小组成员	
	周丽	小组成员	

1.2 ▶ 任务 2——教学管理系统的概念设计

📋 任务描述与分析

项目会议反复论证了"教学管理系统"的管理流程和功能模块后，项目经理孙教授觉得可以让第 1 项目小组开始进行"教学管理系统"的概念设计工作。

绘制 E-R 图是数据库设计的第二个阶段，即"概念设计"阶段的图形化表达方式。在前面的需求分析的基础上，项目组长李老师要求第 1 项目小组一个月之内绘制出"教学管理系统"的 E-R 图，然后与教务处及系部教学管理人员、教师、学生等进行沟通，讨论设计的数据库概念模型是否符合用户的需求。

📎 相关知识与技能

正如建造建筑物一样，如果盖一间简易平房，不需要设计图纸。但是，要建造一栋大楼，就一定要设计施工图纸。同样道理，在实际的项目开发中，如果系统的数据存储量较大，涉及的表比较多，表之间的关系比较复杂，就要按照数据库设计的四个阶段进行规范的数据库设计。

1.2.1　实体-关系模型

实体是现实世界中描述客观事物的概念，可以是具体的事物，例如一个店铺、一间房、一辆车等；也可以是抽象的事物，例如一个小品、一首歌曲、一条短信或一种颜色等。同一类实体的所有实例构成该对象的实体集。实体集是实体的集合，由该集合中实体的结构或形式表示，而实例则是实体集合中的某个特例，通过其属性值表示。通常实体集中有多个具体实例。例如，表 1-2 中存储的每个学生都是学生实体集中的实例。

实体-关系数据模型又称为 E-R（Entity-Relationship）数据模型，它用简单的 E-R 图反映了现实世界中存在的事物或数据及它们之间的关系，是指以实体、关系、属性三个基本概念体现数据的基本结构，从而描述静态数据结构的概念模式。

实体(Entity)用矩形表示，矩形框内写明实体名称，比如学生张三、李欢欢都是实体。属性(Attribute)用椭圆形表示，并用无向边将其与相应的实体连接起来，比如学生的姓名、学号、性别、所在班级都是属性。图 1-8 为学生实体和课程实体的 E-R 图。

图 1-8　学生和课程实体的 E-R 图

1.2.2　实体间联系

联系(Relationship)用菱形表示，菱形框内写明联系名，并用无向边分别与有关实体连接起来，同时在无向边旁标注联系的类型（1：1，1：n 或 m：n）。这三种类型就是指实体间存在的三种关系（一对一，一对多，多对多）。

1．一对一关系（1：1）

如果实体 A 中的每个实例至多和实体 B 中的一个实例有关，反之亦然，那么就称实体 A 和实体 B 的关系为一对一关系，如图 1-9 所示。例如，丈夫和妻子之间是一对一关系，表示一个丈夫只可以拥有一个妻子，反之亦然。

2．一对多关系（1：n）

如果实体 A 中的每个实例与实体 B 中的任意（0 个或多个）实例有关，而实体 B 中的每个实例最多与实体 A 中的一个实例有关，那么就称实体 A 和实体 B 的关系为一对多关系，如图 1-10 所示。例如，父母和子女之间是一对多关系，表示一对父母可以拥有多个子女。

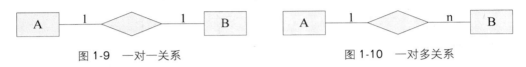

图 1-9　一对一关系　　　　　　　　　　图 1-10　一对多关系

3．多对多关系（m：n）

如果实体 A 中的每个实例与实体 B 中的多个实例有关，并且实体 B 中的每个实例与实体 A 中的多个实例有关，就称实体 A 和实体 B 的关系为多对多关系，如图 1-11 所示。例如，朋友之间是多对多关系，表示一个人可以拥有多个朋友，而他的朋友反过来也可以拥有多个朋友。

图 1-11　多对多关系

🔍 任务实施与拓展

由于本系统的使用对象主要有三类：学生、教师和管理人员，因此本系统由三个平台组成。一是学生需要用自己的学号登录的学生信息平台，主要用于学生自己的信息查询和课程选修等；二是教师用自己的教工号登录的教师信息平台，主要用于所任课程学生名单查询与成绩查询，以及课程成绩录入等；三是管理人员登录的管理信息平台，主要用于基础数据（系部、专业、班级等）的维护，学生、教师及课程信息的维护，学期教学任务（课程）的安排，统计报表的生成等。

1.2.3　构建 E-R 模型

1．信息收集

创建数据库之前，必须充分理解和分析系统需要实现的功能，以及系统实现相关功能的具体要求。在此基础上，考虑系统需要存储哪些对象，这些对象又分别要存放哪些信息。

（1）系统登录：学生、教师和管理人员进行系统登录。数据库需要存放学生、教师和管理人员的相关信息。

（2）班级管理：班级是系部最基本的单位，涉及专业和系部信息。需要存放系部、专业和班级的相关信息。

（3）人员管理：主要涉及学生、教师和管理人员信息的维护。需要存放学生、教师和其他成员的相关信息。

（4）课程管理：主要涉及课程信息的维护，以及某个学期的课程由哪个老师教授，即教学任务的安排分配。需要存放课程和课程安排分配（课程班）信息。

（5）网上选课：教学任务安排分配完成后，形成相应的课程班，由学生在网上进行选修。因此，需要存放学生的选课信息，即某个学生选修了哪些课程，要记录下来。

（6）成绩录入：课程选修结束后，每个课程班都有了相应的学生，可以实施教学，课程考试后录入每个学生相应的成绩，两周后由管理人员锁定成绩。因此，需要记录学生的成绩信息。

2．明确实体并标识实体属性

掌握了数据库需要存放哪些信息后，接下来就要明确数据库中需要存放信息的哪些关键对象（实体）。

提示：对象或实体一般是名词，一个对象只能描述一件事情或一个行为，不能重复出现含义相同的实体。

根据上述的信息收集情况，"教学管理系统"数据库中需要的实体为学生、教师、系部、班级、课程、成绩。

每个实体的具体属性如下：

学生：学号、姓名、入学及毕业年份、系部、班级、性别、年龄、出生日期、密码、地址、邮编。

教师：教工号、姓名、系部、性别、年龄、出生日期、职称、密码、角色。

系部：系部编码、系部名称、专业名称、系部简介。

班级：班级编码、班级名称、系部、班主任、系部开设时间。

课程：课程编码、课程名称、系部、课时、学分、课程描述。

成绩：学号、课程、班级、平时成绩、期中成绩、期末成绩、总成绩、补考成绩、锁定标识。

3．标识实体间关系

关系模型数据库中每个对象并非孤立的，它们是相互关联的。在设计数据库时，一个很重要的工作就是标识出对象之间的关系。这需要仔细分析对象之间的关系，确定对象之间在逻辑上是如何关联的，然后建立对象之间的连接。

学生与班级、系部有从属关系，即学生从属于班级，班级从属于系部。

教师与系部有从属关系，即教师从属于系部。

课程与系部有从属关系，即课程从属于系部。

成绩与学生、课程有从属关系，成绩既从属于学生，也从属于课程。

学生与课程存在关系，即每个学期，每个学生根据自己的实际情况，要选择课程学习。

教师与课程存在关系，即每个学期，根据教师的实际情况，系部管理者要分配教学任务（课程）给每个教师，实施教学。

1.2.4　绘制 E-R 图

根据对象（实体）间的关系，"教学管理系统"的 E-R 图如图 1-12 所示。

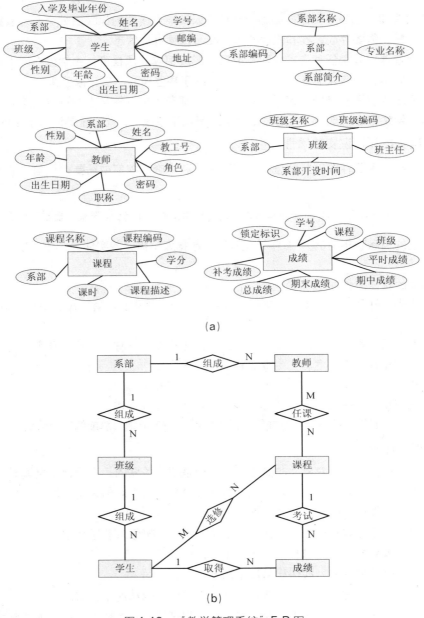

(a)

(b)

图 1-12 "教学管理系统" E-R 图

1.3 任务 3——教学管理系统的逻辑设计

任务描述与分析

    在项目每周例会上，由李老师带领的第 1 项目小组绘制的"教学管理系统"数据库 E-R 图通过了项目小组的评审，并得到了大家的肯定。项目经理孙教授觉得第 1 项目小组可以接着进行"教学管理系统"数据库的逻辑设计，他说："现在需要系统详细的数据库逻辑设计文档，从已设计好的概念设计模型（E-R 图）导出系统的逻辑设计模型，包括所有的数据表、每个表的所有列、主键、外键定义等，并且所有命名必须符合规范。

📎 相关知识与技能

在数据库设计阶段，很重要的工作是编制数据库逻辑设计文档，以便后期数据库的物理实现。首先，我们要熟悉关系模型中的术语（如数据表、列、主键、外键等），掌握将 E-R 图转化为数据表逻辑形式的方法，并确定数据库中主要的数据表表名，定义数据表的列（列名、数据类型、长度、是否为空、默认值等），并标识各个数据表的主、外键。

1.3.1　关系模型数据表

关系模型是用二维表表示数据间联系的模型。如表 1-4 所示的模型就是关系模型。表由行与列组成，表中的每行数据称为记录，每一列的属性称为字段。行和列的数据存在一定的关系，这样形成的表称为关系表，由关系表组成的数据库称为关系模型数据库。

表 1-4　商品信息表

商品编号	商品名称	价格（元）	单位	生产日期	保质期	供应商
S0001	奶茶	3.7	杯	2009-9-7	18 月	上海东苑食品
S0002	奶茶	2.9	杯	2010-1-8	12 月	山东宏达公司
S0003	茶杯	1.2	个	2006-3-23		江西瓷器有限公司
S0004	大米	2.2	斤	2009-2-1	36 月	北大荒有限公司
S0005	红枣	7.8	斤	2009-6-6	24 月	山西枣业公司

关系模型数据库的几个术语在不同的领域中有不同的称谓：行、列、二维表属于日常用语；元组、属性、关系是数学领域中的术语；记录、字段、表是数据库领域的术语。

关系模型中的表具有如下特点：

- ✪ 表中每一个字段的名字必须是唯一的。
- ✪ 表中每一个字段必须是基本数据项，具有原子性，即不可再分解。
- ✪ 表中同一列（字段）的数据必须具有相同的数据类型。
- ✪ 表中不应有内容完全相同的行。
- ✪ 表中行的顺序与列的顺序不影响表的定义。

数据库表中的每条记录由若干个相关属性组成。多个记录构成一个表的内容。表 1-4 中共有 5 条记录，每个记录都有 7 个属性来描述。

数据库表中的每个字段标识对象的一个具体属性，字段名称就是表格的标题栏中的标题名称。表 1-4 为商品定义了 7 个属性（字段）：商品编号、商品名称、价格、单位、生产日期、保质期及供应商。

1.3.2　表的主键和外键

键（Key）是关系模型数据库中一个非常重要的概念，它对维护表的数据完整性及表之间的关系相当重要。

1．主键

主键是指表中的关键的某个或某几个字段，对应这个或这些字段的列值能唯一标识一条记录，具有唯一性。表 1-4 中的商品编号字段就可以作为主键，用来唯一标识每条商品记录。

2．外键

外键是指表中的某个字段，这个字段引用另一个表中的主键作为自己的一个字段，从而建立表之间的主、外键联系。

注意： 一个表只能有一个主键，但可以有多个外键。

1.3.3　E-R 图转换为数据表

将 E-R 图转换为表的步骤如下：

1．实体映射成表

E-R 图中的每一个实体映射为关系数据库中的一个表，一般用实体的名称来命名这个表。

2．标识主键字段

标识每张表的主键（Primary Key）。实体的主标识属性对应为主键，唯一地标识每条记录。

注意： 对于由多个字段构成的复合主键可以添加一个编码字段作为新的主键，但没有实际意义，仅作为主键使用。

3．确定外键字段

（1）1:N 关系

外键（Forgeign Key）关系体现了实体之间的"一对多"关系，使表之间构成了主从表关系，主、外键关系主要用来维护两个表之间数据的一致性，是一种约束关系。可以通过在从表中增加一个字段（对应主表中的主键）作为外键。例如，班级与学生是一对多的关系，学生表中需要一个表示学生班级属性的字段，只要将班级表中的主键班级编码字段设置到学生表中作为外键即可。

（2）M:N 关系

M:N 关系即多对多关系。这时应该将多对多关系映射成一张新表，这张表应包括两个多对多关联实体表的所有主键字段，这两个主键的所有字段成为新表的主键。例如，学生与课程的关系（学生选课）是多对多关系，此时应该将"学生选课"这个多对多关系映射成一张新表。

4．确定普通字段

根据 E-R 图中实体的属性，以及该属性在系统中信息表达的具体要求，将属性映射成实体所对应的数据表的字段，并明确字段的名称、数据类型、长度、是否为空、默认值等。

（1）字段的数据类型

在设计表时，需要根据字段所存储值的长度或大小明确每个字段的数据类型，而每一种数据类型都有自己的定义和特点。如表 1-5 所示就是一些 SQL Server 2008 中常用字段的简单介绍，详细的使用说明可以单击 SQL Server 2008 系统中的"帮助"|"索引"命令，然后在出现的"索引"子窗口的"查找"栏内输入"数据类型"，随后单击"索引"子窗口中的"数据类型 [SQL Server]"项，即可查看所有 SQL Server 2008 数据类型。

表 1-5　SQL Server 2008 常用数据类型

数据类型	类型名称	定义或特点
数字类型	int	数据长度 4 个字节，可以存储$-2^{31}\sim2^{31}-1$ 的整数
	smallint	数据长度 2 个字节，可以存储$-2^{15}\sim2^{15}-1$ 的整数
	tinyint	数据长度 1 个字节，可以存储 0～255 的整数
	real	数据长度 4 个字节，可以存储-3.40E-38～3.40E+38 的实数
	float	数据长度 4 个或 8 个字节，可以存储-1.79E-308～1.79E+308 的实数
	decimal (p,s)	长度不确定，随精度变化而变化，可以存储$-10^{38}+1\sim10^{38}-1$ 的实数
字符类型	char (n)	用于存储固定长度的字符，最多存储 8000 个字符，每个字符占 1 个字节
	varchar (n)	用于存储可变长度的字符，最多存储 8000 个字符，每个字符占 1 个字节
	text	用于存储数量巨大的字符，最多存储$2^{31}-1$ 个字符，也可用 varchar (max)
	nchar (n)	用于存储固定长度的字符，最多存储 4000 个字符，每个字符占 2 个字节
	nvarchar (n)	用于存储可变长度的字符，最多存储 4000 个字符，每个字符占 2 个字节
	ntext	用于存储数量巨大的字符，最多存储$2^{30}-1$ 个字符，也可用 nvarchar (max)
日期类型	datetime	日期范围为 1753 年 1 月 1 日～9999 年 12 月 31 日，精度为 3.33 毫秒
	smalldatetime	日期范围为 1900 年 1 月 1 日～2079 年 12 月 31 日，精度为 1 分钟
货币类型	money	数据长度 8 个字节，可以存储$-2^{63}\sim2^{63}-1$ 的实数，精确到万分之一
	smallmoney	数据长度 4 个字节，可以存储$-2^{31}\sim2^{31}-1$ 的实数，精确到万分之一
位类型	bit	可以存储 1、0 或者 NULL，主要用于逻辑判断
二进制类型	binary (n)	用于存储固定长度的二进制数据
	varbinary (n)	用于存储可变长度的二进制数据
	image	用于存储图像二进制文件和二进制对象
其他类型	cursor	游标变量，用于存储与游标相关的语句中
	table	用于类型为 table 的局部变量，存储记录集，类似于临时表

字符（char）数据类型是 SQL Server 2008 中最常用的数据类型之一，它可以用来存储各种字母、数字符号、特殊符号（1 个字节存储）和汉字（2 个字节存储）。在使用字符数据类型时，需要在其前后加上英文单引号或者双引号。

字符数据类型用于存储固定长度的字符，用来定义表的字段或变量时，应该根据字段或变量的实际情况给定最大长度。如果实际数据的字符长度短于给定的最大长度，则空余字节的存储空间系统会自动用"空格"填充上；如果实际数据的字符长度超过了给定的最大长度，则超过的部分字符将会被系统自动截断。而 varchar 数据类型的存储空间随着要存储的每个数据的字符长度不同而变化。varchar (n) 还可以定义为 varchar (max) 形式，可以像 text 数据类型一样存储数量巨大的变长字符串数据，最大长度可达 max。

通常情况下，在选择使用 char (n) 或者 varchar (n) 数据类型时，可以按照以下原则进行判断：

✪ 如果某个字段存储的数据长度都相同，这时应该使用 char (n) 数据类型；如果该字段中存储的数据的长度相差比较大，则应该考虑使用 varchar (n) 数据类型。

✪ 如果存储的数据长度虽然不完全相同，但是长度相差不是太大，且希望提高查询的执行效率，可以考虑使用 char (n) 数据类型；如果希望降低数据的存储成本，则可以考虑使用 varchar (n) 数据类型。

Unicode 是一种在计算机上使用的字符编码。它为每种语言中的每个字符设定并统一了唯一的二进制编码，以满足跨语言、跨平台进行文本转换、处理的要求。SQL Server 2008 中 Unicode 字符数据类型包括 nchar、nvarchar、ntext 3 种，用 2 个字节作为一个存储单位，不管是字符还是汉字，都用一个存储单位（2 个字节）来存放，所以存储长度范围为对应的 char、varchar、text 类型的一半。由于一个存储单位（2 个字节）的容量大大增加了，可以将全世界的语言文字都囊括在内，因此在一个字段存储的数据中就可以同时出现中文、英文、法文等。

（2）字段的其他属性

上面讲解了字段的数据类型及长度，但是对于一个数据库设计者来讲，仅仅知道这些是远远不够的。要设计好字段，还需要考虑哪些字段不能重复，哪些字段不能为空，哪些字段需要默认值等情况。

✪ NULL、NOT NULL

在数据表中存储数据时，不希望有些字段出现为"空"的情况，如学生信息表中的姓名、性别等字段，这是一个学生的基本信息，不可缺少。而有些字段可以出现为"空"的情况，如成绩信息表中的补考成绩字段，大部分学生没有补考成绩。在 SQL Server 2008 中，用"NULL、NOT NULL"关键字来说明字段是否允许为"空"。

✪ 默认值

默认值是当某个字段在大部分记录中的值保持不变的时候定义的，每次输入记录时，如果不给这个字段输入值，系统会自动给这个字段赋予默认值。如学生信息表中的性别字段，只有"男、女"两种情况，这时可以给性别字段定义一个默认值"男"。

✪ 标识字段（Identity 列）

用"Identity"关键字定义的字段又叫标识字段，一个标识字段是唯一标识表中每条记录的特殊字段，标识字段的值是整数类型。当一条新记录添加到表中时，系统就将这个字段自动递增赋予一个新值，默认情况下是加 1 递增。每个表只可以有一个标识字段。

任务实施与拓展

1.3.4 设计系统命名规范

所谓命名规范，就是要共同遵循的、通用的、具有强制性的命名规则。从项目一开始就要明确数据库对象的命名规范，这有助于提高系统设计与开发的效率和成功率，并使开发的应用程序可读性好，更容易维护。

如表 1-6 所示为孙教授要求的"教学管理系统"数据库设计命名规范，除了对象名称的前缀是用大写字母表示外，其余部分的英文单词的首字母大写。

表 1-6　数据库设计命名规范

对象类型	命名规则	前缀	范例	备注
数据库名	DB_英文名	DB_	DB_TeachingSystem	有意义的英文 单词连接在一起 首字母大写
表名	TB_英文名	TB_	TB_Student	
字段名	英文名（帕斯卡法）		CourseName	
视图名	VW_英文名	VW_	VW_Student	
主键	PK_表名_列名	PK_	PK_CourseID	多列用_隔开
外键	FK_表名_列名	FK_	FK_CourseID	
检查约束	CK_表名_列名	CK_	CK_CourseID	
唯一约束	UK_表名_列名	UK_	UK_CourseName	
默认值	DEF_表名_列名	DEF_	DEF_CourseGrade	
索引	IX_表名_列名	IX_	IX_CourseName	
存储过程	SP_英文名	SP_	SP_GradeProcess	有意义的英文 多个单词一起 首字母大写
触发器	TR_英文名	TR_	TR_SelectCourse	
游标	CUR_英文名	CUR_	CUR_Student	
局部变量	@英文名	@	@CourseID	

1.3.5　构建逻辑模型

1. 实体映射成表及主键

根据图 1-12 的"教学管理系统"E-R 图，系统需要的表及表的主键情况如表 1-7 所示。

表 1-7　系统表及主键

表名称	主键	描述
TB_Student	StuID	学生表/学号
TB_Teacher	TeacherID	教师表/教工号
TB_Dept	DeptID	系部表/系部编码
TB_Class	ClassID	班级表/班级编码
TB_Course	CourseID	课程表/课程编码
TB_Grade	GradeID	成绩表/成绩编码

2. 确定外键字段

从"教学管理系统"E-R 模型图 1-12（b）可以看出，存在实体教师与课程和学生与课程间两个"多对多"的关系，根据前面相关知识描述，应该将每个"多对多"关系映射成一张新表，变成两个"一对多"关系。

首先，我们来看实体教师与课程之间"多对多"的"任课"关系。譬如，黄丽老师在本学期担任了 C 语言、FLASH 动画制作、计算机应用基础三门课程的教学任务，其中"C 语言"这门课程她教了 1 个班；但是，有 4 个班本学期需要修学"C 语言"课程，那么"C 语言"这门课程要有多个老师来授课。这样，教师与课程之间就形成了一个多对多的关系，如表 1-8 所示。

表 1-8　教师任课信息表

编码	任课教师	课程	教学时间	教学地点	最大选修人数	已经选修人数
0001	黄丽	C 语言	周一/1-4	4#209 多媒体	40	0
0002	黄丽	FLASH 动画制作	周三/9-11	计算中心 301	30	0
0003	黄丽	计算机应用基础	周一/7-8	计算中心 309	80	0
0004	李娜	C 语言	周四/5-8	4#209 多媒体	40	0
0005	郑庆达	C 语言	周一/1-4	4#201 多媒体	40	0
0006	郑庆达	C 语言	周三/1-4	4#201 多媒体	40	0
0007	李娜	计算机应用基础	周三/5-6	计算中心 309	80	0

从表 1-8 可以看出，教师任课后要由学生在网上进行选修，把表 1-8 中的一条记录称为"课程班"记录，学生在网上只要选择进入哪个教师任教的课程班进行学习。但是，学生还需要了解关于课程及教师更多的相关信息（譬如课程开设的学年、学期、教学时间、教学地点、最大允许选修人数和已经选修人数等），才能根据自己的实际情况进行正确的课程选修。

因此，必须用一个新的实体课程班来表征实体教师与课程之间"多对多"的"任课"关系，从而构成教师与课程班和课程与课程班之间的两个"一对多"关系，如图 1-13（a）所示。同时，课程班这个实体还需要更多的属性来表征，包括课程教学结束后课程成绩的计算信息（平时、期中和期末成绩的比例系数），所以完整的课程班实体属性如图 1-13（b）所示。

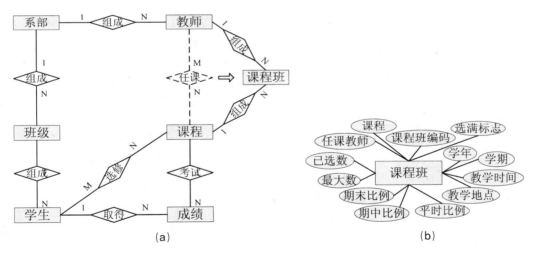

图 1-13　"教师任课"多对多关系映射

同样，现在来看图 1-14（a）中实体学生与课程间的"多对多"关系，从前面关于新实体课程班的分析可以看出，学生要选择的不仅仅是简单的一门课程，而是选择某个"课程班"，其中包括课程、任课教师、上课时间、地点等所有信息。

所以，需要将图 1-14（a）中实体学生与课程间的"多对多"关系改为图 1-14（b）中实体学生与课程班间的"多对多"关系。

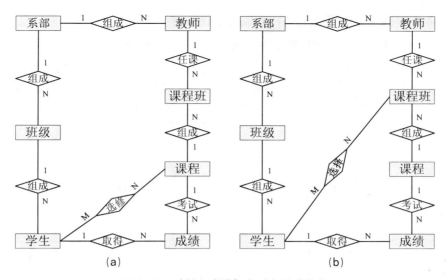

图 1-14　"学生选课"多对多关系优化

同样，学生的"选课信息"需要在系统数据库中记录下来，"选课信息"的相关内容如表 1-9 所示。因此，第 1 项目小组考虑用一个新的实体选课信息来表征实体学生与课程班间的"多对多"关系，如图 1-15（a）所示，实体选课信息的相关属性如图 1-15（b）所示。

表 1-9　学生选课信息表

学号	课程班编码	选择时间
S040801101	0001	2006-4-26
S040801108	0001	2006-4-27
S040903106	0002	2006-4-26
S040602303	0003	2006-4-27
S040801304	0005	2006-4-27

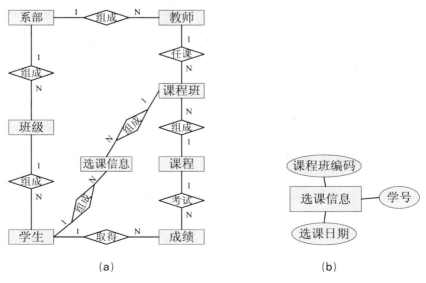

图 1-15　"学生选课"多对多关系映射

3．在确定普通字段的基础上完成各表的逻辑设计

在任务 1 的 "需求分析" 和任务 2 的 "概念设计" 的基础上，我们逐步明确了 "教学管理系统" 各个实体及其相关属性。

同时，考虑到数据的完整性及维护方便，在 "教学管理系统" 中引入学年、学期和职称三个基本数据表，从而将实体课程班中的学年、学期字段和实体教师中的职称字段作为三个基本表的外键。三个基本表的逻辑设计具体见表 1-10～表 1-12，表中 "PK" 为主键（Primary Key）的缩写，符号 "🗝" 表示该字段为主键，而 NOT NULL 列中的符号 "√" 表示该字段不允许为空。

表 1-10 学年信息表

PK	字段名称	字段类型	NOT NULL	默认值	约束	字段说明
🗝	TeachingYearID	char(4)	√		主键	学年编码
	TeachingYearName	char(10)	√			学年名称，如 '2007-2008 学年'

表 1-11 学期信息表

PK	字段名称	字段类型	NOT NULL	默认值	约束	字段说明
🗝	TermID	char(2)	√		主键	学期编码，'T1'→ 'T6'
	TermName	char(8)	√			学期名称，如 '第一学期'

表 1-12 职称信息表

PK	字段名称	字段类型	NOT NULL	默认值	约束	字段说明
🗝	TitleID	char(2)	√		主键	职称编码
	TitleName	char(8)	√			职称名称，如 'T1'：助教

现在，将 "教学管理系统" 中的各个实体及相关属性进一步具体化为数据表，各个数据表的 "逻辑设计" 形式如表 1-13～表 1-20 所示。另外，考虑到教师录入和查询成绩一般都是以课程班为单位来处理，所以在成绩信息表中增加了一个字段 CourseClassID，如表 1-20 所示。

表 1-13 系部信息表

PK	字段名称	字段类型	NOT NULL	默认值	约束	字段说明
🗝	DeptID	char(2)	√		主键	系部编码
	DeptName	char(20)	√			系部名称
	SpecName	varchar(20)				专业名称
	DeptScript	text	√			系部描述

表 1-14 教师信息表

PK	字段名称	字段类型	NOT NULL	默认值	约束	字段说明
🗝	TeacherID	char(6)	√		主键	教工编号，'T'+2 位系部编码+3 位流水号，'T[0-9]…[0-9]'
	TeacherName	char(6)	√			教师姓名
	DeptID	char(2)	√		外键	系部编码，TB_Dept（DeptID）
	Sex	char(1)	√	M		性别，M:男 F:女

（续表）

PK	字段名称	字段类型	NOT NULL	默认值	约束	字段说明
	Age	tinyint	√			年龄
	Birthday	datetime	√			出生日期
	TPassword	varchar(10)	√	123456		密码，不得低于 6 位的数字或字符
	TitleID	char(2)	√		外键	职称编码，TB_Title（TitleID）
	SysRole	varchar(16)	√			系统角色

表 1-15　班级信息表

PK	字段名称	字段类型	NOT NULL	默认值	约束	字段说明
🔑	ClassID	char(6)	√		主键	班级编码，学号前 6 位
	ClassName	char(20)	√			班级名称
	DeptID	char(2)	√		外键	系部编码，TB_Dept（DeptID）
	TeacherID	char(6)	√		外键	班主任，TB_Teacher（TeacherID）
	DeptSetDate	smalldatetime	√			系部设立时间

表 1-16　学生信息表

PK	字段名称	字段类型	NOT NULL	默认值	约束	字段说明
🔑	StuID	char(8)	√		主键	学号，2 位入学年份+2 位系部编码+2 位班级编码+2 位流水号，'[0-9]…[0-9]'
	StuName	char(6)	√			学生姓名
	EnrollGradYear	char(8)	√			入学毕业年份
	DeptID	char(2)	√		外键	系部编码，TB_Dept（DeptID）
	ClassID	char(6)	√		外键	班级编码，TB_Class（ClassID）
	Sex	char(1)	√	'M'		性别，M:男 F:女
	Age	tinyint	√			年龄
	Birthday	datetime	√			出生日期
	SPassword	varchar(10)	√	123456		密码，不得低于六位的数字或字符
	Address	varchar(64)	√			联系地址
	ZipCode	char(6)	√			邮政编码，6 位数字

表 1-17　课程信息表

PK	字段名称	字段类型	NOT NULL	默认值	约束	字段说明
🔑	CourseID	char(6)	√		主键	课程编号，'C'+2 位系部编码+3 位流水号，'C[0-9]…[0-9]'
	CourseName	varchar(32)	√		唯一性	课程名称
	DeptID	char(2)	√		外键	系部编码，TB_Dept（DeptID）

（续表）

PK	字段名称	字段类型	NOT NULL	默认值	约束	字段说明
	CourseGrade	real	√	0		课程学分，非负数
	LessonTime	tinyint	√	0		课程学时数，非负数
	CourseOutline	text	√			课程描述

表 1-18　课程班信息表

PK	字段名称	字段类型	NOT NULL	默认值	约束	字段说明
🔑	CourseClassID	char(10)	√		主键	课程班编号：前 6 位教工编号，2 位年份，2 位流水号，'T[0-9]…[0-9]'
	CourseID	char(6)	√		外键	课程编号，TB_Course（CourseID）
	TeacherID	char(6)	√		外键	教师编码，TB_Teacher（TeacherID）
	TeachingYearID	char(4)	√		外键	开设学年，TB_TeachingYear（TeachingYearID）
	TermID	char(2)	√		外键	学期编码，TB_Term（TermID）
	TeachingPlace	varchar(16)	√			教学地点
	TeachingTime	varchar(16)	√			教学时间
	CommonPart	tinyint	√	10		平时成绩比例（<=100 且>=0）
	MiddlePart	tinyint	√	20		期中成绩比例（<=100 且>=0）
	LastPart	tinyint	√	70		期末成绩比例（<=100 且>=0）
	MaxNumber	smallint	√	60		课程最多允许选课学生数，非负数
	SelectedNumber	smallint	√	0		已经选择本门课程的学生数，非负数
	FullFlag	char(1)	√	U		课程是否选课满标志，F：满，U：未满

表 1-19　学生选课信息表

PK	字段名称	字段类型	NOT NULL	默认值	约束	字段说明
🔑	StuID	char(8)	√		主键	学号，TB_Stu（StuID），也是外键
	CourseClassID	char(10)	√			课程班编码，也是外键，TB_CourseClass（CourseClassID）
	SelectDate	smalldatetime	√			选课日期，取系统时间

表 1-20　学生成绩表

PK	字段名称	字段类型	NOT NULL	默认值	约束	字段说明
	StuID	char(8)	√		外键	学号，TB_Stu（StuID）
	ClassID	char(6)	√		外键	班级编码，TB_Class（ClassID）
	CourseClassID	char(10)	√		外键	课程班编码，TB_CourseClass（CourseClassID）
	CourseID	char(6)	√		外键	课程编号，TB_Course（CourseID）
	CommonScore	real	√	0		平时成绩（<=100 且>=0）

（续表）

PK	字段名称	字段类型	NOT NULL	默认值	约束	字段说明
	MiddleScore	real	√	0		期中成绩（<=100 且>=0）
	LastScore	real	√	0		期末成绩（<=100 且>=0）
	TotalScore	real	√	0		总成绩（<=100 且>=0）
	RetestScore	real		0		补考或重修成绩（<=100 且>=0）
	LockFlag	char(1)	√	'U'		成绩锁定标志，U：未锁；L：锁定

1.4　任务 4——教学管理系统的数据库设计规范化

任务描述与分析

在"教学管理系统"数据表逻辑形式的评审会议上，项目经理孙教授请第 3 项目小组审查第 1 项目小组已经完成的"教学管理系统"逻辑设计，并在会议上给大家发了数据库逻辑设计文档评审检查要求，具体清单如表 1-21 所示。

表 1-21　数据库逻辑设计评审要求

编号	检查项目	通过	未通过
01	数据库设计是否达到第三范式		
02	违反规范化（3NF）的设计是否有明确的说明，理由是否充分		
03	遵循统一的命名规范		
04	表字段注释是否充分		
05	命名避免数据库的保留字		
06	数据类型是否存在溢出的可能性（很重要）		
07	数据类型的长度是否保留了未来扩展的余量		
08	字段是否建立了 NOT NULL 约束，如没建立，理由是否充分		
09	每个表是否都建立了主键		
10	主键的编码规则是否合理		
11	主键是系统自动生成的吗？如果是，理由是否充分		

孙教授说："数据库逻辑设计文档的评审涉及命名规范、表定义、列定义、主键定义等，其中最重要的一项工作是范式评审。数据表的设计应符合第三范式的规则，如果数据库内所设计的表都达到第三范式，则称数据库设计达到第三范式。"

相关知识与技能

在概念设计阶段，不同的设计人员从不同的角度，抽取出不同的实体和相关属性，就会设计出不同的系统 E-R 图，再将 E-R 图转换成不同的数据表。那么，如何来审核这些设计，判断谁的设计最优呢？很重要的一点是通过数据库设计符合第几范式来判断。

规范化理论是研究如何将一个不好的关系模式转化为好的关系模式的理论，规范化理论是围绕范式而建立的。规范化理论认为，一个关系数据库中的所有关系都应满足一定的规范。但是还应该理解，如果过分追求第三范式，会造成过度规范化，从而在某些方面会影响系统的性能。

1.4.1　范式理论

为了建立冗余较小、结构合理的数据库，构造数据库时必须遵循一定的规则，关系数据库中的这种规则就是范式。满足最低要求的范式是第一范式（1NF），在第一范式的基础上进一步满足更高要求的范式称为第二范式（2NF），其余范式依次类推，一般来说数据库只需满足第三范式（3NF）就可以了。

1．第一范式（1NF）

第一范式是最基本的范式。如果数据表中的所有字段的值都是不可再分解的原子值，那么就称这种关系模式是第一范式的关系模式。简单地说，第一范式包括下列指导原则。

- ✪ 数据表中记录的每个字段只包含一个值；
- ✪ 数据表中的每个记录必须包括相同数量的值；
- ✪ 数据表中的每个记录一定不能重复。

在任何一个关系型数据库管理系统中，其中的任何数据表至少都应该符合第一范式，否则该系统不能称为关系型数据库管理系统。

2．第二范式（2NF）

第二范式是在第一范式的基础上建立起来的，即满足第二范式必须先满足第一范式。如果一个数据表已经满足第一范式，而且该数据表中的任何一个非主键字段的数值都依赖于该数据表的主键字段，那么该数据表满足第二范式。为实现区分，通常需要为表加上一个列，以存储各个实例的唯一标识。

例如，在发票数据库中，可能决定将客户和供应商放在同一个表中，因为他们共享相同的字段（Name、Address、City、State 等）。然而，这个结构却违反了第二范式，因为第二范式要求必须是分开的客户表与供应商表，为了让表符合第二范式，必须将其分解为多个表。

3．第三范式（3NF）

如果一个数据表已经满足第二范式，而且该数据表中的任何两个非主键字段的数值之间不存在函数依赖关系，那么该数据表满足第三范式（3NF）。例如，在商品销售数据表中，售出金额字段的数值是商品单价和销售数量字段的乘积，因此，这两个字段之间存在着函数依赖关系，所以该数据表不满足第三范式。可以将售出金额字段从该数据表中去掉，以满足第三范式。

提示： 实际上，第三范式就是要求不在数据库中存储就可以通过简单计算得出的数据。这样不但可以节省存储空间，而且在拥有函数依赖的一方发生变动时，避免了修改成倍数据的麻烦，同时也避免了在这种修改过程中可能造成的人为错误。

1.4.2　规范化与系统性能关系

从上面的叙述中可以看出，数据规范化的程度越高，数据冗余就越少，造成人为错误的可能性也就越小；同时，规范化的程度越高，在查询检索时需要做的关联等工作就越多，数据库在操作过程中需要访问的数据表以及数据表之间的关联也就越多。因此，在数据库设计的规范化过程中，需要根据数据库需求的实际情况，选择一个折中的规范化程度。

> **注意：** 并非规范化程度越高就越好，由于规范化程度越高，数据"分离"程度就越高，即对数据库的操作需要打开的文件（次数）就越多，这样必然会降低处理速度。

任务实施与拓展

根据项目经理的要求，第 3 项目小组按照表 1-21 的要求逐项对第 1 小组设计的"教学管理系统"逻辑设计进行了检查。

1.4.3　范式检查

1.　第一范式(1NF)检查

第 3 项目小组发现数据表的系部信息表的 SpecName 字段可能存在规范化设计问题，首先来看一下系部信息表的逻辑结构和部分相关记录情况，如图 1-16 所示。

PK	字段名称	字段类型	字段说明
🔑	DeptID	char(2)	系部编码
	DeptName	char(20)	系部名称
	SpecName	varchar(20)	专业名称
	DeptScript	text	系部描述

DeptID	DeptName	SpecName	DeptScript
02	机电工程系	数控技术；机械制造与自动化；模具设计；机电一体化	略
03	外语系	商务英语	略
08	计算机系	软件技术；网络技术；动漫设计	略

图 1-16　系部信息表逻辑结构和相关记录

根据第一范式（1NF）的要求，数据表的每个字段只能包含一个不可被分解的原子值。而上述系部信息表的 SpecName 字段却存在着明显的问题：该列需要记录多少个专业的名称，需要预留多少空间，预留空间超出了怎么办？

可以看出，上述系部信息表的 SpecName 字段的设计违反了第一范式。为了修正上面的设计，必须将这个非第一范式的结构转换成如图 1-17 所示的结构。这样，第 3 项目小组将系部信息表的 SpecName 字段表示为一个单独的实体专业信息表了，使之符合第一范式的要求。

PK	字段名称	字段类型	字段说明
🗝	DeptID	char(2)	系部编码
	DeptName	char(20)	系部名称
	SpecName	varchar(20)	专业名称
	DeptScript	text	系部描述

PK	字段名称	字段类型	字段说明
🗝	DeptID	char(2)	系部编码
	DeptName	char(20)	系部名称
	DeptScript	text	系部描述

1
N

PK	字段名称	字段类型	字段说明
🗝	SpecID	char(4)	专业编码
	SpecName	char(20)	专业名称
	DeptID	char(2)	系部编码(外键)

图 1-17　系部信息表的 SpecName 字段规范设计

因此，从图 1-18 可以看出，根据专业实体的物理记录结构，不管哪个系部有多少个专业，都可以解决分配空间的问题，专业多的系部分配的空间就多，专业少的系部分配的空间就少。

DeptID	DeptName	DeptScript
02	机电工程系	略
03	外语系	略
08	计算机系	略

SpecID	SpecName	DeptID
0201	数控技术	02
0202	机械制造与自动化	02
0203	模具设计	02
0204	机电一体化	02
0301	商务英语	03
0801	软件技术	08
0802	网络技术	08
0803	动漫设计	08

图 1-18　系部信息表和专业信息表的相关记录

第 3 项目小组还发现学生信息表中的 EnrollGradYear 字段的设计也存在问题，如图 1-19 所示，问题是 EnrollGradYear 字段表示了两个事实中的一个，但是没有办法知道它代表的是哪一个事实，在"入学"和"毕业"两个年份都知道的情况下，也没有办法记录这两个年份。这样的设计也违反了第一范式。

PK	字段名称	字段类型	字段说明
🗝	StuID	char(10)	学号
	StuName	char(6)	姓名
	EnrollGradYear	char(8)	入学毕业年份

StuID	StuName	EnrollGradYear
02080201	李洪	2002
03080101	汪楠	2006
09060121	张云鹤	2009
10090433	陈志同	2010

图 1-19　学生信息表原始结构和相关记录

第 3 项目小组的李娜同学提出了一个解决方法，她给学生信息表添加了一个 YearType 字段，用以说明 EnrollGradYear 字段的年份类型，具体如图 1-20 所示。

PK	字段名称	字段类型
🔑	StuID	char(10)
	StuName	char(6)
	EnrollGradYear	char(8)

PK	字段名称	字段类型	字段说明
🔑	StuID	char(10)	学号
	StuName	char(6)	姓名
	EnrollGradYear	char(4)	入学毕业年份
	YearType	char(1)	年份类型

图 1-20　学生信息表结构规范化设计尝试

然而从图 1-20 可以看出，李娜同学通过添加 YearType 字段明确了年份类型，但严重破坏了查询逻辑。譬如，对于一个已经毕业的学生来说，既有入学年份，又有毕业年份，那么图 1-20 的设计在表述上依然存在一定的困难。

这样的设计违反了另一类规范化准则（YearType 字段不依赖主键 StuID 字段而存在）。更好的办法是，不要让实体的单个"属性"承担双重责任，分离"属性"来表示不同的事实，让一个实体的所有"属性"都只携带一个单独的事实。图 1-21 是第 3 项目小组经大家共同讨论后对学生信息表的规范化设计提出的解决方案，将 EnrollGradYear 字段分成两个字段 EnrollYear 和 GradYear，通过改变结构，保证实体中的每个属性只出现一次，且只携带一个事实，使之符合第一范式。

PK	字段名称	字段类型
🔑	StuID	char(10)
	StuName	char(6)
	EnrollGradYear	char(8)

PK	字段名称	字段类型	字段说明
🔑	StuID	char(10)	学号
	StuName	char(6)	姓名
	EnrollYear	char(4)	入学年份
	GradYear	char(4)	毕业年份

StuID	StuName	EnrollYear	GradYear
02080201	李洪	2002	2005
03080101	汪楠	2003	2006
09060121	张云鹤	2009	
10090433	陈志同	2010	

图 1-21　学生信息表结构规范化设计和相关记录情况

2. 第二范式（2NF）检查

第 3 项目小组的周丽同学凭直觉感觉班级信息表（见表 1-15）好像也存在什么问题。如图 1-22 所示，将 DeptSetDate 字段放在班级信息表中，而 DeptSetDate 字段却不依赖于班级信息表的主键 ClassID，因为 DeptSetDate 字段（系部设立时间）是关于系部实体的信息，而不是关于班级实体的信息。

PK	字段名称	字段类型	字段说明
🔑	DeptID	char(2)	系部编码
	DeptName	char(20)	系部名称
	DeptScript	text	系部描述

PK	字段名称	字段类型	字段说明
🔑	ClassID	char(8)	班级编码
	ClassName	char(20)	班级名称
	DeptID	char(2)	系部编码(外键)
	TeacherID	char(6)	班主任
	DeptSetDate	smalldatetime	系部设立时间

PK	字段名称	字段类型	字段说明
🔑	DeptID	char(2)	系部编码
	DeptName	char(20)	系部名称
	DeptSetDate	smalldatetime	系部设立时间
	DeptScript	text	系部描述

图 1-22　系部信息表与班级信息表结构规范化设计

解决的方法如图 1-22 所示，把 DeptSetDate 字段放回到系部信息表中，保证它至少符合第二范式（2NF）。

3. 第三范式（3NF）检查

周丽同学还发现了一个有问题的结构，如图 1-23 所示，就是教师信息表（见表 1-14）中的 Age 和 Birthday 字段好像存在重复记录信息的现象。尽管 Age 和 Birthday 字段都依赖于主键 TeacherID 而存在，但是 Age 字段函数依赖于 Birthday 字段，即通过 Birthday 字段和系统日期可以得到 Age 字段的值，所以 Age 字段可以去掉。

PK	字段名称	字段类型	字段说明
🔑	TeacherID	char(6)	教工编号
	TeacherName	char(6)	教师姓名
	DeptID	char(2)	系部编码（外键）
	Sex	char(1)	性别
	Age	tinyint	年龄
	Birthday	smalldatetime	出生日期

TeacherID	TeacherName	DeptID	Sex	Age	Birthday
T02001	程靖	02	女	36	1974-08-27
T02002	沈天一	02	女	40	1970-11-16
T03001	曾远	03	男	24	1986-06-03
T08001	陈玲	08	女	42	1968-12-02

图 1-23　教师信息表结构规范化设计

去掉 Age 字段后，图 1-23 所示的教师信息表的设计就符合第三范式设计规范了。如果每个非主键字段之间不存在函数依赖，这样的实体就符合第三范式。同样道理，学生信息表中的

Age 字段也应该去掉，使之也符合第三范式。

4．规范程度合理化

再来看一下如图 1-24 所示的学生成绩表中的 TotalScore 字段，该字段似乎也违反了第三范式。因为 TotalScore 字段的值可以通过 CommonScore、MiddleScore、LastScore 等字段计算出来，学生成绩表也可以不需要 TotalScore 字段。

PK	字段名称	字段类型	字段说明
	StuID	char(10)	学号（外键）
	ClassID	char(6)	班级编码（外键）
	CourseClassID	char(10)	课程班编码（外键）
	CourseID	char(6)	课程编号（外键）
	CommonScore	real	平时成绩，<=100 且>=0
	MiddleScore	real	期中成绩，<=100 且>=0
	LastScore	real	期末成绩，<=100 且>=0
	TotalScore	real	总成绩，<=100 且>=0
	RetestScore	real	补考或重修成绩，<=100 且>=0
	LockFlag	char(1)	成绩锁定标志，U：未锁；L：锁定

图 1-24　学生成绩表结构规范化设计

但是，第 3 项目小组却认可了学生成绩表的 TotalScore 字段的设计。这是什么原因呢？原来，课程成绩对于学生和教师来说是一个非常重要的信息，系统的用户（管理者、教师和学生）经常要对学生的课程成绩进行查询，一般是查询课程的总成绩（TotalScore）。由于查询的量很大，也很频繁，如果每次成绩查询都需要数据库服务器通过课程的平时成绩、期中成绩和期末成绩进行总成绩计算，那么对系统的性能影响很大。这里通过在学生成绩表中增设一个 TotalScore 字段，就大大提高了系统的查询性能，但是牺牲了一部分存储空间。

1.4.4　命名规范检查

第 2 项目小组对第 1 项目小组设计的数据库逻辑模型进行了命名规范检查，发现学生信息表的 Address 字段为系统关键字，应改为"StuAddress"，其他表没有发现任何违反命名规范的问题。

1.4.5　数据类型检查

同样，对"教学管理系统"逻辑模型的数据类型检查时，也发现了一些问题，并提出了相关的修改建议，具体情况如表 1-22 所示。

表 1-22　数据类型检查修改情况

表名称	字段名称	原字段类型	改后字段类型	修改说明
学年信息表	TeachingYearName	char(10)	nchar(11)	中西文，如 '2007-2008 学年'
教师信息表	Birthday	datetime	smalldatetime	在不超过范围情况下，节省空间
教师信息表	TeacherName	char(6)	char(8)	可能有四个汉字的姓名
教师信息表	Tpassword	varchar(10)	varchar(32)	可能有超过 10 个字符的密码

（续表）

表名称	字段名称	原字段类型	改后字段类型	修改说明
学生信息表	Birthday	datetime	smalldatetime	同上
学生信息表	StuName	char(6)	char(8)	同上
学生信息表	Spassword	varchar(10)	varchar(32)	同上
课程信息表	LessonTime	tinyint	smallint	课程的课时有可能超过 128
课程班信息表	TeachingPlace	varchar(16)	nvarchar(16)	中西文，如 '4#楼 508'
课程班信息表	TeachingTime	varchar(16)	nvarchar(32)	中西文，如 '周三 1-2；周五 3-4'

1.4.6 主键设计检查

每个表都应该具有主键，不管是单主键还是联合主键，主键的存在代表着表结构的完整性，表的记录必须有唯一区分的字段，主键主要用于与其他表的外键相关联及当前表记录的修改与删除。当没有主键时，这些操作会变得非常麻烦。

同样，第 3 项目小组对"教学管理系统"逻辑模型中各个数据表的主键进行了检查，发现"教学管理系统"中的绝大部分表都已经存在主键，主键编码的规则也比较合理。譬如，学生信息表中的 StuID 字段，以 2 位入学年份开头，之后包括 2 位系部编码和 2 位班级编码，最后是 2 位流水编码。学号"04080101"为 2004 年入学的计算机系网络技术专业（1）班 01 号学生。

然而，大家发现成绩信息表中没有主键，仔细审视表中的字段，发现现有的字段很难用作主键，所以第 3 项目小组在成绩信息表中增加了一个标识 ID 字段 GradeSeedID，作为成绩信息表的主键。增加主键后的成绩信息表的逻辑设计如表 1-23 所示。

表 1-23　增加主键后的成绩信息表

PK	字段名称	字段类型	约束	字段说明
🔑	GradeSeedID	int	主键	成绩记录编号，标识种子
	StuID	char(8)	外键	学号，TB_Stu（StuID）
	ClassID	char(6)	外键	班级编码，TB_Class（ClassID）
	CourseClassID	char(10)	外键	课程班编码，TB_CourseClass（CourseClassID）
	CourseID	char(6)	外键	课程编号，TB_Course（CourseID）
	CommonScore	real		平时成绩（<=100 且>=0）
	MiddleScore	real		期中成绩（<=100 且>=0）
	LastScore	real		期末成绩（<=100 且>=0）
	TotalScore	real		总成绩（<=100 且>=0）
	RetestScore	real		补考或重修成绩（<=100 且>=0）
	LockFlag	char(1)		成绩锁定标志，U：未锁；L：锁定

主键有逻辑主键和业务主键之分，业务主键和逻辑主键的取舍原则如下：

✪ 对于业务数据，最好采用逻辑主键。

✪ 对于业务复合主键有多个字段的情况，需要采用逻辑主键。

✪ 对于基础数据，基于多方面考虑，是可以采用业务主键的，这类表初始化以后数据不会经常发生改变。

✪ 业务数据的逻辑主键使用 numeric 自增长型，在迁移数据时，取消目标表的自增长，数据迁移完成后，再重建逻辑主键。

当然，第 3 项目小组也建议可以将学生选课信息表中的复合主键 StuID 和 CourseClassID（业务数据）改成如表 1-24 所示的逻辑形式（增加一个自动编码字段 SelectCourseID 作为逻辑主键）。

表 1-24　学生选课信息表逻辑主键

PK	字段名称	字段类型	NOT NULL	默认值	约束	字段说明
🔑	SelectCourseID	int	√		主键	学生选课自动编码，标识种子
	StuID	char(8)	√		外键唯一性	学号，TB_Stu（StuID）
	CourseClassID	char(10)	√			课程班编码，TB_CourseClass（CourseClassID），级联更新和删除
	SelectDate	smalldatetime	√			选课日期，取系统时间

1.5 ▶ 模块小结

本模块详细介绍了关系型数据库的设计方法与步骤，结合"教学管理系统"重点阐述了数据库设计的三个阶段，即需求分析、概念设计和逻辑设计阶段。与之相关的关键知识点主要有：

✪ 数据库系统的 3 种模型结构：层次模型、网状模型和关系模型。

✪ 关系型数据库的 4 个设计阶段：需求分析、概念设计、逻辑设计和物理设计。

✪ 数据库系统设计的 3 个特点：反复性、试探性和分步进行。

✪ 实体-关系（E-R）模型，实体和属性的概念，实体间的关系形式：一对一关系、一对多关系和多对多关系。同时介绍了 E-R 图的绘制方法。

✪ 与关系（数据表）相关的一些概念，如记录、字段、主键、外键。

✪ 实体 E-R 图转换成数据表逻辑结构的方法与步骤。

✪ 字段的数据类型和一些其他相关属性，如默认值和为空性等。

✪ 数据库设计的命名规范。

✪ 数据库设计的范式理论，重点是第一范式、第二范式和第三范式。

✪ 数据库设计中主键和数据类型在设计时的注意点。

📊 实训操作

（1）请根据前面"教学管理系统"的需求分析、概念设计和逻辑设计阶段的探讨，以及对"教学管理系统"数据库设计的规范化分析，整理出"教学管理系统"完整、准确的概念模型（Visio 中绘制的 E-R 图）和逻辑模型（Excel 中的数据表逻辑结构）。

（2）用 Visio 中的数据库建模工具，在上述概念设计的基础上绘制整个数据库的逻辑模型，数据表的逻辑结构和表间关系如图 1-25 所示。

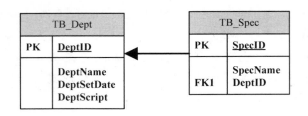

图 1-25　Visio 中的数据库逻辑模型

（3）每个同学根据学校的图书借阅管理实际情况，对"图书管理系统"进行相应的需求分析，完成"图书借阅管理系统"的概念设计和逻辑设计，并进行规范化审查。

（4）每 5～6 人分成一个项目小组，将组内每个人的设计综合成一个比较优化的设计方案，做成 PPT 演示文稿，然后推选一名组员在班上进行交流。

作业练习

1．选择题

（1）实体是信息世界中的术语，与之对应的数据库术语为＿＿＿＿＿。

    A．文件   B．数据库

    C．字段   D．记录

（2）数据库的概念模型独立于＿＿＿＿＿。

    A．具体的机器和 DBMS   B．E-R 图

    C．信息世界   D．现实世界

（3）层次型、网状型和关系型数据库划分的原则是＿＿＿＿＿。

    A．记录长度   B．文件的大小

    C．联系的复杂程度   D．数据之间的联系

（4）关系数据模型＿＿＿＿＿。

    A．只能表示实体间的 1∶1 联系

    B．一个表中最多只能有一个主键约束和一个外键约束

    C．在定义主键、外键约束时，应该首先定义主键约束，然后定义外键约束

    D．在定义主键、外键约束时，应该首先定义外键约束，然后定义主键约束

（5）数据库管理系统（DBMS）是＿＿＿＿＿。

    A．数学软件   B．应用软件

    C．计算机辅助设计   D．系统软件

（6）二维表由行和列组成，每一行表示关系的一个＿＿＿＿＿。

    A．属性   B．字段

    C．集合   D．记录

（7）在数据库设计中，用 E-R 图来描述信息结构但不涉及信息在计算机中的表示，它属于数据库中的表示，它属于数据库设计的＿＿＿＿＿阶段。

    A．需求分析   B．概念设计

    C．逻辑设计   D．物理设计

（8）一个学生可以同时借阅多本书，一本书只能由一个学生借阅，学生和图书之间的联系

为_____。

    A．一对一   B．一对多

    C．多对多   D．多对一

（9）数据库逻辑设计的主要任务是_____。

    A．建立 E-R 图   B．创建数据库说明

    C．建立数据流图   D．建立数据索引

（10）关系数据规范化是为解决关系数据中_____问题而引入的。

    A．插入、删除和数据冗余   B．减少数据操作的复杂性

    C．提高查询速度   D．保证数据的安全性和完整性

（11）如果关系 R 属于 1NF，并且 R 的每一个非主属性（字段）都完全依赖于主键，则 R 满足_____。

    A．1NF   B．2NF

    C．3NF   D．4NF

2．术语解释

（1）E-R 模式

（2）实体-联系模型

（3）实体及属性

（4）数据库的物理设计

（5）主键及外键

（6）第一范式（1NF）

（7）第二范式（2NF）

（8）第三范式（3NF）

3．简答题

（1）简述什么是数据库。

（2）简述什么是数据库管理系统。

（3）数据库系统设计的步骤和特点是什么？

第 **2** 模块 教学管理系统数据库的创建与维护

在"教学管理系统"数据库物理设计阶段，先要选择一个合适的数据库管理系统（DBMS），才能在这个平台上进行相应的数据库物理设计和实现，包括安装和配置数据库管理系统、创建和维护相应的数据库。项目组为"教学管理系统"数据库选择的 DBMS 是 SQL Server 2008。

工作任务

- 任务 1：安装 SQL Server 2008
- 任务 2：启动和连接 SQL Server 2008
- 任务 3：创建和维护"教学管理系统"数据库
- 任务 4：分离和附加"教学管理系统"数据库

学习目标

- 了解 SQL Server 2008 的基本特性和安装方法
- 熟悉 SQL Server 2008 的启动、连接和相关配置方法
- 掌握创建和维护数据库的相关方法
- 掌握分离和附加数据库的相关方法

2.1 ▶ 任务 1——安装 SQL Server 2008

📖 任务描述与分析

在反复论证并通过了系统设计方案的基础上，项目设计进入了系统数据库的物理实现阶段，项目经理孙教授考虑到学院软硬件以及今后系统的维护等实际情况，选择了 Microsoft 开发的基于关系数据库模型的数据库管理系统 SQL Server 2008。

SQL Server 自发布以来，其功能强大、操作快捷、用户界面友好、安全可靠性高等优点受到用户的广泛欢迎，并应用于银行、邮电、铁路、财税和制造等众多行业和领域。项目经理要求第 3 项目小组 2 天内在一台服务器上安装好数据库管理系统软件（SQL Server 2008）。

📎 相关知识与技能

2.1.1 SQL Server 2008 简介

SQL Server 起源于 Sybase SQL Server，于 1988 年推出了第一个版本，这个版本主要是

为 OS/2 平台设计的。Microsoft 公司于 1992 年将 SQL Server 移植到了 Windows NT 平台上。Microsoft SQL Server 7.0 版本中数据存储和数据库引擎方面根本性的变化，更加确立了 SQL Server 在数据库管理系统中的主导地位。

Microsoft 公司于 2000 年发布了 SQL Server 2000，这个版本在 SQL Server 7.0 的基础上对数据库性能、数据可靠性、易用性等做了重大改进。2005 年，Microsoft 公司又发布了 SQL Server 2005，该版本可以为各类用户提供完整的数据库解决方案，可以帮助用户建立自己的电子商务体系，增强用户对外界变化的敏捷反应能力，提高用户的市场竞争能力。

最新的 SQL Server 2008 提供了更高、更安全、更具延展性的管理能力，成为一个全方位企业信息和数据的管理平台。它使得公司可以运行它们最关键的应用程序，同时降低了管理数据基础设施和发送观察信息给用户的成本。这个平台拥有以下特点：

- ✪ **可信任：**使得公司可以以很高的安全性、可靠性和可扩展性来运行它们最关键的应用程序。
- ✪ **高效率：**使得公司可以减少开发和管理数据基础设施的时间和成本。
- ✪ **智能化：**提供了一个全面的平台，可以在用户需要的时候发送观察信息。

Microsoft 数据平台提供了一套解决方案来满足这些需求，这套解决方案就是公司可以存储和管理许多数据类型，包括 XML、E-mail、时间/日历、文件、文档和地理等。同时提供一个丰富的服务集合来进行数据交互，如搜索、查询、数据分析、报表、数据整合和强大的同步功能。用户可以访问从创建到存档，从桌面到移动设备的任何信息。

任务实施与拓展

2.1.2   SQL Server 2008 安装

在开始安装 SQL Server 2008 之前，要考虑和执行一些相关步骤，以减少安装过程中遇到问题的可能性。例如，SQL Server 2008 需要.NET Framework 3.5 版本的支持，SQL Server 2008 已经不支持 Windows Server 2000 操作系统，不过依然支持 Windows XP Professional SP2。在 Windows XP 平台上安装 SQL Server 2008 的步骤如下：

01 将安装光盘放入光驱。默认会启动安装程序向导界面，若没有启动该界面可双击光驱中的 Server\Splash.hta 文件。

02 如 **01** 没有成功执行，可以直接运行"光盘\Servers\Setup.exe"文件，弹出"SQL Server 安装中心"窗口，单击左边的 "安装" 项，显示相应安装信息，如图 2-1 所示。

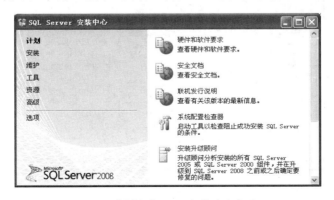

图 2-1   "SQL Server 安装中心" 窗口

03 单击"全新 SQL Server 独立安装或向现有安装添加功能"项，进入"安装程序支持规则"对话框，进行相关操作检查，如果全部通过，单击"确定"按钮，进入"安装程序支持文件"对话框，继续单击"确定"按钮，回到"安装程序支持规则"对话框。

04 在"安装程序支持规则"对话框中，单击"下一步"按钮，进入"安装类型"对话框，选择"执行 SQL Server 2008 的全新安装"单选按钮，单击"下一步"按钮。

05 在"产品密匙"对话框中，选择"输入产品密匙"单选按钮，然后输入光盘上的产品密匙，如图 2-2 所示，单击"下一步"按钮。

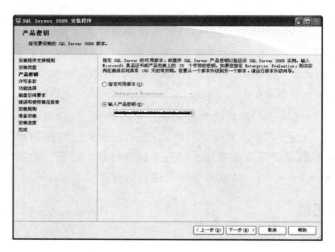

图 2-2 "产品密匙"对话框

06 在"许可条款"对话框中，选择"我接受许可条款"单选按钮，然后单击"下一步"按钮，进入"功能选择"对话框。

07 在"功能选择"对话框中，先单击"全选"按钮，选中所有要安装的内容，如图 2-3 所示，然后单击"下一步"按钮。

图 2-3 "功能选择"对话框

08 在"实例配置"对话框中，选择"默认实例"单选按钮，其他采用默认设置，如图 2-4 所示，单击"下一步"按钮，打开"磁盘空间要求"对话框。

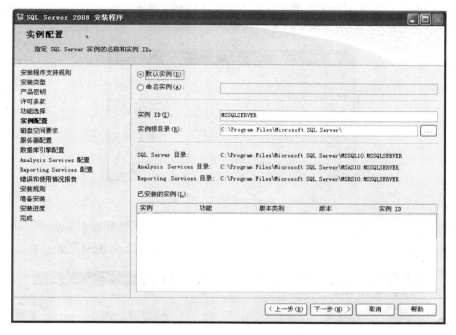

图 2-4 "实例配置"对话框

09 在"磁盘空间要求"对话框中单击"下一步"按钮，进入"服务器配置"对话框。在"服务账户"属性页中，给每个服务选择账户名"NT AUTHORITY\NETWORK SERVICE"，如图 2-5 所示，然后单击"下一步"按钮，打开"数据库引擎配置"对话框。

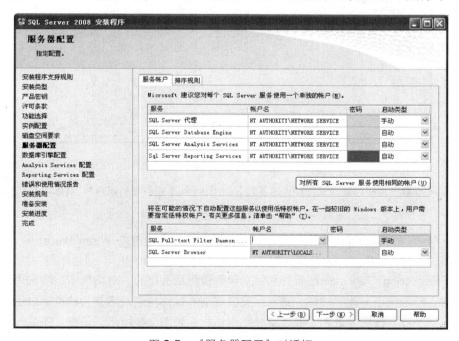

图 2-5 "服务器配置"对话框

10 在"数据库引擎配置"对话框中，单击"指定 SQL Server 管理员"的"添加"按钮，弹出"选择用户或组"对话框。在"选择用户或组"对话框中的"输入对象名称来选择"栏中输入"Administrator"，单击"检查名称"按钮，显示"JYPC-PYH\Administrator"，如图 2-6 所示。

图 2-6　"选择用户或组"对话框

11 单击"选择用户或组"对话框中的"确定"按钮，回到"数据库引擎配置"对话框，如图 2-7 所示，单击"下一步"按钮，进入"Analysis Services 配置"对话框。

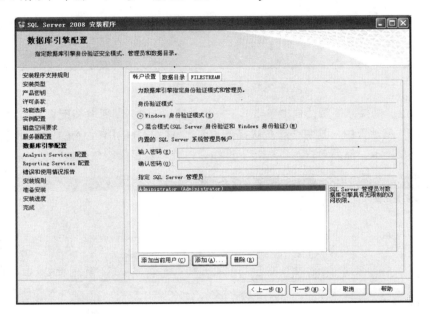

图 2-7　"数据库引擎配置"对话框

提示： 此处不设置"身份验证模式"和"内置的 SQL Server 系统管理员账户"，具体将在 2.2.1 节中进行讲解。

12 在"Analysis Services 配置"对话框中，用同样的方法添加"Administrator"用户后，单击"Analysis Services 配置"对话框中的"下一步"按钮。

13 在"Reporting Services 配置"和"错误和使用情况报告"对话框中，均采用系统默认设置，单击"下一步"按钮，进入"安装规则"操作检查对话框，检查通过后，继续单击"下一步"按钮，进入"准备安装"对话框，如图 2-8 所示，单击"安装"按钮进行系统安装，进入"安装进度"对话框。

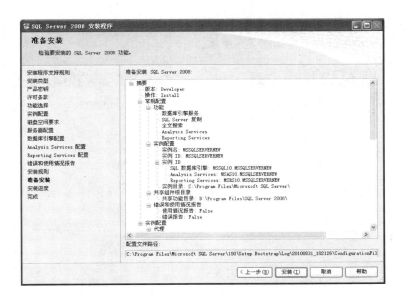

图 2-8　"准备安装"对话框

14 安装结束后，系统将会显示"完成"对话框，提醒用户 SQL Server 安装已经完成，单击"关闭"按钮即可。

2.2 ▶ 任务 2——启动和连接 SQL Server 2008

任务描述与分析

第 3 项目小组在服务器上安装 SQL Server 2008 结束后，为了便于今后项目的设计和开发，在首次启动和连接服务器时，要对系统做一些相应的配置：

- ◎ 将服务器启动方式设置为"手动"；
- ◎ 将服务器身份验证模式设置为"SQL Server 和 Windows 身份验证模式"；
- ◎ 修改系统"sa"账户的密码，防止由于密码过于简单而使系统存在安全隐患。

相关知识与技能

2.2.1　SQL Server 身份验证模式

SQL Server 2008 的安全模式可以使用两种身份验证模式：Windows 身份验证模式和混合身份验证模式。

1．Windows 身份验证模式

Windows 身份验证模式适用于当数据库仅在组织内部访问时。使用 Windows 身份验证连接到 SQL Server 2008 时，Windows 会完全负责对客户端进行的身份验证。在这种情况下，将按其 Windows 账户来识别登录的用户。当用户通过 Windows 账户进行连接时，SQL Server 2008

使用 Windows 操作系统中的信息验证账户名和密码，这是 SQL Server 2008 默认的身份验证模式。Windows 身份验证的界面如图 2-9 所示。

图 2-9　"Windows 身份验证登录"窗口

2．混合身份验证模式

混合身份验证模式适用于当外界的用户需要访问数据库时或当用户不能使用 Windows 域时。使用混合身份验证模式时，用户必须提供登录账户名称和密码，SQL Server 2008 首先确定用户的连接是否使用有效的 SQL Server 账户登录。如果用户有有效的登录账户和正确的密码，则接受用户的连接；此时，如果密码不正确，则用户的连接被拒绝。仅当用户没有有效的 SQL Server 登录账户时，SQL Server 2008 才检测 Windows 账户的信息，在这样的情况下，SQL Server 2008 确定 Windows 账户是否有连接到服务器的权限，如果有权限，连接被接受；否则，连接被拒绝。SQL Server 2008 混合身份验证的界面如图 2-10 所示。

图 2-10　"混合身份验证登录"窗口

2.2.2　配置 SQL Server 2008

正确地安装和配置系统是确保软件安全、高效运行的基础。安装是选择系统参数并将系统安装在生产环境中的过程，配置则是选择、设置、调整系统功能和参数的过程，安装和配置的目的都是使系统在生产环境中充分地发挥作用。

对 SQL Server 2008 进行配置，包括两方面的内容：配置服务和配置服务器。

✪ 配置服务主要用来管理 SQL Server 2008 服务的启动状态以及使用何种账户启动。使用 SQL Server 2008 中附带的服务配置工具 SQL Server Configuration Manager，打开后即列出了与 SQL Server 2008 相关的服务。

✪ 配置服务器主要是针对安装后的 SQL Server 2008 实例进行的，是为了充分利用 SQL Server 2008 系统资源、设置 SQL Server 2008 服务器默认行为的过程。合理地配置服务器选项，可以加快服务响应请求的速度、充分利用系统资源、提高系统的工作效率。

2.2.3　SQL Server 2008 管理工具

Microsoft SQL Server 2008 系统提供了大量的管理工具，通过这些管理工具可以对系统实现快速、高效的管理。下面将对最常用的工具进行简单介绍。

1. SQL Server Managenment Studio

如果是第一次使用这个工具，将会出现如图 2-11 所示的"已注册的服务器"和"对象资源管理器"等窗口。

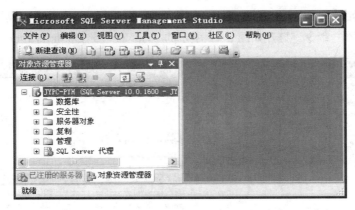

图 2-11　"Microsoft SQL Server Management Studio"窗口

这些默认窗格和其他窗格都可以在"视图"菜单中进行选择，其含义如下。

（1）对象资源管理器

对象资源管理器是 SQL Server Management Studio 的一个组件，可连接到数据库引擎实例、Analysis Services、Integration Services 和 Reporting Services。它提供了服务器中所有对象的视图，并具有可用于管理这些对象的用户界面。

（2）已注册的服务器

显示当前已注册的服务器。窗格顶部的列表（包括 SQL Server、分析服务器、集成服务器、报表服务器和 SQL Mobile）允许用户在特定类型的服务器之间快速切换。

（3）模板资源管理器

提供对查询编辑器的模板和任何用户所创建的自定义模板的快速访问。模板可以通过 SQL Server Management Studio 所支持的任何脚本语言来创建。

（4）解决方案管理器

解决方案管理器是 SQL Server Management Studio 的一个组件，用于在解决方案或项目中查看和管理项以及执行项管理任务。

2. 配置管理器

SQL Server 配置管理器（SQL Server Configuration Manager）包含了 SQL Server 服务、网络配置和 SQL Native Client 配置 3 个工具程序，供数据库管理人员做服务启动/停止与监控、服务器端支持的网络协议、用户用来访问 SQL Server 的网络相关设置等工作。

3. 联机丛书

SQL Server 联机丛书是 SQL Server 2008 帮助的主要来源，提供了对 SQL Server 2008 文档和帮助系统所做的改进，这些文档可以帮助用户了解 SQL Server 2008 以及如何实现数据管理和商业智能项目。

任务实施与拓展

2.2.4　设置 SQL Server 2008 启动模式

01 选择"开始"|"程序"|"Microsoft SQL Server 2008"|"配置工具"|"SQL Server 配置管理器"命令，打开如图 2-12 所示的"Sql Server Configuration Manager"窗口。

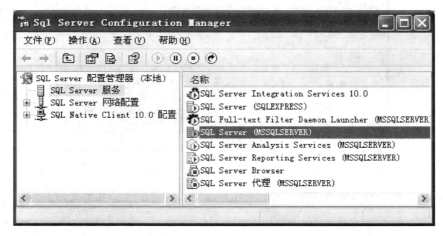

图 2-12　"sql Server Configuration Manager"窗口

02 在 SQL Server 配置管理器的左边窗格中，展开"SQL Server 服务"节点，在右边窗格中右击"SQL Server（MSSQLServer）"项，在弹出的快捷菜单中单击"属性"命令，打开"SQL Server（MSSQLServer）"属性窗口。

03 在"SQL Server（MSSQLServer）"属性窗口中选择"服务"选项卡，在"启动模式"下拉列表中选择"手动"选项，如图 2-13 所示，单击"确定"按钮即可。

图 2-13　"SQL Server（MSSQLServer）属性"窗口

2.2.5　启动 SQL Server 2008

右击图 2-14 所示右边窗格中的"SQL Server（MSSQLServer）"项，单击快捷菜单中的"启动"命令，即可启动 SQL Server 2008。

图 2-14　"启动 SQL Server"快捷菜单

2.2.6　连接 SQL Server 2008

01 选择"开始"|"程序"|"Microsoft SQL Server 2008"|"SQL Server Management Studio"命令，打开如图 2-15 所示的"连接到服务器"对话框。

02 在"服务器名称"下拉列表框中，可以选择相关的服务器，也可以选择"<浏览更多...>"选项来查找其他服务器，如图 2-15 所示。

03 同样，在"身份验证"下拉列表框中，还需要选择身份验证的方式："Windows 身份验证"或"SQL Server 身份验证"。如果选择"SQL Server 身份验证"，则还要输入正确的"用户名"和"密码"。

04 单击"连接到服务器"对话框中的"连接"按钮，即可连接到相应的服务器。如果连接成功，将显示对象资源管理器，并将相应的服务器设置为焦点。

图 2-15　"连接到服务器"对话框

2.2.7　设置身份验证模式

01 选择"开始"|"程序"|"Microsoft SQL Server 2008"|"SQL Server Management Studio"命令，连接到 SQL Server 2008 后，出现"Microsoft SQL Server Management Studio"窗口，右击"对象资源管理器"中要设置的服务器，弹出快捷菜单，如图 2-16 所示。

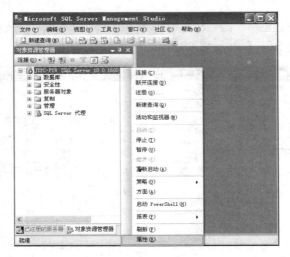

图 2-16　"Microsoft SQL Server Management Studio"窗口

02 选择快捷菜单中的"属性"命令，打开"服务器属性"窗口，选择"安全性"页面，出现如图 2-17 所示的"服务器身份验证"设置界面。

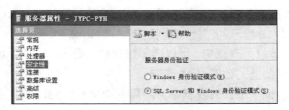

图 2-17　"服务器身份验证"设置界面

03 选择"SQL Server 和 Windows 身份验证模式"项，单击"服务器属性"窗口中的"确定"按钮即可完成相应的设置。

2.2.8　修改系统登录账户 sa 密码

sa 是 SQL Server 系统管理员的账户。在默认安装 SQL Server 2008 时，sa 账户没有被指派密码，或者只被安装人员在安装时设置了一个简单的密码，为了提高系统安全性，需要重新设置一个复杂度较高的密码。

01 在"Microsoft SQL Server Management Studio"窗口的"对象资源管理器"窗格中展开要设置的服务器，展开"安全性"|"登录名"|"sa"节点，右击"sa"节点，弹出如图 2-18 所示的快捷菜单。

图 2-18　"sa 登录名"快捷菜单

02 选择图 2-18 所示快捷菜单中的"属性"项，弹出如图 2-19 所示的窗口，在"sa"登录名的"密码"和"确认密码"框中输入要修改的密码，选择"强制实施密码策略"和"强制密码过期"两个选项。

图 2-19　"登录属性-sa"窗口

03 单击"登录属性"窗口中的"确定"按钮，即可完成"sa"登录名的密码修改。

2.3 任务 3——创建和维护"教学管理系统"数据库

📋 任务描述与分析

在第 3 项目小组对"教学管理系统"数据库逻辑设计规范化检查建议的基础上，第 1 项目小组根据评审建议对数据库的逻辑设计进行了相应的改进。为了将"教学管理系统"数据库的逻辑设计在 SQL Server 2008 中转化为相应的物理模型，项目经理孙教授要求第 1 项目小组先在 SQL Server 2008 中创建"教学管理系统"数据库。

要求：数据库名称为"DB_TeachingMS"，主文件逻辑名称为 TeachingMS_Data，物理文件名为 TeachingMS_Data.mdf，初始大小为 5MB，最大尺寸为无限制，增长速度为 10%；数据库的日志文件逻辑名称为 TeachingMS_Log，物理文件名为 TeachingMS_Log.ldf，初始大小为 2MB，最大尺寸为 5MB，增长速度为 2MB，文件存放在 D:\MyDB 路径下。

✍ 相关知识与技能

数据库是数据库管理系统的核心，使用数据库存储数据，首先要创建数据库，在一个 SQL Server 2008 数据库服务器实例中最多可以创建 32767 个数据库。一个数据库必须至少包含一个数据文件和一个事务日志文件，在创建大型数据库时，尽量把主数据文件放在和事务日志文件不同的路径下，这样能够提高数据读取的效率。

在 SQL Server 2008 中创建数据库的方法主要有两种：一是在 SQL Server Management Studio（以下简称 SSMS）窗口中使用相关的命令和功能，通过方便的图形化向导创建；二是通过编写 Transact-SQL（以下简称 T-SQL）语句创建。

所谓向导方式，是指在 SSMS 窗口中使用可视化的界面，通过提示向导来创建数据库。这是最简单的方式，比较适合于初学者。虽然使用 SSMS 的向导方式是创建数据库的一种有效而简易的方法，但在实际的工作和应用中却不多采用这种方法来创建数据库。例如，在设计一个数据库应用系统时，开发人员一般都是用 T-SQL 语言在程序代码中创建数据库及其他数据库对象。

要熟练地理解和创建数据库，必须先对数据库的一些基本组成部分有一个清楚的认识。

2.3.1 系统数据库

所谓系统数据库指的是随 SQL Server 安装程序一起安装，用于协助 SQL Server 系统共同完成管理操作的数据库，它是 SQL Server 运行的基础。在 SQL Server 2008 中，默认的系统数据库有 master、modle、msdb 和 tempdb 数据库。

1. master 数据库

master 数据库存储 SQL Server 2008 系统的所有系统级信息。这包括实例范围的元数据（例如登录账户）、端点、链接服务器和系统配置设置。master 数据库记录所有其他数据库是否存在以及这些数据库文件的位置。另外，master 数据库还记录 SQL Server 2008 的初始化信息。因此，如果 master 数据库不可用，则 SQL Server 2008 无法启动。

2．modle 数据库

modle 数据库用作在 SQL Server 2008 实例中创建的所有数据库的模板。因为每次启动 SQL Server 2008 时都会重新创建 tempdb 数据库，所以 modle 数据库必须始终存在于 SQL Server 2008 系统中。

3．msdb 数据库

msdb 数据库主要被 SQL Server 2008 代理用于进行复制、作业调度以及管理警报等活动，该数据库通常用于调度任务或排除故障。用户不能在 msdb 数据库中执行下列操作：

- ✪ 更改排序规则，默认排序规则为服务器排序规则。
- ✪ 删除数据库。
- ✪ 从数据库中删除 guest 用户。
- ✪ 删除主文件组、主数据文件或日志文件。
- ✪ 重命名数据库或主文件组。
- ✪ 将数据库设置为 OFFLINE。
- ✪ 将主文件组设置为 READ-ONLY。

4．tempdb 数据库

tempdb 数据库是连接到 SQL Server 2008 所有用户都可用的全局资源，它保存所有临时表和临时存储过程。

每次启动 SQL Server 2008 时都会重新创建 tempdb 数据库，以便系统启动时，该数据库总是空的。在断开连接时会自动删除临时表和存储过程，并且在系统关闭后没有活动连接。

tempdb 数据库用于保存以下内容：

- ✪ 显式创建的临时对象，例如表、存储过程、表变量或游标。
- ✪ 所有版本的更新记录（如果启用了快照隔离）。
- ✪ SQL Server 2008 数据库引擎创建的内部工作表。
- ✪ 创建或重新生成索引时，临时排序的结果（如果指定了 SORT-IN-TEMPDB）。

tempdb 数据库中的操作是最小日志记录操作，并且不能对该数据库进行备份或还原操作。

2.3.2　数据库存储文件

每个 SQL Server 2008 数据库都有一个与它相关联的事务日志。事务日志是对数据库的修改的历史记录，SQL Server 用它来确保数据库的完整性，对数据库的所有更新首先写到事务日志，然后应用到数据库。如果数据库更新成功，事务完成并记录为成功；如果数据库更新失败，SQL Server 使用事务日志还原数据库到初始状态(称为事务回滚)。这两阶段的提交进程使 SQL Server 能在进入事务时发生源故障、服务器无法使用或者其他问题的情况下自动还原数据库。

SQL Server 2008 数据库和事务日志包含在独立的数据库文件中。这意味着每个数据库至少需要两个关联的存储文件：一个数据文件和一个事务日志文件，也可以有辅助数据文件。因此，在一个 SQL Server 2008 数据库中可以使用 3 种类型的文件来存储信息。

1．主数据文件

主数据文件包含数据库的启动信息，并指向数据库中的其他文件。用户数据和对象存储在此文件中，也可以存储在辅助数据文件中。每个数据库只能有一个主数据文件，默认文件扩展

名是 ".mdf"。

2. 辅助数据文件

辅助数据文件是可选的，由用户定义并存储用户数据。辅助数据文件可用于将数据分散到多个磁盘上。另外，如果数据库超过了单个 Windows 文件的最大长度，可以使用辅助数据文件，这样数据库就能继续增长。辅助数据文件的默认文件扩展名是 ".ndf"。

3. 事务日志文件

事务日志文件用于保存恢复数据库的日志信息。每个数据库必须至少有一个事务日志文件，它的默认文件扩展名是 ".ldf"。

4. 文件组

为了便于分配和管理，可以将数据文件集合起来放到文件组中。文件组是针对数据文件而创建的，是数据库中数据文件的集合。利用文件组可以优化数据存储，并可以将不同的数据库对象存储到不同的文件组中，以提高输入/输出读写的性能。

创建与使用文件组还需要遵守下列规则。

- ✪ 主要数据文件必须存储在主文件组中。
- ✪ 与系统相关的数据库对象必须存储在主文件组中。
- ✪ 一个数据文件只能存储在一个文件组中，而不能同时存储在多个文件组中。
- ✪ 数据库的数据信息和日志信息不能放在同一个文件组中，必须分开存放。
- ✪ 日志文件不能存放在任何文件组中。

2.3.3 数据库对象

前面曾介绍过，数据库中存储了表、视图、索引、存储过程、触发器等数据库对象，这些数据库对象存储在系统数据库或用户数据库中，用来保存 SQL Server 数据库的基本信息及用户自定义的数据操作等。下面将对这些主要的数据库对象进行简单介绍。

1. 数据表

数据表是数据库中实际存储数据的对象。由于数据库中的其他所有对象都依赖于表，因此可以将数据表理解为数据库的基本组件。

2. 视图

视图与表非常相似，也是由字段与记录组成的。与表不同的是，视图不包含任何数据，它总是基于表，用来提供浏览数据的不同方式。视图的特点是其本身并不存储实际数据，因此视图可以是连接多张数据表的虚表，也可以是使用 WHERE 子句限制返回行的数据查询的结果，并且它是专用的，比数据表更直接面向用户。

3. 存储过程和触发器

存储过程和触发器是两个特殊的数据库对象。在 SQL Server 2008 中，存储过程的存在独立于表，而触发器则与表紧密结合。可以使用存储过程来完善应用程序，提高应用程序的运行效率；可以使用触发器来实现复杂的业务规则，更加有效地实施数据完整性。

4. 用户和角色

用户是对数据库有存取权限的使用者。角色是指一组数据库用户的集合，和 Windows 中的用户组类似。数据库中的用户可以根据需要添加，用户如果被加入到某一角色，则将具有该角色的所有权限。

任务实施与拓展

2.3.4　使用向导方式创建数据库

01　打开 SSMS 窗口，在"对象资源管理器"窗格中展开服务器，然后在"数据库"节点上右击，从弹出的快捷菜单中选择"新建数据库"命令，如图 2-20 所示。

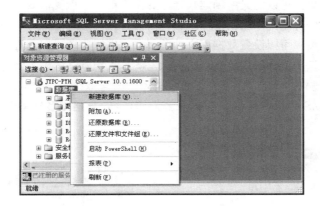

图 2-20　"新建数据库"快捷菜单

02　此时会打开"新建数据库"窗口，如图 2-21 所示。在这个窗口中有 3 个选择页，分别是"常规"、"选项"和"文件组"，完成对这 3 个页中内容的设置后，就完成了数据库的创建工作。

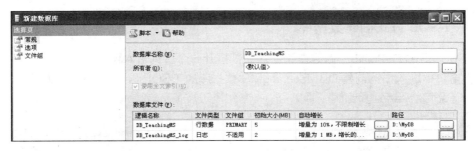

图 2-21　"新建数据库"常规设置页

03　在"常规"页中的"数据库名称"文本框中输入数据库的名称"DB_TeachingMS"。

04　"数据库文件"列表中包括两行，一行是数据文件，一行是日志文件。该列表中各字段的含义如下：

- ❂ **逻辑名称：**指定数据库文件的文件名称。
- ❂ **文件类型：**用于区别当前文件是数据文件还是日志文件。
- ❂ **文件组：**显示当前数据库文件所属的文件组。一个数据库文件只能存在于一个文件组里。
- ❂ **初始大小（MB）：**设定文件的初始大小，数据文件的默认大小是 3MB，日志文件的默认大小是 1MB。

- ✪ **自动增长：** 当设置的文件大小不够用时，系统会根据某种设定的增长方式使文件大小自动增长。通过单击图 2-21 中"自动增长"栏右侧的 [...] 按钮，即可打开"更改数据库文件的自动增长设置"对话框进行设置，图 2-22 为创建数据库 DB_TeachingMS 时对数据文件"TeachingMS.mdf"的自动增长方式进行设置的情形，同样的方法可以对 DB_TeachingMS 数据库的日志文件进行自动增长方式设置。

- ✪ **路径：** 指定存放数据库文件的路径。默认情况下，SQL Server 2008 将存放文件的路径设置为安装路径下的"data"文件夹中。单击图 2-21 中"路径"栏中的 [...] 按钮，打开"定位文件夹"对话框，更改 DB_TeachingMS 数据库文件的存储路径为"D:\MyDB"。

05 打开"选项"页，可以定义所创建数据库的排序规则、恢复模式、兼容级别、恢复和游标等选项，本任务均采用默认值，不做任何设置。

06 在"文件组"页中可以设置数据库文件所属的文件组，还可以通过"添加"或"删除"按钮来更改数据库文件所属的文件组，本任务均采用默认值，不做任何设置。

07 完成上述操作后，单击"确定"按钮，关闭"新建数据库"窗口。至此，成功创建了 DB_TeachingMS 数据库，可以在"对象资源管理器"窗格中看到新建的 DB_TeachingMS 数据库，如图 2-23 所示。

图 2-22 "更改数据库文件的自动增长设置"对话框　　图 2-23 新建的 DB_TeachingMS 数据库

2.3.5 用 T-SQL 方式创建数据库

01 在 SSMS 窗口中单击"新建查询"按钮，打开一个查询输入窗口。

02 在窗口中输入如下创建 DB_TeachingMS 数据库的 T-SQL 语句，并保存。

```
CREATE DATABASE DB_TeachingMS                    --数据库名
ON PRIMARY                                       --主文件
( NAME = TeachingMS_Data,                        --数据库主文件逻辑名
FILENAME = 'D:\MyDB\TeachingMS_Data.mdf',        --数据库主文件物理名称
SIZE = 5MB,                                       --数据库初始容量大小
MAXSIZE = UNLIMITED,                             --数据库容量最大尺寸
FILEGROWTH = 10%                                 --数据库容量增长率
)
LOG ON                                           --事务日志文件
( NAME = TeachingMS_Log,                          --事务日志文件逻辑名
FILENAME = 'D: \MyDB \TeachingMS_log.ldf',       --事务日志文件物理名称
SIZE = 2MB,                                       --数据库初始容量大小
MAXSIZE = 5MB,                                    --数据库容量最大尺寸
FILEGROWTH = 2MB                                 --数据库容量增长率
)
```

03 单击 SSMS 窗口中的"分析"按钮 ✓，检查语法错误，如果通过，在结果窗格中显示"命令已成功完成"提示消息。

04 单击"执行"按钮执行语句，如果成功执行，在结果窗格中同样显示"命令已成功完成"提示消息。

05 在"对象资源管理器"窗格中刷新"数据库"节点，可以看到新建的数据库 DB_TeachingMS。

2.3.6　任务拓展

1．简单创建数据库

使用"CREATE DATABASE"语句创建 DB_TeachingMS 数据库最简单的方式如下：

```
CREATE DATABASE DB_TeachingMS
```

按照此方式，只要给定要创建的数据库的名称，其他与数据库有关的选项全部采用系统的默认值。

2．创建数据库时定义文件组

在"2.1 节"要求的基础上，重新用 T-SQL 语句创建 DB_TeachingMS 数据库，设置数据库内包含 3 个数据文件和 1 个日志文件。第一个数据文件在主文件组中，其他两个数据文件存储在名为"Teaching_FG"的文件组中。

根据上述要求，重新创建 DB_TeachingMS 数据库的 T-SQL 语句如下：

```
CREATE DATABASE DB_TeachingMS                        --数据库名
ON PRIMARY                                           --主文件组
( NAME = TeachingMS_Data,                            --主文件逻辑名
FILENAME = 'D:\MyDB\TeachingMS_Data.mdf',            --主文件物理名称
SIZE = 5MB,                                          --主文件初始容量大小
MAXSIZE = UNLIMITED,                                 --主文件容量最大尺寸
FILEGROWTH = 10%                                     --主文件容量增长率
),
FILEGROUP Teaching_FG                                --Teaching_FG 文件组
( NAME = TeachingMS_Data1,                           --次文件逻辑名
FILENAME = 'D:\MyDB\TeachingMS_Data1.ndf',           --次文件物理名称
SIZE = 5MB,                                          --次文件初始容量大小
MAXSIZE = 20MB,                                      --次文件容量最大尺寸
FILEGROWTH = 5%                                      --次文件容量增长率
),
( NAME = TeachingMS_Data2,                           --次文件逻辑名
FILENAME = 'D:\MyDB\TeachingMS_Data2.ndf',           --次文件物理名称
SIZE = 5MB,                                          --次文件初始容量大小
MAXSIZE = 20MB,                                      --次文件容量最大尺寸
FILEGROWTH = 5%                                      --次文件容量增长率
)
LOG ON
( NAME = TeachingMS_Log,                             --日志文件逻辑名
FILENAME = 'D:\MyDB\TeachingMS_log.ldf',             --日志文件物理名称
SIZE = 2MB,                                          --日志文件初始容量大小
MAXSIZE = 5MB,                                       --日志文件容量最大尺寸
```

```
FILEGROWTH = 2MB                                    --日志文件容量增长率
)
```

用 T-SQL 语句创建数据库时，如果数据库的数据文件或日志文件的数量多于一个，则文件之间使用逗号分隔。当某个数据库有两个或者两个以上的数据文件时，需要指定哪一个数据文件是主数据文件。在默认情况下，第一个数据文件是主数据文件，也可以用 PRIMARY 关键字来指定主数据文件。

注意： 在执行创建数据库的 T-SQL 语句之前，要确保数据文件和日志文件所在的目录必须存在（如上面语句中的 D:\MyDB），如果目录不存在将产生错误，同时创建数据库的名称必须唯一，否则会导致创建数据库失败。

3．查看数据库状态

创建数据库以后，在使用的过程中用户可能会根据情况对数据库进行修改。SQL Server 2008 可以方便地查看数据库的状态，允许修改数据库的选项设置，对数据库具体属性进行更改，以及收缩、删除、分离和附加数据库等。

要查看数据库当前处于什么状态，最简单的方法是在 SSMS 窗口的 "对象资源管理器" 窗格中找到要查看的数据库，然后在其上右击，在弹出的快捷菜单中选择 "属性" 命令，打开 "数据库属性" 窗口即可查看数据库的基本信息、文件信息、选项信息、文件组信息和权限信息等，如图 2-24 所示。

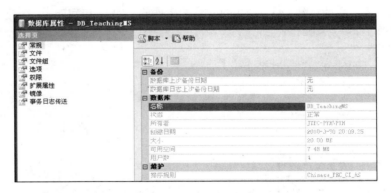

图 2-24   "数据库属性" 窗口

运用系统存储过程 sp_helpdb 在查询窗口中也可以查看数据库的基本信息，如查看数据库 DB_TeachingMS 基本信息的 T-SQL 语句如下：

```
sp_helpdb DB_TeachingMS
```

DB_TeachingMS 数据库查询结果如图 2-25 所示。

	name	db_size	owner	dbid	created	status	compatibility_level
1	DB_TeachingMS	7.00 MB	JYPC-PYH\PYH	12	03 30 2010	Status=ONLINE, Updat...	90

	name	fileid	filename	filegroup	size	maxsize	growth	usage
1	TeachingMS_Data	1	D:\MyDB\TeachingMS_Data.mdf	PRIMARY	5120 KB	Unlimited	10%	data only
2	TeachingMS_Log	2	D:\MyDB\TeachingMS_Log.ldf	NULL	2048 KB	5120 KB	2048 KB	log only

图 2-25   DB_TeachingMS 数据库查询结果

4．修改数据库名称

一般情况下，不建议用户修改创建好的数据库名称。因为许多应用程序可能已经使用了该数据库的名称，在更改了数据库的名称之后，还需要修改相应的应用程序中使用的数据库名称。修改数据库名称的方法主要有向导方式和使用 "ALTER DATABASE" 语句。

（1）向导方式

在 SSMS 窗口的 "对象资源管理器" 窗格中，找到要修改的数据库名称节点（如 DB_TeachingMS 数据库节点），在该数据库名称上右击，弹出相应的快捷菜单，选择 "重命名" 项，即可直接修改数据库名称。

（2）ALTER DATABASE 语句

使用 ALTER DATABASE 语句修改数据库名称时只更改了数据库的逻辑名称，对于该数据库的数据文件和日志文件没有任何影响。将 DB_TeachingMS 数据库改名为 "SchoolMis" 的 T-SQL 语句为：

```
ALTER DATABASE DB_TeachingMS MODIFY NAME = SchoolMis
```

5. 收缩数据库容量

如果设计数据库时设置的容量过大，或删除了数据库中大量的数据，就需要根据实际需要收缩数据库以释放磁盘空间。

（1）向导方式

自动收缩：在 SSMS 窗口中，右击要收缩的数据库，打开 "数据库属性" 窗口，选择 "选项" 页，在右边的 "其它选项" 列表中找到 "自动收缩" 选项，并将其值改为 "True"，单击 "确定" 按钮即可。

手动收缩：在 SSMS 窗口中，右击要收缩的数据库，从弹出的快捷菜单中单击 "任务" ｜ "收缩" ｜ "数据库" 命令，打开 "收缩数据库" 对话框，在该窗口中可以查看当前数据库的大小及可用空间，并可以自行设置收缩后数据库的大小，设置完毕后，单击 "确定" 按钮即可。

（2）DBCC SHRINKDATABASE 语句

"DBCC SHRINKDATABASE" 语句是一种比前两种方式更加灵活的收缩数据库方式，可以对整个数据库进行收缩。如将 DB_TeachingMS 数据库收缩到只保留 10%的可用空间的 T-SQL 语句如下：

```
DBCC SHRINKDATABASE ('DB_TeachingMS',10)
```

6. 删除数据库

随着数据库数量的增加，系统的资源消耗越来越多，运行速度也大不如前。这时就要删除那些不再需要的数据库，以释放被占用的磁盘空间和系统消耗。SQL Server 2008 同样提供了向导方式和 "DROP DATABASE" 语句两种方法来删除数据库。

（1）向导方式

在 SSMS 窗口的 "对象资源管理器" 窗格中右击要删除的数据库，在弹出的快捷菜单中选择 "删除" 命令，然后在打开的 "删除对象" 对话框中单击 "确定" 按钮，即可删除相应的数据库。

（2）DROP DATABASE 语句

删除 DB_TeachingMS 数据库的 T-SQL 语句如下：

```
DROP DATABASE DB_TeachingMS
```

如果要一次同时删除多个数据库，则要用逗号将要删除的多个数据库名称隔开。

注意： 使用"DROP DATABASE"语句删除数据库不会出现确认信息，所以使用这种方法要小心谨慎。此外，千万不要删除系统数据库，否则会导致 SQL Server 2008 系统无法使用。

2.4 任务 4——分离和附加"教学管理系统"数据库

📄 任务描述与分析

在系统的开发过程中，由于某些特殊情况（譬如数据库服务器的硬件出了些问题，数据库要移植到其他服务器上），经常要将数据库从某个数据库实例中分离出来，然后再附加到其他的数据库实例中。

现在要将已经创建好的"教学管理系统"数据库 DB_TeachingMS 从服务器上分离出来，然后附加到已经安装了 SQL Server 2008 的另一个服务器上。

🖋 相关知识与技能

2.4.1 分离和附加数据库

分离数据库是指将数据库从 SQL Server 2008 实例上删除，但该数据库的数据文件和事务日志文件仍然保留下来不变，这时可以将该数据库的数据文件和事务日志文件再附加到其他任何 SQL Server 2008 实例上，再生成数据库。

如果要分离的数据库出现下列情况之一，将不能分离：

1. 已发布数据库

如果要分离已经发布的数据库，必须先通过系统存储过程"sp_replicationdboption"禁用发布后再分离。

2. 数据库中存在数据库快照

必须先删除所有的数据库快照，然后才能分离数据库。

3. 数据库处于未知状态

在 SQL Server 2008 中，无法分离可疑和未知状态的数据库，此时必须将数据库设置为紧急模式，才能对其进行分离操作。

🔍 任务实施与拓展

2.4.2 使用向导方式分离和附加 DB_TeachingMS 数据库

01 连接要分离数据库的服务器，打开 SSMS 窗口，在"对象资源管理器"窗格中右击要分离的 DB_TeachingMS 数据库，单击弹出的快捷菜单中的"任务"|"分离"命令，打开"分离数据库"对话框。

02 在"分离数据库"窗口中单击"确定"按钮，即可分离 DB_TeachingMS 数据库。

03 在"对象资源管理器"窗格中的"数据库"节点上右击，单击弹出的快捷菜单中的"刷新"命令,可以发现 DB_TeachingMS 数据库已经被分离。

04 连接要附加数据库的服务器,打开 SSMS 窗口,在"对象资源管理器"窗格中的"数据库"节点上右击,单击弹出的快捷菜单中的"附加"命令,打开"附加数据库"对话框。

05 在"附加数据库"对话框中单击"添加"按钮,然后从打开的"定位数据库文件"窗口中选择要附加的数据库文件,如图 2-26 所示,单击"定位数据库文件"窗口中的"确定"按钮,回到"附加数据库"对话框。

06 单击"附加数据库"对话框中的"确定"按钮,就可以将 DB_TeachingMS 数据库重新附加到数据库实例中,如图 2-27 所示。

图 2-26　"定位数据库文件"窗口

图 2-27　"附加数据库"对话框

2.4.3　用 T-SQL 语句分离和附加 DB_TeachingMS 数据库

分别使用系统存储过程"sp_detach_db"和"sp_attatch_db"来分离和附加数据库,分离和附加 DB_TeachingMS 数据库的语句分别如下。

1. 分离数据库

```
EXEC sp_detach_db DB_TeachingMS
```

2. 附加数据库

```
EXEC sp_attach_db @dbname = N' DB_TeachingMS',      --附加数据库名称
@filename1 = N'D:\MyDB\TeachingMS_Data.mdf',        --数据库数据文件
@filename2 = N'D:\MyDB\TeachingMS_log.ldf'          --数据库日志文件
```

2.5 ▶ 模块小结

本模块对 SQL Server 2008 的发展和主要特点作了简单的说明,详细介绍了 SQL Server 2008 的安装、启动和连接,以及 SQL Server 2008 的基本组成和主要对象。此外,还结合"教

学管理系统"重点阐述了进行数据库的创建和维护、分离和附加的方法步骤。与之相关的关键知识点主要有：

- ✪ SQL Server 2008 身份验证模式：Windows 身份验证模式和混合身份验证模式。
- ✪ SQL Server 2008 的 3 个重要管理工具：SQL Server Management Studio、SQL Server Configuration Manager 和联机丛书。
- ✪ SQL Server 2008 系统数据库：master、modle、msdb 和 tempdb 数据库。
- ✪ SQL Server 2008 的存储文件：主数据文件、辅助数据文件和事务日志文件。
- ✪ 创建、修改和删除数据库的两种方法：向导方式和使用 T-SQL 语句。
- ✪ 分离和附加数据库的两种方法：向导方式和使用 T-SQL 语句。

📊 实训操作

(1) 在自己的 PC 机上完成 SQL Server 2008 的安装，并根据实际需要完成各项配置。

(2) 用向导方式和 T-SQL 语句两种不同方式创建"图书管理系统"数据库。要求：数据库名称为"DB_BookMS"，主文件逻辑名称为 BookMS_Data，物理文件名为 BookMS_Data.mdf，初始大小为 2MB，最大尺寸为无限制，增长速度为 5%；数据库的日志文件逻辑名称为 BookMS_Log，物理文件名为 BookMS_Log.ldf，初始大小为 2MB，最大尺寸为 10MB，增长速度为 2MB，文件存放在系统默认的路径下。

🔍 作业练习

1. 选择题

(1) SQL Server 2008 的数据库文件包括主数据文件、辅助数据文件和_____。
    A．索引文件   B．日志文件
    C．备份文件   D．程序文件

(2) 某字段希望存放电话号码，该字段应选用_____数据类型。
    A．char(10)   B．varchar(13)
    C．text   D．int

(3) 在 SQL Server 2008 中，删除数据库使用_____语句。
    A．REMOVE   B．DELETE
    C．ALTER   D．DROP

(4) SQL-Server 2008 数据库的数据模型是_____。
    A．层次模型   B．网状模型
    C．关系模型   D．对象模型

(5) 用于数据库恢复的重要文件是_____。
    A．数据库文件   B．索引文件
    C．备注文件   D．日志文件

(6) 主数据库文件的扩展名为_____。
    A．.ndf   B．.tif
    C．.mdf   D．.ldf

(7) SQL Server 2008 用于建立数据库的命令是_____。

　　A．CREATE DATABASE　　　　　　B．CREATE INDEX

　　C．CREATE TABLE　　　　　　　　D．CREATE VIEW

(8) 用于存放系统及信息的数据库是_____。

　　A．master　　　　　　　　　　　B．tempdb

　　C．model　　　　　　　　　　　 D．msdb

(9) 每个数据库有且只有一个_____。

　　A．主要数据文件　　　　　　　　B．次要数据文件

　　C．日志文件　　　　　　　　　　D．索引文件

2．简答题

(1) SQL Server 2008 包含哪几种不同的版本？它可以提供什么服务？

(2) SQL Server 2008 拥有哪些系统数据库？

创建完"教学管理系统"数据库 DB_TeachingMS，就要将逻辑设计阶段设计好的表在数据库中逐一创建，然后向创建好的物理表中插入样例数据，以便今后系统开发时进行模拟和测试。

工作任务

- 任务 1：创建"教学管理系统"基本信息表
- 任务 2：创建"教学管理系统"对象信息表
- 任务 3：创建"教学管理系统"业务信息表
- 任务 4：为"教学管理系统"表创建相关索引
- 任务 5：向"教务管理系统"表中插入测试数据

学习目标

- 进一步理解主键的意义和作用，掌握创建主键的方法
- 理解外键约束的意义和作用，掌握创建外键的方法
- 理解 CHECK 约束的意义和作用，掌握创建 CHECK 约束的方法
- 理解唯一性约束的意义和作用，掌握创建唯一性约束的方法
- 了解索引的意义和类型，学会创建索引的方法
- 掌握用 INSERT INTO 命令向表中插入数据的方法

3.1 任务 1——创建"教学管理系统"基本信息表

任务描述与分析

在创建完"教学管理系统"数据库 DB_TeachingMS 的基础上，第 1 项目小组首先用"向导方式"和"T-SQL 语句方式"(以下简称 T-SQL 方式)来创建 4 个基本信息表：TB_TeachingYear、TB_Term、TB_Title 和 TB_Dept。4 个基本信息表的逻辑设计如表 3-1～表 3-4 所示。

表 3-1   TB_TeachingYear（学年信息表）

PK	字段名称	字段类型	NOT NULL	默认值	约束	字段说明
	TeachingYearID	char(4)	√		主键	学年编码
	TeachingYearName	nchar(11)	√			学年名称，如 '2007-2008 学年'

表 3-2　TB_Term（学期信息表）

PK	字段名称	字段类型	NOT NULL	默认值	约束	字段说明
🔑	TermID	char(2)	√		主键	学期编码，'T1'→'T6'
	TermName	char(8)	√			学期名称，如'第一学期'

表 3-3　TB_Title（职称信息表）

PK	字段名称	字段类型	NOT NULL	默认值	约束	字段说明
🔑	TitleID	char(2)	√		主键	职称编码
	TitleName	char(8)	√			职称名称，如'T1'：助教

表 3-4　TB_Dept（系部信息表）

PK	字段名称	字段类型	NOT NULL	默认值	约束	字段说明
🔑	DeptID	char(2)	√		主键	系部编码
	DeptName	char(20)	√			系部名称
	DeptSetDate	smalldatetime	√			系部设立时间
	DeptScript	text	√			系部描述

📎 相关知识与技能

在使用数据库的过程中，接触最多的就是数据库中的表。表是存储数据的地方，可用来存储某种特定类型的数据集合，是数据库中最重要的部分。表是用来存储和操作数据的逻辑结构，关系数据库中的所有数据都表现为表的形式。表是关系模型中表示实体的方式，是用来组织和存储数据、具有行列结构的数据库对象，数据库中的数据或者信息都存储在表中。

表的结构包括行（Row）和列（Column）。每行都是一条独立的记录，而每列表示记录集合中相同的一个属性。表中行的顺序可以是任意的，通常按照数据插入的先后顺序存储。在使用过程中，经常对表中的行按照索引进行排序，或者查询时使用排序语句。列的顺序也可以是任意的。

对于每个表，用户最多可以定义 1024 列。在一个表中，列名必须是唯一的，即不能有名称相同的两个列同时存在于一个表中。但是，在同一个数据库的不同表中，可以使用相同的列名。在定义表时，用户还必须为每列指定一种数据类型。

3.1.1　表的类型

在 SQL Server 2008 中，主要有四种类型的表，即系统表、普通表、临时表和已分区表，每种类型的表都有其自身的作用和特点。

1．系统表

系统表存储了有关 SQL Server 2008 服务器的配置、数据库设置、用户和表对象的描述等系统信息。一般来说，只能由 DBA 来使用该表。

2．普通表

普通表又称为标准表，简称为表，就是通常提到的在数据库中存储数据的表，是最经常使用的对象。

3. 临时表

临时表是临时创建的、不能永久生存的表。临时表又可以分为本地临时表和全局临时表。本地临时表的名称以符号"#"开头，它们仅对当前的用户连接是可见的，当用户从 SQL Server 实例断开连接时即被删除；全局临时表的名称以"##"开头，创建后对任何用户都是可见的，当所有引用该表的用户从 SQL Server 断开连接时即被删除。

4. 已分区表

已分区表是将数据水平划分为多个单元的表，这些单元可以分布到数据库中的多个文件组中。在维护整个集合的完整性时，使用分区可以快速而有效地访问或管理数据子集，从而使大型表或索引更易于管理。

如果表非常大或者有可能变得非常大，并且属于下列情况之一，那么分区表将很有意义：

- ✪ 表中包含或可能包含以不同方式使用的许多数据。
- ✪ 对表的查询或更新没有按照预期的方式执行，或者维护开销超出了预定义的维护期。

3.1.2 主键约束

为了防止数据库中出现不符合规定的数据，维护数据的完整性，数据库管理系统必须提供一种机制来检查数据库中的数据是否满足规定的条件，这些加在数据库之上的约束条件就是数据库中数据完整性约束规则。

主键（PRIMARY KEY）约束使用数据表中的一列或多列数据来唯一地标识一行数据。也就是说数据表中不能存在主键相同的两行数据，而且定义为主键的列不能为空。在管理数据时，应确保每个数据表都拥有自己唯一的主键，从而实现数据的实体完整性。

在多个列上定义的主键约束，表示允许在某个列上出现重复值，但是却不能有相同的列值的组合。image、text 类型的列不能被定义为主键约束。

在 SQL Server 2008 中，主键约束的 T-SQL 语句创建方式有 3 种：

- ✪ 作为表定义的一部分在创建表时创建；
- ✪ 添加到没有指定主键约束的表；
- ✪ 如果表中已有主键约束，则可以对其进行修改和删除。

🔍 任务实施与拓展

3.1.3 用向导方式创建基本信息表

01 打开 SSMS 窗口，在"对象资源管理器"窗格中展开"数据库"|"DB_TeachingMS"节点。

02 右击"表"节点，在弹出的快捷菜单中单击"新建表"命令，打开表设计窗口。

03 在表设计窗口中，根据 TB_TeachingYear 表的逻辑设计要求，输入相应的列名，选择数据类型、是否为空及主键等条件。具体设置如图 3-1 所示。

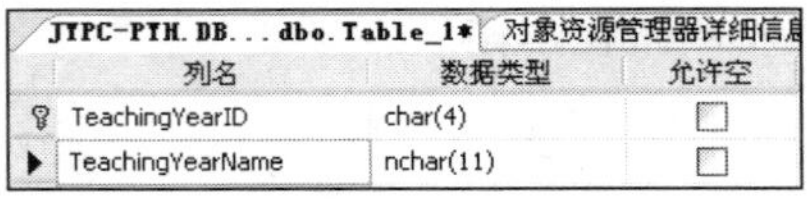

列名	数据类型	允许空
🔑 TeachingYearID	char(4)	☐
▶ TeachingYearName	nchar(11)	☐

图 3-1 TB_TeachingYear 表设计

04 设计完成后，按"Ctrl+S"组合键或单击工具栏上的![按钮保存，在弹出的对话框中输入表名称为"TB_TeachingYear"，如图 3-2 所示。

图 3-2　TB_TeachingYear 表"选择名称"对话框

05 单击"选择名称"对话框中的"确定"按钮，保存创建的"学年信息"表。

06 可以在"表"节点下看到刚刚创建的表。

07 按照上述步骤创建余下的基本信息表。

3.1.4　用 T-SQL 方式创建基本信息表

01 在 SSMS 窗口工具栏中，单击"新建查询"按钮，打开一个查询输入窗口。

02 在窗口中输入如下创建表 TB_TeachingYear 的 T-SQL 语句，并保存。

```
CREATE TABLE TB_TeachingYear
( TeachingYearID CHAR(4) PRIMARY KEY,
  TeachingYearName NCHAR(11) NOT NULL
)
```

03 单击"执行"按钮执行上述 T-SQL 语句，如果成功执行，在结果窗格中同样显示"命令已成功完成"提示消息。

04 在"对象资源管理器"窗格中，展开 DB_TeachingMS 数据库，在"表"节点上右击，在弹出的快捷菜单中单击"刷新"命令，可以看到新建的 TB_TeachingYear 表。

05 用同样的方法创建 TB_Term、TB_Title 和 TB_Dept 表，创建表的 T-SQL 语句如下。

```
CREATE TABLE TB_Term
( TermID CHAR(2) PRIMARY KEY,
TermName CHAR(8) NOT NULL
)
```

```
CREATE TABLE TB_Title
( TitleID CHAR(2) PRIMARY KEY,
TitleName CHAR(8) NOT NULL
)
```

```
CREATE TABLE TB_Dept
( DeptID CHAR(2) PRIMARY KEY,
DeptName CHAR(20) NOT NULL,
DeptSetDate SMALLDATETIME NOT NULL,
DeptScript TEXT NOT NULL
)
```

3.1.5　任务拓展

在表创建过程中定义主键约束可以有"隐性创建"和"显性创建"两种方式，上述 4 个基本信息表中的主键创建方式皆为"隐性创建"方式。"显性创建"方式要用到"CONSTRAINT"

关键字。

1．创建表时显性创建主键

将 TB_TeachingYear 表中的 TeachingYearID 字段显性地创建为主键约束，主键约束名称为 PK_TeachingYearID，可以通过下述 T-SQL 语句实现。

```
CREATE TABLE TB_TeachingYear
( TeachingYearID CHAR(4) NOT NULL,
  TeachingYearName NCHAR(11) NOT NULL,
  CONSTRAINT PK_TeachingYearID PRIMARY KEY (TeachingYearID)
)
```

2．创建多子段组合主键

前面都是将主键约束应用于一个列，如果希望将主键约束应用于多个列（如 TB_Dept 表的 DeptID 和 DeptName 列），可以通过下述 T-SQL 语句实现。

```
CREATE TABLE TB_Dept
( DeptID CHAR(2) PRIMARY KEY,
  DeptName CHAR(20) NOT NULL,
  DeptSetDate SMALLDATETIME NOT NULL,
  DeptScript TEXT NOT NULL
  CONSTRAINT PK_DeptID&DeptName PRIMARY KEY (DeptID, DeptName)
)
```

3．向已经创建好的表中添加主键

假设 TB_TeachingYear 表已经存在，但在表创建时并没有同时创建主键约束，那么就可以使用下述 T-SQL 语句向 TB_TeachingYear 表中添加主键约束。

```
ALTER TABLE TB_TeachingYear
ADD
CONSTRAINT PK_TeachingYearID PRIMARY KEY (TeachingYearID)
```

4．删除主键约束

如果 TB_TeachingYear 表中创建的主键约束 PK_TeachingYearID 不再需要，则可以通过下述 T-SQL 语句将其删除。

```
ALTER TABLE TB_TeachingYear
DROP
CONSTRAINT PK_TeachingYearID
```

3.2 任务 2——创建"教学管理系统"对象信息表

任务描述与分析

创建完"教学管理系统"数据库的 4 个基本信息表后，为了更好地实现系统的数据完整性，第 1 项目小组对系统的 5 个对象信息表的某些字段添加了一些默认值和 CHECK 约束。随后，他们要用"T-SQL 方式"创建 5 个对象信息表：TB_Spec、TB_Teacher、TB_Class、TB_Student 和 TB_Course。5 个对象信息表的逻辑设计如表 3-5～表 3-9 所示。

表 3-5 　TB_Spec（专业信息表）

PK	字段名称	字段类型	NOT NULL	默认值	约束	字段说明
🔑	SpecID	char(4)	√		主键	专业编码
	SpecName	char(20)	√			专业名称
	DeptID	char(2)	√		外键	系部编码，TB_Dept（DeptID）
	SpecScript	text	√			专业描述

表 3-6 　TB_Teacher（教师信息表）

PK	字段名称	字段类型	NOT NULL	默认值	约束	字段说明
🔑	TeacherID	char(6)	√		主键 CHECK	教工编号，'T'+2 位系部编码+3 位流水号，'T[0-9]…[0-9]'
	TeacherName	char(8)	√			教师姓名
	DeptID	char(2)	√		外键	系部编码，TB_Dept（DeptID）
	Sex	char(1)	√	'M'	CHECK	性别，M:男 F:女
	Birthday	smalldatetime	√			出生日期
	TPassword	varchar(32)	√	'123456'		密码，不低于 6 位的数字或字符
	TitleID	char(2)	√		外键	职称编码，TB_Title（TitleID）

表 3-7 　TB_Class（班级信息表）

PK	字段名称	字段类型	NOT NULL	默认值	约束	字段说明
🔑	ClassID	char(6)	√		主键	班级编码，学号前 6 位
	ClassName	char(20)	√			班级名称
	DeptID	char(2)	√		外键	系部编码，TB_Dept（DeptID）
	TeacherID	char(6)	√		外键	班主任，TB_Teacher（TeacherID）

表 3-8 　TB_Student（学生信息表）

PK	字段名称	字段类型	NOT NULL	默认值	约束	字段说明
🔑	StuID	char(8)	√		主键 CHECK	学号，2 位入学年份+2 位系部编码+2 位班级编码+2 位流水号，'[0-9]…[0-9]'
	StuName	char(8)	√			学生姓名
	EnrollYear	char(4)	√		CHECK	入学年份，4 位数字
	GraduateYear	char(4)	√		CHECK	毕业年份，4 位数字
	DeptID	char(2)	√		外键	系部编码，TB_Dept（DeptID）
	ClassID	char(6)	√		外键	班级编码，TB_Class（ClassID）
	Sex	char(1)	√	'M'	CHECK	性别，M:男 F:女
	Birthday	smalldatetime	√			出生日期
	SPassword	varchar(32)	√	'123456'		密码，不低于 6 位的数字或字符
	StuAddress	varchar(64)	√			联系地址
	ZipCode	char(6)	√		CHECK	邮政编码，6 位数字

表 3-9　TB_Course（课程信息表）

PK	字段名称	字段类型	NOT NULL	默认值	约束	字段说明
	CourseID	char(6)	√		主键 CHECK	课程编号，'C'+2 位系部编码+3 位流水号，'C[0-9]…[0-9]'
	CourseName	varchar(32)	√		唯一性	课程名称
	DeptID	char(2)	√		外键	系部编码，TB_Dept（DeptID）
	CourseGrade	real	√	0	CHECK	课程学分，非负数
	LessonTime	smallint	√	0	CHECK	课程学时数，非负数
	CourseOutline	text	√			课程描述

📎 相关知识与技能

3.2.1 外键约束

外键（FOREIGN KEY）约束定义了表之间的关系，主要用来维护两个表之间的一致性。当一个表中的一列或者多个列的组合与其他表中的主键定义相同时，就可以将这些列或者列的组合定义为外键,在两个表之间建立主、外键约束关系。与主键约束相同,不能为 TEXT 或者 IMAGE 数据类型的列创建外键约束。

若两个表之间存在主、外键的约束关系，则有：

❂ 当向外键表中插入数据时，如果插入的是外键列值，在与之关联的主键表的主键列中没有对应相同的值，则系统会拒绝向外键表插入数据。

❂ 当删除或更新主键表中的数据时，如果删除或更新的是主键列值，在与之关联的外键表的外键列中存在对应相同的值，则系统会拒绝删除或更新主键表的数据，除非主、外键表之间实施级联更新或删除。

例如，图 3-3 中的系部信息表和专业信息表基于 DeptID 字段存在"一对多"的主、外键关系，两个表的数据如图 3-4 所示，两个表的主键和外键 DeptID 列值用"加粗、斜体"的字体显示。

PK	字段名称	字段类型	字段说明
🔑	***DeptID***	char(2)	系部编码
	DeptName	char(20)	系部名称
	DeptScript	text	系部描述

PK	字段名称	字段类型	字段说明
🔑	SpecID	char(4)	专业编码
	SpecName	char(20)	专业名称
	DeptID	char(2)	系部编码(外键)

图 3-3　系部信息表和专业信息表主、外键关系

DeptID	DeptName	DeptScript
02	机电工程系	略
03	外语系	略
08	计算机系	略

SpecID	SpecName	DeptID
0201	数控技术	02
0202	机械制造与自动化	02
0203	模具设计	02
0204	机电一体化	02
0301	商务英语	03

图 3-4　系部信息表和专业信息表数据记录

一般情况下，如果向图 3-4 右边的外键表专业信息表中插入一条外键字段 DeptID 值为"05"

的记录 "0501/高分子技术应用/05"，则由于左边的主键表系部信息表中不存在主键字段 DeptID 值为 "05" 的记录而导致该记录插入失败；反之，如果现在删除主键表系部信息表中主键字段 DeptID 值为 "02" 行的记录，则由于外键表专业信息表中存在外键字段 DeptID 值为 "02" 的记录而删除失败。更新主键表的主键值的原理与删除相类似，只要外键表存在对应的记录，则不能更新。

3.2.2　CHECK 约束

CHECK 约束通过检查输入表列的数据的值来维护值域的完整性，它就像一个过滤器依次检查每个要进入数据库的数据，只有符合条件的数据才允许通过。

CHECK 约束同 FOREIGN KEY 约束的相同之处在于都是通过检查数据值的合理性来实现数据完整性的维护。但是，FOREIGN KEY 约束是从另一个表中获得合理的数据，而 CHECK 约束则是通过对一个逻辑表达式的结果进行判断对数据进行检查。例如，限制学生的年龄在 10～20 岁之间，就可以在年龄列上设置一个 CHECK 约束，确保该列年龄范围的有效性。

3.2.3　唯一性约束

唯一性（UNIQUE）约束确保在非主键列中不输入重复的值。尽管唯一性约束和主键（PRIMARY KEY）约束都强制唯一性，但想要强制一列或多列组合（不是主键）的唯一性时应使用唯一性约束而不是主键约束。

可以对一个表定义多个唯一性约束，但只能定义一个主键约束。而且，唯一性约束允许为空值，这一点与主键约束不同。不过，当与参与唯一性约束的任何值一起使用时，每列只允许有一个空值。

外键（FOREIGN KEY）约束可以引用唯一性约束。

任务实施与拓展

3.2.4　创建专业信息表

1．用向导方式创建 TB_Spec 表

01 打开 SSMS 窗口，在 "对象资源管理器" 窗格中展开 "数据库" | "DB_TeachingMS" 节点。

02 右击 "表" 节点，在弹出的快捷菜单中单击 "新建表" 命令，打开表设计窗口。

03 在表设计窗口中，根据 TB_Spec 表的逻辑设计要求，输入相应的列名，选择数据类型、是否为空及主键等条件。具体设置如图 3-5 所示。

列名	数据类型	允许空
⚷ SpecID	char(4)	☐
SpecName	char(20)	☐
DeptID	char(2)	☐
▶ SpecScript	text	☐

图 3-5　TB_Spec 表设计

04 设计完成后，按 "Ctrl+S" 组合键或单击工具栏上的 "保存" 按钮 🖫，在弹出的对话框中输入表名称为 "TB_Spec"，单击 "确定" 按钮，保存该表。

05 单击工具栏上的"关系"按钮 ，弹出"外键关系"对话框，单击"添加"按钮，在窗口左边的子窗格中添加一个主、外键关系并选中，再单击展开"表和列规范"选项，如图 3-6 所示。

06 单击"表和列规范"选项右侧的 按钮，弹出"表和列"对话框。在"主键表"下拉列表中选择表 TB_Dept，在其下对应的下拉列表中选择表 TB_Dept 的主键 DeptID；在"外键表"下拉选项列表中选择表 TB_Spec，在其下对应的下拉选项列表中选择表 TB_Spec 的外键 DeptID。具体设置如图 3-7 所示。

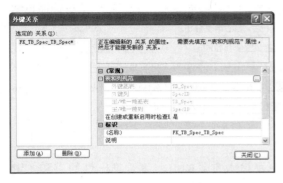

图 3-6　TB_Spec 表"外键关系"对话框　　　　图 3-7　"表和列"对话框

07 单击"表和列"对话框中的"确定"按钮，回到"外键关系"对话框，然后单击"关闭"按钮，即可完成 TB_Dept 和 TB_Spec 两个表的主、外键关系创建。

08 按"Ctrl+S"组合键或单击工具栏上的"保存"按钮 保存表设计。

2. 用 T-SQL 方式创建 TB_Spec 表

01 在 SSMS 窗口中单击"新建查询"按钮，打开一个查询输入窗口。

02 在窗口中输入如下创建表 TB_Spec 的 T-SQL 语句，并保存。

```
CREATE TABLE TB_Spec
( SpecID CHAR(4) PRIMARY KEY,
  SpecName CHAR(20) NOT NULL,
  DeptID CHAR(2) NOT NULL REFERENCES TB_Dept(DeptID),
  SpecScript TEXT NOT NULL
)
```

03 单击"执行"按钮执行语句，如果成功执行，在结果窗格中同样显示"命令已成功完成"提示消息。

04 在"对象资源管理器"窗格中 DB_TeachingMS 数据库中的"表节点"上右击，在弹出的快捷菜单中单击"刷新"命令，可以看到新建的 TB_Spec 表。

05 单击工具栏上的"关系"按钮 ，弹出"外键关系"对话框，可以看到刚刚创建的 TB_Dept 和 TB_Spec 两个表的主、外键关系。

3.2.5　创建教师信息表

1. 用向导方式创建 TB_Teacher 表

01 按照 TB_Teacher 表的设计要求，输入如图 3-8 所示的字段，并做相应的字段类型等设置。

02 设计完成后，保存该表，表名为"TB_Teacher"。

03 单击工具栏上的"关系"按钮 ，弹出"外键关系"对话框，完成基于 TB_Dept 表的 DeptID 和表 TB_Title 的 TitleID 两个主键的主、外键关系创建。

04 在表设计窗口中，分别定位到 Sex 和 TPassword 字段，然后在表设计窗口下部的"列属性"窗格中的"默认值或绑定"项中分别输入"('M')"和"('123456')"，具体如图 3-9 所示。

	列名	数据类型	允许空
🔑	TeacherID	char(6)	☐
	TeacherName	char(8)	☐
	DeptID	char(2)	☐
	Sex	char(1)	☐
	Birthday	smalldatetime	☐
	TPassword	varchar(32)	☐
▶	TitleID	char(2)	☐

图 3-8　TB_Teacher 表设计　　　　图 3-9　TB_Teacher 表默认值设计

05 单击工具栏上的"管理 CHECK 约束"按钮 ▦，弹出"CHECK 约束"对话框，如图 3-10 所示。

图 3-10　TB_Teacher 表"CHECK 约束"对话框

06 单击"CHECK 约束"对话框中的"添加"按钮，在窗口左边的子窗格中添加一个 CHECK 约束并选中，然后单击"常规"→"表达式"栏目右侧的 ⋯ 按钮，弹出"CHECK 约束表达式"对话框。

07 在"CHECK 约束表达式"对话框中输入表达式 TeacherID LIKE 'T[0-9][0-9][0-9][0-9][0-9]'，如图 3-11 所示。单击"确定"按钮即可完成字段 TeacherID 的 CHECK 约束设计。

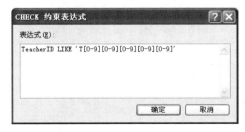

图 3-11　TB_Teacher 表 TeacherID 字段"CHECK 约束表达式"对话框

08 用同样的方式在"CHECK 约束表达式"对话框中输入如图 3-12 所示的表达式"Sex IN ('M', 'F')"，完成 Sex 字段的 CHECK 约束设计。

图 3-12　TB_Teacher 表 Sex 字段 "CHECK 约束表达式" 对话框

09　按 "Ctrl+S" 组合键或单击工具栏上的 "保存" 按钮 ，保存表设计。

2. 用 T-SQL 方式创建 TB_Teacher 表

01　在 SSMS 窗口的 "新建查询" 窗口中输入如下创建 TB_Teacher 表的 T-SQL 语句，并保存。

```
CREATE TABLE TB_Teacher
( TeacherID CHAR(6) PRIMARY KEY CHECK (TeacherID LIKE
'T[0-9][0-9][0-9][0-9][0-9]'),
TeacherName CHAR(8) NOT NULL,
DeptID CHAR(2) NOT NULL REFERENCES TB_Dept(DeptID),
Sex CHAR(1) NOT NULL DEFAULT('M') CHECK (Sex IN ('M','F')),
Birthday SMALLDATETIME NOT NULL,
TPassword VARCHAR(32) NOT NULL DEFAULT('123456'),
TitleID CHAR(2) NOT NULL REFERENCES TB_Title(TitleID)
)
```

02　单击 "执行" 按钮执行语句，在 "对象资源管理器" 窗格中 DB_TeachingMS 数据库中的 "表节点" 上右击，在弹出的快捷菜单中单击 "刷新" 命令，可以看到新建的 TB_Teacher 表。

03　分别单击工具栏上的 "关系" 按钮 和 "管理 CHECK 约束" 按钮 ，从弹出的 "外键关系" 和 "CHECK 约束" 对话框中，可以看到刚刚创建的两个主、外键关系和两个 CHECK 约束。

3. 用 T-SQL 方式创建余下的 3 个对象信息表

01　在 SSMS 窗口的 "新建查询" 窗口中输入如下创建 3 个表的 T-SQL 语句，并保存。

```
CREATE TABLE TB_Class
( ClassID CHAR(6) PRIMARY KEY,
ClassName CHAR(20) NOT NULL,
DeptID CHAR(2) NOT NULL REFERENCES TB_Dept(DeptID),
TeacherID CHAR(6) NOT NULL REFERENCES TB_Teacher(TeacherID)
)
```

```
CREATE TABLE TB_Student
( StuID CHAR(8) PRIMARY KEY CHECK (StuID LIKE
'[0-9][0-9][0-9][0-9][0-9][0-9][0-9][0-9]'),
StuName CHAR(8) NOT NULL,
EnrollYear CHAR(4) NOT NULL CHECK (EnrollYear LIKE
'[0-9][0-9][0-9][0-9]'),
GradYear CHAR(4) NOT NULL CHECK (GradYear LIKE
'[0-9][0-9][0-9][0-9]'),
DeptID CHAR(2) NOT NULL REFERENCES TB_Dept(DeptID),
ClassID CHAR(6) NOT NULL REFERENCES TB_Class(ClassID),
Sex CHAR(1) NOT NULL DEFAULT('M') CHECK (Sex IN ('M','F')),
```

```
Birthday SMALLDATETIME NOT NULL,
TPassword VARCHAR(32) NOT NULL DEFAULT('123456'),
StuAddress VARCHAR(64) NOT NULL,
ZipCode CHAR(6) NOT NULL CHECK (ZipCode LIKE
'[0-9][0-9][0-9][0-9][0-9][0-9]')
)
```

```
CREATE TABLE TB_Course
( CourseID CHAR(6) PRIMARY KEY CHECK (CourseID LIKE
'C[0-9][0-9][0-9][0-9][0-9]'),
CourseName VARCHAR(32) NOT NULL UNIQUE,
DeptID CHAR(2) NOT NULL REFERENCES TB_Dept(DeptID),
CourseGrade REAL NOT NULL DEFAULT(0) CHECK (CourseGrade>=0),
LessonTime SMALLINT NOT NULL DEFAULT(0) CHECK (LessonTime>=0),
CourseOutline TEXT
)
```

02 单击"执行"按钮执行语句，在"对象资源管理器"窗格中 DB_TeachingMS 数据库中的"表节点"上右击，在弹出的快捷菜单中单击"刷新"命令，可以看到 4 个新建的 TB_Role、TB_Class、TB_Student 和 TB_Course 表。

03 打开 TB_Course 表的设计窗口，单击工具栏上的"管理索引和键"按钮 ，从弹出的"索引/键"对话框中可以看到刚刚创建的基于 CourseName 字段的唯一性约束，如图 3-13 所示。当然也可以单击图中的"添加"按钮新建唯一性约束。

图 3-13　TB_Course 表"索引/键"对话框

可以看出，在创建外键约束时只需用"REFERENCES"关键字指明被引用的表名和相应的列名。

注意： 外键包含的列数和被引用表中主键包含的列数必须相同，并且引用字段和被引用字段应该具有相同的数据类型，否则会出错。

3.2.6　任务拓展

1. 创建表时显性创建外键约束、CHECK 约束和唯一性约束

将 TB_Course 表中的 DeptID 字段显性地创建为外键约束，外键约束名称为 FK_TBCourse_DeptID；同样，将 CourseName 字段的唯一性约束和 CourseGrade、LessonTime 字段的 CHECK 约束显性地创建。创建的 T-SQL 语句如下所示。

```
CREATE TABLE TB Course
( CourseID CHAR(6) PRIMARY KEY,
CourseName VARCHAR(32) NOT NULL,
DeptID CHAR(2) NOT NULL,
```

```
CourseGrade REAL NOT NULL DEFAULT(0),
LessonTime SMALLINT NOT NULL DEFAULT(0),
CourseOutline TEXT
CONSTRAINT FK_TBCourse_DeptID FOREIGN KEY (DeptID) REFERENCES
TB_Dept(DeptID),
CONSTRAINT CK_TBCourse_CourseID CHECK (CourseID LIKE
'C[0-9][0-9][0-9][0-9]'),
CONSTRAINT CK_TBCourse_CourseGrade CHECK (CourseGrade>=0),
CONSTRAINT CK_TBCourse_LessonTime CHECK (LessonTime>=0),
CONSTRAINT UK_TBCourse_CourseName UNIQUE (CourseName)
)
```

注意： 同一个数据库内不能有同名的约束名称，即使这些约束处于不同表中。

2. 向已创建表中添加外键约束、CHECK 约束和唯一性约束

假设 TB_Course 表已经存在，但在表创建时只创建了主键约束和默认值，没有同时创建相应的外键约束、CHECK 约束和唯一性约束，那么就可以使用下述 T-SQL 语句向 TB_Course 表中添加外键约束、CHECK 约束和唯一性约束。

```
ALTER TABLE TB_Course
ADD
CONSTRAINT FK_TBCourse_DeptID FOREIGN KEY (DeptID) REFERENCES
TB_Dept(DeptID),
CONSTRAINT CK_TBCourse_CourseID CHECK (CourseID LIKE 'C[0-9][0-9]
[0-9][0-9]'),
CONSTRAINT CK_TBCourse_CourseGrade CHECK (CourseGrade>=0),
CONSTRAINT CK_TBCourse_LessonTime CHECK (LessonTime>=0),
CONSTRAINT UK_TBCourse_CourseName UNIQUE (CourseName)
```

3. 删除外键约束、CHECK 约束和唯一性约束

如果 TB_Course 表中创建的外键约束、CHECK 约束和唯一性约束不再需要，则可以通过下述 T-SQL 语句将其删除。

```
ALTER TABLE TB_Course
DROP
CONSTRAINT FK_TBCourse_DeptID,
CONSTRAINT CK_TBCourse_CourseID,
CONSTRAINT CK_TBCourse_CourseGrade,
CONSTRAINT CK_TBCourse_LessonTime,
CONSTRAINT UK_TBCourse_CourseName
```

3.3 任务 3——创建"教学管理系统"业务信息表

📋 任务描述与分析

创建完"教学管理系统"数据库的 5 个对象信息表后，第 1 项目小组又根据系统的实际情况对 3 个业务信息表的某些字段添加了一些默认值和 CHECK 约束。随后，第 1 项目小组要用 T-SQL 语句创建 3 个业务信息表：TB_CourseClass、TB_SelectCourse 和 TB_Grade。3 个业务信息表的逻辑设计如表 3-10～表 3-12 所示。

表 3-10　TB_CourseClass（课程班信息表）

PK	字段名称	字段类型	NOT NULL	默认值	约束	字段说明
🔑	CourseClassID	char(10)	√		主键 CHECK	课程班编号：6 位教工编号，2 位年份，2 位流水号，'T[0-9]…[0-9]'
	CourseID	char(6)	√		外键	课程编号，TB_Course（CourseID）
	TeacherID	char(6)	√		外键	教师编码，TB_Teacher（TeacherID）
	TeachingYearID	char(4)	√		外键	开设学年，TB_TeachingYear（TeachingYearID）
	TermID	char(2)	√		外键	学期编码，TB_Term（TermID）
	TeachingPlace	nvarchar(16)	√			教学地点
	TeachingTime	nvarchar(32)	√			教学时间
	CommonPart	tinyint	√	10	CHECK	平时成绩比例（>=0），CML 和为 100
	MiddlePart	tinyint	√	20	CHECK	期中成绩比例（>=0），CML 和为 100
	LastPart	tinyint	√	70	CHECK	期末成绩比例（>=0），CML 和为 100
	MaxNumber	smallint	√	60	CHECK	课程最多允许选课学生数，非负数
	SelectedNumber	smallint	√	0		已经选择本门课程的学生数，非负数
	FullFlag	char(1)	√	U	CHECK	课程是否选课满标志，F：满；U：未满

表 3-11　TB_SelectCourse（学生选课信息表）

PK	字段名称	字段类型	NOT NULL	默认值	约束	字段说明
	StuID	char(8)	√			学号，TB_Stu（StuID），也是外键
🔑	CourseClassID	char(10)	√		主键	课程班编码，也是外键 TB_CourseClass（CourseClassID），级联更新和删除
	SelectDate	smalldatetime	√			选课日期，默认值取系统时间

表 3-12　TB_Grade（学生成绩表）

PK	字段名称	字段类型	NOT NULL	默认值	约束	字段说明
🔑	GradeSeedID	int	√		主键	成绩记录编号，标识种子
	StuID	char(8)	√		外键	学号，TB_Stu（StuID）
	ClassID	char(6)	√		外键	班级编码，TB_Class（ClassID）
	CourseClassID	char(10)	√		外键	课程班编码，TB_CourseClass（CourseClassID）
	CourseID	char(6)	√		外键	课程编号，TB_Course（CourseID）
	CommonScore	real	√	0	CHECK	平时成绩（<=100 且>=0）
	MiddleScore	real	√	0	CHECK	期中成绩（<=100 且>=0）
	LastScore	real	√	0	CHECK	期末成绩（<=100 且>=0）
	TotalScore	real	√	0	CHECK	总成绩（<=100 且>=0）
	RetestScore	real		0	CHECK	补考或重修成绩（<=100 且>=0）
	LockFlag	char(1)	√	'U'	CHECK	成绩锁定标志，U：未锁；L：锁定

相关知识与技能

3.3.1 级联删除和更新

级联删除是指在创建主、外键约束关系的数据表之间，当删除主键表中某行时，还会级联删除其他外键表中对应的行（外键字段值与主键字段值相同的行）。

级联更新是指在创建主、外键约束关系的数据表之间，当更新主键表中某行的主键字段值时，还会级联更新其他外键表中对应行（外键字段值与主键字段值相同的行）的外键字段值。

创建具有级联更新和删除功能的主、外键约束关系的语法如下。

```
FOREIGN KEY (字段1,字段2 ...)
REFERENCES 主键表名(引用字段1,引用字段2 ... )
[ON DELETE CASCADE | NO ACTION]
[ON UPDATE CASCADE | NO ACTION]
```

说明:

- ✪ "ON DELETE CASCADE | NO ACTION"指定在删除表中数据时，对关联的表所做的相关操作。在子表中有数据行与父表中的对应数据行相关联的情况下，如果指定了"CASCADE"参数，则在删除父表数据行时会将子表中对应的数据行删除；如果指定的参数是"NO ACTION"，则 SQL Server 会产生一个错误，并将父表中的删除操作回滚，其中"NO ACTION"是默认值。

- ✪ "ON UPDATE CASCADE | NO ACTION"指定在更新表中数据时，对关联的表所做的相关操作。在子表中有数据行与父表中的对应数据行相关联的情况下，如果指定了参数"CASCADE"，则在更新父表数据行时会将子表中对应的数据行更新；如果指定的参数是"NO ACTION"，则 SQL Server 会产生一个错误，并将父表中的更新操作回滚，其中"NO ACTION"是默认值。

对已经创建好的表，增加具有级联更新和删除的主、外键约束关系的语法如下。

```
ALTER TABLE 表名
ADD
CONSTRAINT 外键名
FOREIGN KEY (字段1,字段2 ...)
REFERENCES 主键表名(引用字段1,引用字段2 ... )
[ON DELETE CASCADE | NO ACTION]
[ON UPDATE CASCADE | NO ACTION]
```

任务实施与拓展

3.3.2 用 T-SQL 方式创建业务信息表

01 在 SSMS 窗口中单击"新建查询"按钮，打开一个查询输入窗口。

02 在窗口中输入如下创建 3 个业务信息表的 T-SQL 语句，并保存。

```
CREATE TABLE TB CourseClass
( CourseClassID CHAR(10) PRIMARY KEY CHECK (CourseClassID LIKE
'T[0-9][0-9][0-9][0-9]
[0-9][0-9][0-9][0-9][0-9]'),
CourseID CHAR(6) NOT NULL REFERENCES TB Course(CourseID),
TeacherID CHAR(6) NOT NULL REFERENCES TB Teacher(TeacherID),
TeachingYearID CHAR(4) NOT NULL REFERENCES
```

```
TB TeachingYear(TeachingYearID),
TermID CHAR(2) NOT NULL REFERENCES TB_Term(TermID),
TeachingPlace NVARCHAR(16) NOT NULL,
TeachingTime NVARCHAR(32) NOT NULL,
CommonPart TINYINT NOT NULL DEFAULT(10) CHECK (CommonPart>=0 AND
CommonPart<=100),
MiddlePart TINYINT NOT NULL DEFAULT(20) CHECK (MiddlePart>=0 AND
MiddlePart<=100),
LastPart TINYINT NOT NULL DEFAULT(70) CHECK (LastPart>=0 AND
LastPart<=100),
MaxNumber SMALLINT NOT NULL DEFAULT(60) CHECK (MaxNumber>=0),
SelectedNumber SMALLINT NOT NULL DEFAULT(0),
FullFlag CHAR(1) NOT NULL DEFAULT('U') CHECK (FullFlag IN ('F','U')),
CONSTRAINT CK_SumOfParts CHECK (CommonPart+MiddlePart+LastPart=100)
)

CREATE TABLE TB_SelectCourse
( StuID CHAR(8) NOT NULL REFERENCES TB_Student(StuID) ON DELETECASCADE
ON UPDATE CASCADE,
CourseClassID CHAR(10) NOT NULL REFERENCES
TB_CourseClass(CourseClassID)
ON DELETE CASCADE ON UPDATE CASCADE,
SelectDate SMALLDATETIME NOT NULL DEFAULT GETDATE(),
CONSTRAINT PK_StuID_CourseClassID PRIMARY KEY (StuID, CourseClassID)
)

CREATE TABLE TB_Grade
( GradeSeedID INT IDENTITY(1,1) PRIMARY KEY,
StuID CHAR(8) NOT NULL REFERENCES TB_Student(StuID),
ClassID CHAR(6) NOT NULL REFERENCES TB_Class(ClassID),
CourseClassID CHAR(10) NOT NULL REFERENCES
TB_CourseClass(CourseClassID),
CourseID CHAR(6) NOT NULL REFERENCES TB_Course(CourseID),
CommonScore REAL NOT NULL DEFAULT(0) CHECK (CommonScore>=0 AND
CommonScore>=100),
MiddleScore REAL NOT NULL DEFAULT(0) CHECK (MiddleScore>=0 AND
MiddleScore>=100),
LastScore REAL NOT NULL DEFAULT(0) CHECK (LastScore>=0 AND
LastScore>=100),
TotalScore REAL NOT NULL DEFAULT(0) CHECK (TotalScore>=0 AND
TotalScore>=100),
RetestScore REAL DEFAULT(0) CHECK (RetestScore>=0 AND
RetestScore>=100),
LockFlag CHAR(1) NOT NULL DEFAULT('U') CHECK (LockFlag IN ('U','L'))
)
```

03　单击"执行"按钮执行语句，在"对象资源管理器"窗格中 DB_TeachingMS 数据库中的"表节点"上右击，在弹出的快捷菜单中单击"刷新"命令，可以看到 3 个新建的 TB_CourseClass、TB_SelectCourse 和 TB_Grade 表。

3.3.3　任务拓展

　　将"学生选课信息"表中的复合主键 StuID 和 CourseClassID（业务数据）改成如表 3-13 所示的逻辑形式（增加一个自动编码字段 SelectCourseID 作为逻辑主键）。

表 3-13 带逻辑主键的"学生选课信息"表

PK	字段名称	字段类型	NOT NULL	默认值	约束	字段说明
🔑	SelectCourseID	int	√		主键	学生选课自动编码，标识种子
	StuID	char(8)	√		外键	学号，TB_Stu（StuID）
	CourseClassID	char(10)	√		唯一性	课程班编码，TB_CourseClass（CourseClassID），级联更新和删除
	SelectDate	smalldatetime	√			选课日期，默认值取系统时间

创建带逻辑主键的学生选课信息表的 T-SQL 语句如下。

```
CREATE TABLE TB_SelectCourse
( SelectCourseID INT IDENTITY(1,1) PRIMARY KEY,
 StuID CHAR(8) NOT NULL REFERENCES TB_Student(StuID),
 CourseClassID CHAR(10) NOT NULL REFERENCES
 TB_CourseClass(CourseClassID),
 SelectDate SMALLDATETIME NOT NULL DEFAULT GETDATE(),
 CONSTRAINT UK_StuID_CourseClassID UNIQUE (StuID, CourseClassID)
 )
```

3.4 任务 4——为"教学管理系统"表创建相关索引

📋 任务描述与分析

由于建立索引能够提高系统的查询速度，创建完"教学管理系统"数据库的各个表后，在插入系统测试数据之前，第 1 项目小组还对以下几个经常反复查询的表创建了索引，以提高查询性能，具体要求如下：

1. 对学生信息表 TB_Student 中的 StuID 字段创建聚集索引；
2. 对学生信息表 TB_Student 中的 StuName 字段创建非聚集索引；
3. 对课程信息表 TB_Course 中的 CourseName 字段创建唯一性索引；
4. 对成绩信息表 TB_Grade 中的 StuID 和 CourseID 字段创建复合非聚集索引。

📎 相关知识与技能

与书中的索引一样，数据库中的索引可以帮助用户快速找到表或索引视图中的特定信息。索引包含从表或视图中一个或多个列生成的键，以及映射到指定数据的存储位置的指针。创建设计良好的索引以支持查询，可以显著提高数据库查询和应用程序的性能。

索引是一个单独的、物理的数据库结构，它是依赖于表建立的，提供了数据库中编排表中数据的内部方法。一个表的存储是由两部分组成的，一部分用来存放表的数据页面，另一部分存放索引信息的索引页面。通常，索引页面相对于数据页面来说小得多。当进行数据检索时，系统先搜索索引页面，从中找到所需数据的指针，再直接通过指针从数据页面中读取数据。在某种程度上，可以把数据库看做一本书，把索引看做书的目录，通过目录查找书中的信息，显然比没有目录的书更方便、快捷。

3.4.1　索引的类型

在 SQL Server 系统中，根据索引的顺序与数据表的物理顺序是否相同，可以把索引分成两种类型。一种是数据表的物理顺序与索引顺序相同的聚集索引，另一种是数据表的物理顺序与索引顺序不同的非聚集索引。除此之外，还有唯一索引、包含索引、索引视图、全文索引、XML 索引等。在这些索引类型中，聚集索引和非聚集索引是数据库引擎中索引的基本类型，是理解唯一索引、包含索引和索引视图的基础。

1．聚集索引

聚集索引在数据表中按照物理顺序存储数据。因为在表中只有一个物理顺序，所以在每个表中只能有一个聚集索引。在查找某个范围内的数据时，聚集索引是一种非常有效的索引，因为这些数据在存储的时候已经按照物理顺序排好序了，行的物理存储顺序和索引顺序完全相同。默认情况下，SQL Server 为 PRIMARY KEY 约束所建立的索引为聚集索引。在语句"CREATE INDEX"中，使用"CLUSTERED"选项建立聚集索引。

2．非聚集索引

非聚集索引具有与表的数据完全分离的结构，它不会改变行的物理存储顺序，但是它是由数据行指针和一个索引值（一般为键）构成的。当需要以多种方式检索数据时，非聚集索引是非常有用的。

3．唯一索引

唯一（UNIQUE）索引可以确保所有数据行中任意两行的被索引列不存在包括"NULL"在内的重复值。对聚集索引和非聚集索引都可以使用"UNIQUE"关键字建立唯一索引。如果是复合唯一索引（多列，最多 16 个列），则该索引可以确保索引列中每个组合都是唯一的。唯一索引是指该索引字段不能有重复的值，而不是只能建立这一个索引。唯一索引不允许有两行具有相同的索引值，在创建唯一索引时，如果该索引列上已经存在重复值，系统就会报错。

3.4.2　创建索引的方法和优点

1．创建索引的方法

创建索引有多种方法，这些方法包括直接创建索引和间接创建索引。可以直接创建索引，例如使用"CREATE INDEX"语句或者使用创建索引向导；也可以间接创建索引，例如在表中定义主键约束或者唯一性键约束时，同时也创建了索引。虽然这两种方法都可以创建索引，但是它们创建索引的具体内容是有区别的。

使用"CREATE INDEX"语句或者使用创建索引向导来创建索引，是最基本的索引创建方式，并且这种方法最具有柔性，可以定制创建出符合自己需要的索引。通过定义主键约束或者唯一性键约束，也可以间接创建索引。在创建主键约束时，系统自动创建了一个唯一性的聚集索引。同样，在创建唯一性键约束时，也同时创建了索引，这种索引则是唯一性的非聚集索引。因此，当使用约束创建索引时，索引的类型和特征基本上都已经确定了，由用户定制的余地比较小。

当在表上定义主键或者唯一性键约束时，如果表中已经有了使用"CREATE INDEX"语句创建的标准索引时，那么主键约束或者唯一性键约束创建的索引将覆盖以前创建的标准索引。

也就是说，主键约束或者唯一性键约束创建的索引的优先级高于使用"CREATE INDEX"语句创建的索引。

当创建非聚集索引时，要考虑这些情况：在默认情况下，所创建的索引是非聚集索引；在每一个表上面，可以创建不多于 249 个非聚集索引，而聚集索引最多只能有一个。

索引一旦创建，将由数据库自动管理和维护。例如，在向表中插入、更新或者删除一条记录时，数据库会自动在索引中做出相应的修改。

2．创建索引的优点

利用索引进行数据检索具有以下优点。

- ✪ 保证数据记录的唯一性。唯一性索引的创建可以保证表中的数据记录不重复。
- ✪ 加快数据检索速度。
- ✪ 加快表与表之间的连接速度。
- ✪ 在使用分组和排序子句进行数据检索时，可以显著减少查询中分组和排序的时间。

虽然索引具有诸多优点，建立索引能够提高查询速度，但过多的索引会占据大量的磁盘空间。

提示：　一般来说创建索引的列主要是经常被查询的列，是外键或主键的列，以及值唯一的列。要注意避免在一个表上创建大量的索引，这样不但会影响插入、删除、更新数据的性能，也会在表中数据更改时，增加对所有索引进行调整的操作，降低系统的维护速度。

任务实施与拓展

3.4.3　用 T-SQL 方式创建索引

01　在 SSMS 窗口中单击"新建查询"按钮，打开查询输入窗口。

02　在窗口中输入如下创建索引的 T-SQL 语句。

1. 对 TB_Student 表中的 StuID 字段创建聚集索引

```
CREATE CLUSTERED INDEX IX_TBStudent_StuID ON TB_Student(StuID)
```

2. 对 TB_Student 表中的 StuName 字段创建非聚集索引

```
CREATE INDEX IX_TBStudent_StuName ON TB_Student(StuName)
```

3. 对 TB_Course 表中的 CourseName 段创建唯一性索引

```
CREATE UNIQUE INDEX IX_TBCourse_CourseName ON TB_Course(CourseName)
```

4. 对 TB_Grade 表中的 StuID 和 CourseID 字段创建复合非聚集索引

```
CREATE INDEX IX_TBGrade_StuID_CourseID ON TB_Grade(StuID,CourseID)
```

03　单击"执行"按钮执行语句，即可为不同的表创建对应的索引。

04　打开对应的表设计窗口，单击工具栏上的"管理索引和键"按钮，从弹出的"索引/键"对话框中可以看到刚刚创建的不同表的索引。图 3-14 所示是 TB_Course 表中创建的唯一性索引 IX_TBCourse_CourseName。

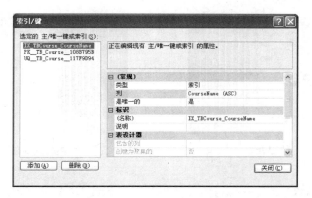

图 3-14　TB_Course 表 "索引/键" 对话框

3.4.4　任务拓展

1．查看索引

可以通过下述 T-SQL 语句查看刚才为 TB_Grade 表的所有索引信息。

```
SP_HELPINDEX TB_Grade
```

查看的结果如图 3-15 所示。

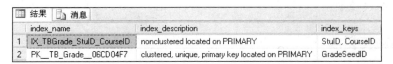

图 3-15　TB_Grade 表索引查看结果

2．修改索引名称

可以通过下述 T-SQL 语句修改 TB_Grade 表的 StuName 字段创建的非聚集索引 IX_TBStudent_StuName 的名称为 IX_TBStu_StuName。

```
SP_RENAME TB_Student.IX_TBStudent_StuName  IX_TBStu_StuName
```

3．删除索引

如果前面为 TB_Student 表的 StuName 字段创建的 IX_TBStudent_StuName 索引不需要了，可以用下述 T-SQL 语句删除。

```
DROP INDEX TB_Student.IX_TBStudent_StuName
```

注意：删除索引必须在索引名称前注明表名称，指明是哪个表的索引文件，否则无法删除索引。如果需要改变一个索引的类型，则必须删除原来的索引并重建一个。

3.5 ▶ 任务 5——向 "教学管理系统" 表中插入测试数据

📖 任务描述与分析

创建完 "教学管理系统" 数据库的所有数据表后，项目经理孙教授要求第 1 项目小组将教务处提供的系统样例测试数据插入到前面创建的各个表中。一方面通过数据的插入来检测前面创建的表是否正确无误；另一方面，将系统样例数据插入到数据库的各个表中，为今后的应用开发提供完整的测试数据。

相关知识与技能

3.5.1 INSERT INTO 语句

"INSERT INTO… VALUES…" 语句是用来向某个数据表中插入单条数据记录的，它的基本语法结构是：

```
INSERT INTO 数据表名（字段名 1，字段名 2，字段名 3 …）
VALUES（字段值 1,字段值 2,字段值 3 …）
```

- ✪ "INSERT INTO" 子句中的 "数据表名" 部分用于指定要插入数据的数据表名称；
- ✪ "INSERT INTO" 子句中的 "字段名 1，字段名 2，字段名 3 …" 部分用于指定要插入数据的数据表中的列，多个列用逗号隔开；
- ✪ "VALUES" 子句中的 "字段值 1，字段值 2，字段值 3 …" 部分用于对应 "INSERT INTO" 子句中要插入数据的字段的值，多个值用逗号隔开；
- ✪ "INSERT INTO" 子句中的字段数量与 "VALUES" 子句中子段值的数量必须一致，而且两者的顺序也必须一致。

任务实施与拓展

3.5.2 用 T-SQL 方式插入测试数据

01 在 SSMS 窗口中单击 "新建查询" 按钮，打开一个查询输入窗口。

02 在窗口中输入向 4 个基本信息表插入测试数据的 T-SQL 语句，并保存。

```
USE DB_TeachingMS
GO
INSERT INTO TB_TeachingYear (TeachingYearID,TeachingYearName)
VALUES('2005','2005-2006 学年')
INSERT INTO TB_TeachingYear (TeachingYearID,TeachingYearName)
VALUES('2006','2006-2007 学年')
INSERT INTO TB_TeachingYear (TeachingYearID,TeachingYearName)
VALUES('2007','2007-2008 学年')
INSERT INTO TB_TeachingYear (TeachingYearID,TeachingYearName)
VALUES('2008','2008-2009 学年')

INSERT INTO TB_Term (TermID,TermName) VALUES('T1','第一学期')
INSERT INTO TB_Term (TermID,TermName) VALUES('T2','第二学期')
INSERT INTO TB_Term (TermID,TermName) VALUES('T3','第三学期')
INSERT INTO TB_Term (TermID,TermName) VALUES('T4','第四学期')
INSERT INTO TB_Term (TermID,TermName) VALUES('T5','第五学期')
INSERT INTO TB_Term (TermID,TermName) VALUES('T6','第六学期')

INSERT INTO TB_Title (TitleID,TitleName) VALUES('T1','助教')
INSERT INTO TB_Title (TitleID,TitleName) VALUES('T2','讲师')
INSERT INTO TB_Title (TitleID,TitleName) VALUES('T3','副教授')
```

```
INSERT INTO TB_Title (TitleID,TitleName) VALUES('T4','教授')
INSERT INTO TB_Dept (DeptID,DeptName,DeptSetDate,DeptScript)
VALUES('02','机电工程系','1978','略')
INSERT INTO TB_Dept (DeptID,DeptName,DeptSetDate,DeptScript)
VALUES('03','电子工程系','1978','略')
INSERT INTO TB_Dept (DeptID,DeptName,DeptSetDate,DeptScript)
VALUES('05','化纺工程系','1978','略')
INSERT INTO TB_Dept (DeptID,DeptName,DeptSetDate,DeptScript)
VALUES('06','外语系','1998','略')
INSERT INTO TB_Dept (DeptID,DeptName,DeptSetDate,DeptScript)
VALUES('07','艺术设计系','1984','略')
INSERT INTO TB_Dept (DeptID,DeptName,DeptSetDate,DeptScript)
VALUES('08','计算机系','2002','略')
INSERT INTO TB_Dept (DeptID,DeptName,DeptSetDate,DeptScript)
VALUES('09','管理系','1978','略')
```

03 单击"执行"按钮执行语句，打开"对象资源管理器"窗格中 DB_TeachingMS 数据库中的各个基本信息表，可以看到插入的测试数据。

04 按相同的方法向 5 个对象信息表和 3 个业务信息表插入相应的测试数据，测试数据请从网站"http://bzz.jypc.org/sql/"下载。

3.6 ▶ 模块小结

本模块介绍了创建数据库表的两种方法：向导方式和 T-SQL 命令方式。同时详细介绍了与数据完整性有关的各种约束，还对数据表的索引进行了较为细致的阐述。此外还介绍了创建索引的方法。最后，结合"学分制教学管理系统"已经创建的表，进行了测试数据的插入。与之相关的关键知识点主要有：

- ✪ SQL Server 2008 中表的概述和表的类型：系统表、普通表和临时表。
- ✪ 主键约束的概念、特点和各种创建方法。
- ✪ 外键约束的概念、特点和各种创建方法，级联删除和更新的相关特性和机制。
- ✪ CHECK 约束的概念、特点和各种创建方法。
- ✪ 唯一性约束的概念、特点和各种创建方法。
- ✪ 索引的概念和优点，以及创建索引的各种方法。索引的类型：聚集索引、非聚集索引、唯一索引等。
- ✪ "INSERT INTO"数据插入语句的用法。

📊 实训操作

（1）按照本模块 3.1～3.3 节的要求，将创建"教学管理系统"数据库 DB_TeachingMS 中所有表的 T-SQL 语句保存在"Create_Tables.sql"文件中。要求：在 SSMS 中打开并执行"Create_Tables.sql"文件后，能一次性成功创建 DB_TeachingMS 数据库的所有表。

（2）在 SSMS 中打开"Insert_Test_Data.sql"文件并执行。要求：能将"Insert_Test_Data.sql"文件中所有测试数据插入到所有对应的表中，且没有任何错误提示信息。

(3) 根据第 1 模块实训操作中"图书管理系统"的数据库逻辑设计结果，在"图书管理系统"数据库中创建各个表。

📖 **作业练习**

1. 填空题

(1) 在 Microsoft SQL Server 2008 系统中，数据表可以分为 4 种类型，即普通表、分区表、_____和_____。

(2) 在 Microsoft SQL Server 2008 系统中，临时表分为本地临时表和全局临时表，本地临时表的名称以符号_____打头，仅对当前的用户连接是可见的；全局临时表的名称以符号_____打头，创建后对_____是可见的。

2. 选择题

(1) 下列选项中属于创建表的 T-SQL 语句是_____。
　　A. CREATE TABLE　　　　　　　B. ALTER TABLE
　　C. DROP TABLE　　　　　　　　D. 以上都不是

(2) 下面哪种数据类型不可以存储数据 256？_____。
　　A. bigint　　　　　　　　　　B. int
　　C. smallint　　　　　　　　　D. tinyint

(3) 假设表中某个列的数据变化规律如下，下面可以使用"IDENTITY"关键字定义的是_____。
　　A. 1，2，3，4，5…　　　　　　B. 10，20，30，40，50…
　　C. 1，1，2，2，3，3，4，4…　　D. 1，3，5，7，9…

(4) 下面是有关主键和外键之间的描述，正确的是_____。
　　A. 一个表中最多只能有一个主键约束，但可以有多个外键约束
　　B. 一个表中最多只能有一个主键约束和一个外键约束
　　C. 在定义主键外键约束时，应该首先定义主键约束，然后定义外键约束
　　D. 在定义主键外键约束时，应该首先定义外键约束，然后定义主键约束

(5) 在数据库中，产生数据不一致的根本原因是_____。
　　A. 数据存储量太大　　　　　　B. 没有严格保护数据
　　C. 数据冗余　　　　　　　　　D. 未对数据进行完整性控制

(6) 为了对表中的各行进行快速访问，应对此表建立_____。
　　A. 约束　　　　　　　　　　　B. 规则
　　C. 索引　　　　　　　　　　　D. 视图

(7) 在_____索引中，表中各行的物理顺序和键值的逻辑顺序相同。
　　A. 聚集索引　　　　　　　　　B. 非聚集索引
　　C. 唯一索引　　　　　　　　　D. 都不是

(8) _____不是提供数据完整性控制的方法。
　　A. 规则　　　　　　　　　　　B. 授权
　　C. 默认　　　　　　　　　　　D. 约束

(9) 创建图书借阅表时，还书日期默认为当天，且要大于借书日期，应创建_____。

　　A．检查约束　　　　　　　　　　　B．主键约束

　　C．默认约束　　　　　　　　　　　D．外键约束

（10）为图书表 TB_Book 添加检查约束，保证价格字段 Price 在 0～1000，应采用下述_____。

　　A．ALTER TABLE TB_Book ADD CHECK(Price>=0 AND Price<=1000)

　　B．ALTER TABLE TB_Book ADD CONSTRAINT CK_Book_Price (Price>=0 AND Price<=1000)

　　C．ALTER TABLE TB_Book ADD CHECK(Price IN 0..1000)

　　D．ALTER TABLE TB_Book ADD CONSTRAINT CK_Book_Price CHECK(Price IN 1..1000)

（11）图书表 TB_Book 的默认登记时间为当天，可以用下列语句_____实现登记时间 DJDate 字段的默认值约束创建。

　　A．ALTER TABLE TB_Book ADD CONSTRAINT DF_Book DEFAULT(GETDATE()) FOR DJDate

　　B．ALTER TABLE TB_Book ADD CONSTRAINT DF_Book DJDate.DEFAULT(GETDATE())

　　C．ALTER TABLE TB_Book.DJDate ADD CONSTRAINT DF_Book DEFAULT(GETDATE())

　　D．ALTER TABLE TB_Book ADD CONSTRAINT DF_Book DEFAULT(DJDate.GETDATE())

（12）用来维护两个表之间的一致性关系的约束是_____。

　　A．FOREIGN KEY 约束　　　　　　B．CHECK 约束

　　C．UNIQUE 约束　　　　　　　　　D．DEFAULT 约束

（13）下列关于索引正确的说法是_____。

　　A．非聚集索引比聚集索引检索性能更好

　　B．一张表上只能创建一个非聚集索引

　　C．合适的索引可以提高检索速度

　　D．聚集索引比非聚集索引占用硬盘空间更多

3．简答题

（1）简述什么是表，以及如何创建表。

（2）列举 SQL Server 2008 中各数据类型及其作用。

（3）简述什么条件下适合对表进行分区。

（4）什么样的列适合创建索引？聚集索引和非聚集索引有什么区别？

第4模块 教学管理系统的数据查询

随着"教学管理系统"数据库及相关表的创建，以及样例测试数据的插入，如何运用"数据查询语言"来进行有效数据的查询和利用，并提供用户所要求的各种查询报表，是接下来要探讨和学习的内容。

数据查询语言是数据库管理系统的重要组成部分。许多数据库系统拥有作为高级查询语句的结构化查询语言（Structured Query Language，SQL）。SQL 语言结构简洁，功能强大，简单易学，是一种通用的、功能极强的关系数据库语言，现在已经成为关系型数据库环境下的标准查询语言。这种结构化的查询语言包含数据定义语言（DDL）、数据操纵语言（DML）和数据控制语言（DCL）三个部分。

工作任务

- 任务 1：简单查询学生信息
- 任务 2：用计算列显示学生和学生选课信息
- 任务 3：用运算符查询学生相关信息
- 任务 4：运用分类统计功能查询学生成绩
- 任务 5：多表联合查询班级信息和课程成绩
- 任务 6：用子查询实现学生成绩信息查询
- 任务 7：创建学生课程成绩视图
- 任务 8：构建"学生管理系统"网站
- 任务 9："学生模块"登录功能实现
- 任务 10：学生个人成绩查询功能实现

学习目标

- 了解数据查询的机制
- 掌握用 SELECT…WHERE…ORDER BY 语句进行简单数据查询
- 掌握用 GROUP BY、HAVING 子句进行分组统计查询
- 掌握多表联合查询方法的运用
- 掌握各种子查询方法的运用
- 掌握视图的创建方法
- 理解 ASP.NET 的相关基础知识
- 基于 ASP.NET 创建第一个网站
- 掌握用 ADO.NET 对象连接 SQL Server 数据库的方法
- 掌握用 ADO.NET 对象获取并显示数据的方法

4.1 ▶ 任务 1——简单查询学生信息

📖 任务描述与分析

在"教学管理系统"中，所有学生的基本信息都保存在学生信息表 TB_Student 中，教务处负责学籍管理的张老师经常要按照以下几种方式查询学生信息。

1. 查看"学生信息"表中所有学生的信息。

2. 查看"学生信息"表中所有学生的学号、姓名、性别、班级编号信息。

3. 按班级查看"学生信息"表中某个班学生的部分字段 StuID、StuName、Sex 和 ClassID 的信息。

4. 按班级查看"学生信息"表中某个班学生的部分字段 StuID、StuName、Sex 和 ClassID 的信息，且先按字段 Sex 降序，再按字段 StuName 降序进行排列。

要求：用 T-SQL 语句实现上述几个子任务。

🖋 相关知识与技能

查询是针对数据库中数据表的数据行而言的，可以理解为"筛选"。例如，查询课程信息表中的计算机系开设的课程信息（只需要课程编号、课程名称和系部三个字段的信息），其查询过程如图 4-1 所示。

课程编号	课程名称	系部	学分	课时	…
C02001	中国剪纸艺术	艺术设计系	2	36	
C08002	C 语言程序设计	计算机系	3	54	
C10001	曹雪芹与红楼梦	基础部	2	36	
C08003	Flash 动画制作	计算机系	3	54	
C08004	动态网页设计	计算机系	2	32	
C11003	国标舞	体育部	2	36	

课程编号	课程名称	系部
C08002	C 语言程序设计	计算机系
C08003	Flash 动画制作	计算机系
C08004	动态网页设计	计算机系

图 4-1　数据查询机制

课程信息数据表在接受查询请求的时候，可以简单理解为逐行选取数据，判断所选取的数据是否符合查询的条件。如果符合条件就提取出来，然后把所有符合条件的行组织在一起，形成一个结果集，类似于一个新的表，这样的查询结果称为"记录集"。

4.1.1　简单 SELECT 查询

1. 简单 SELECT 语句

首先，让我们学习最简单的查询语句，语法如下：

```
SELECT 字段1,字段2... FROM 数据表
```

SELECT 子句的"字段1，字段2..."部分用于指定选择要查询的源数据表中的列。它可以是星号（*）、表达式、字段列表、变量等。

FROM 子句的"数据表"部分用于指定要查询的表或视图，可以指定多个表或视图，并用逗号隔开。

2．WHERE 子句

用 SELECT...FROM 语句只能返回表中的所有行。在查询中加上 WHERE 子句则使整个查询具有选择性。WHERE 子句指定数据检索的条件，以限制返回的数据行满足一定的条件，WHERE 后面的子句由谓词构成的条件来限制返回的查询结果。带有 WHERE 子句的查询语句语法如下：

```
SELECT 字段1,字段2... FROM 数据表
WHERE 查询条件
```

3．ORDER BY 子句

ORDER BY 子句用于对查询的结果进行排序。它可以按照一个或多个字段对查询的结果进行升序（ASC）或降序（DESC）排列。其中，升序（ASC）为默认设置。ORDER BY 子句一般在 WHERE 条件子句的后面。带有 WHERE 和 ORDER BY 子句的查询语句的基本结构是：

```
SELECT 字段1,字段2... FROM 数据表
WHERE 查询条件
ORDER BY 字段a,字段b,... [ASC|DESC]
```

当 ORDER BY 子句后面有多个排序字段时，按照排序字段的前后顺序进行处理。

任务实施与拓展

4.1.2 子任务实现

1．查询 TB_Student 表中所有学生的信息

01 打开 SSMS 窗口，在查询编辑器中输入以下代码。

```
USE DB_TeachingMS
GO
SELECT * FROM TB_Student
```

02 单击"执行"按钮即可在数据库中查询得到相应的结果，共50条记录，如图4-2所示。

	StuID	StuName	EnrollYear	GradYear	DeptID	ClassID	Sex	Birthday	TPassword	
1	04020101	周灵灵	2004	2007	02	040201	F	1984-1...	123456	
2	04020102	余红燕	2004	2007	02	040201	F	1985-1...	123456	
3	04020103	左秋霞	2004	2007	02	040201	F	1985-0...	123456	
4	04020104	汪德荣	2004	2007	02	040201	M	1984-1...	123456	
5	04020105	刘成波	2004	2007	02	040201	M	1984-0...	123456	
6	04020106	郭昌盛	2004	2007	02	040201	M	1984-0...	123456	

| 查询已成… | JYPC-PYH (9.0 SP2) | JYPC-PYH\PYH (53) | DB_TeachingMS | 00:00:00 | 50 行 |

图 4-2　学生表所有学生信息

2. 查询 TB_Student 表中所有学生的学号、姓名、性别、班级编号信息

01 将子任务 1 中的 SQL 查询语句改为如下语句。

USE DB_TeachingMS	--当前数据库
GO	--
SELECT StuID,StuName,Sex,ClassID	--所有行部分列
FROM TB_Student	--从学生信息表

02 单击"执行"按钮即可在数据库中查询得到相应的结果，如图 4-3 所示。

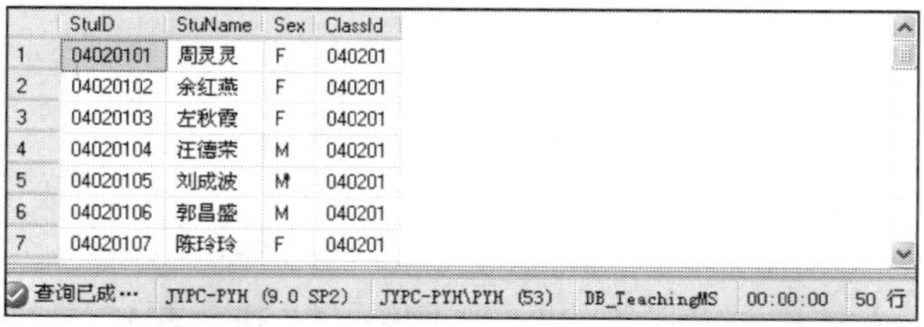

图 4-3 学生表部分字段信息

很明显，在查询显示的结果中只给出了 SELECT 子句指定的 StuID、StuName、Sex 和 ClassID 四个字段的信息，其他信息不再显示。

3. 查询 TB_Student 表中某个班部分列的学生信息

01 将子任务 2 中的 SQL 查询语句改为如下语句。

USE DB_TeachingMS	--当前数据库
GO	--
SELECT StuID,StuName,Sex,ClassID	--所有行部分列
FROM TB_Student	--从学生信息表
WHERE ClassID = '040801'	--从 04 网络（1）班

02 单击"执行"按钮即可在数据库中查询得到相应的结果，如图 4-4 所示。

很明显，在查询显示的结果中只给出了 04 网络（1）班，且 SELECT 子句指定的 StuID、StuName、Sex 和 ClassID 四个字段的信息，其余班级的信息不再显示。

4. 查询 TB_Student 表中某个班的学生的学号、姓名、性别、班级编号信息，并按性别和姓名降序排列

01 将子任务 3 中的 SQL 查询语句改为如下语句。

USE DB_TeachingMS	--打开 DB_TeachingMS 数据库
GO	--
SELECT StuID,StuName,Sex,ClassID	--选择学号、姓名、性别、班级编码字段
FROM TB_Student	--从学生信息表
WHERE ClassID = '040801'	--从 04 网络（1）班
ORDER BY Sex DESC,StuName DESC	--按性别、姓名降序排列

02 单击"执行"按钮即可在数据库中查询得到相应的结果，如图 4-5 所示。

很明显，在子任务 3 的查询结果基础上，本子任务的查询结果先按照学生 Sex 字段降序排列，对于 Sex 字段值相同的记录再按 StuName 字段降序排列。

	StuID	StuName	Sex	ClassId
1	04080101	任正非	M	040801
2	04080102	王倩	F	040801
3	04080103	戴丽	F	040801
4	04080104	孙军团	M	040801
5	04080105	郑志	M	040801
6	04080106	龚玲玲	F	040801
7	04080107	李铁	M	040801
8	04080108	戴安娜	F	040801
9	04080109	陈淋淋	F	040801
10	04080110	司马光	M	040801

图 4-4 班级学生部分字段信息

	StuID	StuName	Sex	ClassId
1	04080102	王倩	F	040801
2	04080106	龚玲玲	F	040801
3	04080103	戴丽	F	040801
4	04080108	戴安娜	F	040801
5	04080109	陈淋淋	F	040801
6	04080105	郑志	M	040801
7	04080104	孙军团	M	040801
8	04080110	司马光	M	040801
9	04080101	任正非	M	040801
10	04080107	李铁	M	040801

图 4-5 班级学生按 Sex 字段排序信息

4.1.3 任务拓展

1. TOP 关键字

从上述"子任务 3"的查询结果可以看出，04 网络（1）班共有 10 名学生，如果只需要在"子任务 3"的基础上查询出这个班级的前 5 名学生，可用下述含 TOP 关键字的 T-SQL 语句实现。

```
USE DB_TeachingMS          --使用 DB_TeachingMS 数据库
GO                         --
SELECT TOP 5 StuID,StuName,Sex,ClassID  --前 5 行的学生信息
FROM TB_Student            --从学生信息表
WHERE ClassID = '040801'   --从 04 网络（1）班
```

查询结果如图 4-6 所示。

从图 4-6 可以看出，在查询显示的结果中只给出了 04 网络（1）班的前 5 名学生信息，其余的学生信息不再显示。

2. DISTINCT 关键字

使用 DISTINCT 可以去掉多余的重复记录。

如果要查询学生信息表 TB_Student 中存在哪些班级的学生信息，可以用以下包含 DISTINCT 关键字的 T-SQL 查询语句实现。

```
USE DB_TeachingMS          --使用 DB_TeachingMS 数据库
GO                         --
SELECT DISTINCT ClassID    --选择班级编码字段，相同的 ClassID 只取一个
FROM TB_Student            --从学生信息表
```

查询结果如图 4-7 所示。

	StuID	StuName	Sex	ClassId
1	04080101	任正非	M	040801
2	04080102	王倩	F	040801
3	04080103	戴丽	F	040801
4	04080104	孙军团	M	040801
5	04080105	郑志	M	040801

图 4-6 学生表前 5 条记录信息

	ClassId
1	040201
2	040801
3	040802
4	050302
5	050801

图 4-7 去除重复记录的班级编码信息

试着将上述 SQL 查询语句中的 DISTINCT 关键字去掉后再执行一下，看看会出现什么结果。

3. 列别名

使用 SELECT 语句查询数据时，可以使用别名根据需要对数据显示的标题进行修改，或者

为没有标题的列增加临时标题。使用列别名有三种方式：

- ❂ 列别名 = 列名
- ❂ 列名 AS 列别名
- ❂ 列名 列别名

如任务 4-1 中的"子任务 4"的查询结果显示的字段名称全部为英文，不太直观，可以用下述语句通过使用"列别名"的方式让查询结果显示的字段名称变为中文。

```
USE DB_TeachingMS
GO
SELECT StuID 学号,StuName 学生姓名,Sex AS 性别,ClassID AS 班级编码
FROM TB_Student
WHERE ClassID = '040801'
ORDER BY Sex DESC,StuName DESC
```

查询结果如图 4-8 所示。

	学号	学生姓名	性别	班级编码
1	04080102	王倩	F	040801
2	04080106	龚玲玲	F	040801
3	04080103	戴丽	F	040801
4	04080108	戴安娜	F	040801
5	04080109	陈淋淋	F	040801
6	04080105	郑志	M	040801
7	04080104	孙军团	M	040801
8	04080110	司马光	M	040801
9	04080101	任正非	M	040801
10	04080107	李铁	M	040801

图 4-8　用列别名显示的学生信息

注意： 当使用的英文列别名超过两个单词时，必须给别名加上单引号；列别名可用于 ORDER BY 子句中，但不能用于 WHERE、GROUP BY 或 HAVING 子句中。

4．注意事项

对于简单查询，必须明确查询显示的字段列表和指定查询的数据表，显示的字段内容必须在表中存在。如果是带条件的查询，一定要根据查询要求运用条件运算符构造正确的条件表达式，带条件查询可以体现查询操作的灵活性。

SELECT…FROM…WHERE…ORDER BY 语句结构中各子句的顺序不能随意调整。其中，WHERE 和 ORDER BY 子句都是可以选择使用的部分；而且，ORDER BY 子句总是位于 WHERE 子句（如果有的话）后面，它可以包含一个或多个列，每个列之间以逗号分隔。这些列可能是表中定义的列，也可能是 SELECT 子句中定义的计算列。

4.2 ▶ 任务 2——用计算列显示学生和学生选课信息

📖 任务描述与分析

"计算列"是为了从已有的数据中获取相关的重要信息。"教学管理系统"的使用者之一"班主任"经常要用下述"子任务 1"和"子任务 2"中的方法查询学生的相关信息，教务处负责选

修课程管理的郭老师经常要用下述"子任务 3"中的方法查询学生选修课程班的人数信息。

1. 将任务 4-1 中的"任务拓展 3"中用"列别名"显示的学生姓名和性别字段的数据合成为一个学生姓名（性别）字段显示；

2. 查看学生信息表中自己班（如"04 网络（1）班"）学生的部分字段 StuID、StuName、Sex 信息，同时显示一个计算列"年龄"；

3. 查看课程班信息表中的 CourseClassID、ClassID、TeacherID、MaxNumber 和 SelectedNumber 字段信息。

要求：要求用 T-SQL 语句实现上述几个子任务。

 相关知识与技能

在进行数据查询时，经常需要对查询到的数据进行再次计算。这时可在 SELECT 语句中使用计算列完成，计算列并不存在于数据表中，它是通过对某些字段的数据进行计算得到的结果。计算列一般是一个由字段、运算符和函数等组成的表达式。

4.2.1 字符串运算与字符串函数

1. 字符串连接运算

"+"号除了作为数值运算中的加号，还可以作为两个字符串的连接符号。如要将字符串"I love"和"Beijing!"连接成一个字符串"I love Beijing!"，在 SQL 中，可以用下述表达式实现：'I love' + ' Beijing!'，表达式中的"+"号为字符串连接运算符。

2. 字符串函数

字符串函数是经常使用的一类函数，常见的字符串函数如表 4-1 所示。

表 4-1　常见的字符串函数

函数名	函数描述
LTRIM(字符串)	删除指定字符串的左边空格，返回处理后的字符串
RTRIM(字符串)	删除指定字符串的右边空格，返回处理后的字符串
LEFT(字符串,长度)	左子串函数，返回从左边开始的指定长度个字符的字符串
RIGHT(字符串,长度)	右子串函数，返回从右边开始的指定长度个字符的字符串
SUBSTRING(字符串,位置,长度)	子串函数，返回从指定位置开始的指定长度个字符的字符串
LEN(字符串)	返回指定字符串的字符长度数，不包含字符串右边的空格
LOWRE(字符串)	将指定字符串中的大写字母转换成小写字母，返回处理后的字符串
UPPER(字符串)	将指定字符串中的小写字母转换成大写字母，返回处理后的字符串
STR(数字)	将指定数字转换成字符的转换函数

4.2.2 日期和时间函数

在实际运用中，常常会涉及很多日期和时间类型转换的问题。因此，SQL Server 为用户提供了一些常用的日期和时间函数，如表 4-2 所示。

表 4-2　常用的日期和时间函数

函数名	函数描述
GETDATE()	以 DATATIME 类型的标准格式返回当前系统的日期和时间
YEAR(日期)	返回指定日期的年份整数
MONTH(日期)	返回指定日期的月份整数
DAY(日期)	返回指定日期的天的整数
DATEPART(返回部分,日期)	返回指定日期的指定返回部分的整数
DATEDIFF(返回部分,起始日期,结束日期)	返回两个指定日期的指定返回部分的差值

表 4-2 中的日期和时间函数中的参数"返回部分"有以下类型：YEAR、MONTH、DAY、WEEK、HOUR、MINUTE、SECOND 等。

任务实施与拓展

4.2.3　子任务实现

1. 用合成字段学生姓名（性别）显示学生姓名和性别信息

01　打开 SSMS 窗口，在查询编辑器中输入以下 T-SQL 语句。

```
USE DB_TeachingMS
GO
SELECT StuID 学号,StuName+'('+Sex+')' AS '学生姓名(性别)',ClassID AS 班级编码
FROM TB_Student
WHERE ClassID = '040801'
ORDER BY Sex,StuName DESC
```

02　单击"执行"按钮，查询结果如图 4-9 所示。

	学号	学生姓名(性别)	班级编码
1	04080102	王倩 (F)	040801
2	04080106	龚玲玲 (F)	040801
3	04080103	戴丽 (F)	040801
4	04080108	戴安娜 (F)	040801
5	04080109	陈淋淋 (F)	040801
6	04080105	郑志 (M)	040801
7	04080104	孙军团 (M)	040801
8	04080110	司马光 (M)	040801
9	04080101	任正非 (M)	040801
10	04080107	李铁 (M)	040801

图 4-9　用计算列学生姓名（性别）显示的学生信息

上述查询语句中的"StuName+'('+Sex+')'"是一个表达式，其中的"+"号为字符串连接运算符。

从图 4-9 可以看出，学生姓名（性别）列中的"学生姓名"和"性别"之间好像存在着空格，如何将这个空格去掉，可以用下述 T-SQL 查询语句实现。

```
USE DB_TeachingMS
GO
```

```
SELECT StuID 学号,RTRIM(StuName)+'('+Sex+')' AS '学生姓名(性
别)',ClassID AS 班级编码
FROM TB_Student
WHERE ClassID = '040801'
ORDER BY Sex,StuName DESC
```

查询结果如图 4-10 所示。

2. 用计算列年龄显示学生年龄信息

01 打开 SSMS 窗口，在查询编辑器中输入以下 T-SQL 语句。

```
USE DB_TeachingMS
GO
SELECT StuID,StuName,Sex,YEAR(GETDATE())-YEAR(Birthday) AS 年龄
FROM TB_Student
WHERE ClassID = '040801'
```

02 单击"执行"按钮，查询结果如图 4-11 所示。

	学号	学生姓名(性别)	班级编码
1	04080102	王倩(F)	040801
2	04080106	龚玲玲(F)	040801
3	04080103	戴丽(F)	040801
4	04080108	戴安娜(F)	040801
5	04080109	陈淋淋(F)	040801
6	04080105	郑志(M)	040801
7	04080104	孙军团(M)	040801
8	04080110	司马光(M)	040801
9	04080101	任正非(M)	040801
10	04080107	李铁(M)	040801

	StuID	StuName	Sex	年龄
1	04080101	任正非	M	26
2	04080102	王倩	F	25
3	04080103	戴丽	F	26
4	04080104	孙军团	M	27
5	04080105	郑志	M	24
6	04080106	龚玲玲	F	26
7	04080107	李铁	M	25
8	04080108	戴安娜	F	26
9	04080109	陈淋淋	F	25
10	04080110	司马光	M	26

图 4-10　用计算列学生姓名（性别）　　　　　　图 4-11　用计算列年龄显示学生年龄信息
　　　　　　去掉空格后显示的学生信息

03 用下述 T-SQL 语句也可以得到如图 4-11 所示的显示结果。

```
USE DB_TeachingMS
GO
SELECT StuID,StuName,Sex,DATEDIFF(YEAR,Birthday,GETDATE()) AS 年龄
FROM TB_Student
WHERE ClassID = '040801'
```

3. 用计算列可选数显示课程班剩余可选学生数信息

01 打开 SSMS 窗口，在查询编辑器中输入以下 T-SQL 语句。

```
USE DB_TeachingMS
GO
SELECT
CourseClassID,CourseID,TeacherID,MaxNumber,SelectedNumber,
MaxNumber - SelectedNumber AS 可选数
FROM TB_CourseClass
```

02 单击"执行"按钮，查询结果如图 4-12 所示。

	CourseClassID	CourseID	TeacherID	MaxNumber	SelectedNumber	可选数
1	T070020401	C07001	T07002	10	10	0
2	T080010401	C08002	T08001	10	10	0
3	T080010402	C08002	T08001	10	10	0
4	T080030401	C08004	T08003	10	10	0
5	T080040401	C08003	T08004	8	6	2
6	T100020401	C10004	T10002	5	2	3
7	T100050401	C10001	T10005	5	3	2

图 4-12　用计算列可选数显示课程班剩余可选学生数信息

4.3 任务 3——用运算符查询学生相关信息

📋 任务描述与分析

同样，"班主任"还要用下述"子任务 1"和"子任务 2"中的方法查询学生的相关信息，教务处负责学籍管理的张老师经常要用下述"子任务 3"中的方法查询个别学生的信息：

1. 查询自己班级（如 04 网络（2）班）性别为"男"（或"女"）的所有学生信息，只显示学号、姓名、性别和出生年份字段；

2. 查询自己班级（如 04 网络（2）班）在某个出生年份段（如 19～21 岁）的所有学生信息，只显示学号、姓名、性别和年龄字段；

3. 查询一个学生的所有信息。但是只知道这个学生的班级（如 04 网络（2）班），还有该学生的姓（如"刘"）；或者只知道这个学生的班级（如 04 网络（2）班），还有该学生的名字中的一个字（如"金"）。

要求：用 T-SQL 语句完成上述各子任务。

📎 相关知识与技能

4.3.1　运算符及通配符

1. 运算符

条件查询通常是在 WHERE 子句后面构造条件表达式来实现检索的。在 SELECT 语句中常用的条件运算包括比较、范围、列表、模式匹配、空值判断和逻辑运算等，具体情况如表 4-3 所示。

表 4-3　WHERE 子句常用的查询条件及运算符

查询条件	运算符
比较	=、>、<、>=、<=、<>、!=、!>、!<
范围	BETWEEN…AND…、NOT BETWEEN…AND…
列表	IN、NOT IN
模式匹配	LIKE、NOT LIKE
空值判断	IS NULL、IS NOT NULL
逻辑运算	AND、OR、NOT

2．通配符

在使用条件表达式完成数据筛选时，表达式中可能会使用通配符，通配符是指在字符串操作中用于指定位置上通配一定位数的字符的处理，它通常与 LIKE 操作符配合使用。通配符种类如表 4-4 所示。

表 4-4　通配符

通配符	含义	示例
%	表示任意长度（0 或多个）的字符串	a%表示以 a 开头的任意长度字符串
—	表示任意单个字符	a_表示以 a 开头的长度为 2 的所有字符串
[ ]	表示在指定范围内的任意单个字符	[0-9]表示在 0～9 之间的任意单个字符
[^]	表示在指定范围外的任意单个字符	[^0-5]表示不在 0～5 之间的任意单个字符

LIKE 运算符用于将指定列与其后面的字符串进行匹配运算，语法格式如下：

```
[NOT] LIKE '<匹配的字符串>'
```

<匹配的字符串>可以是一个完整的字符串，此时，LIKE 等价于等号；也可以是包含通配符的字符串，如"LIKE '王%'"，表示通配以"王"开头的所有字符串。

任务实施与拓展

4.3.2　子任务实现

1．查询 04 网络（2）班性别为"男"的学生信息

01　打开 SSMS 窗口，在查询编辑器中输入以下 T-SQL 语句。

```
USE DB_TeachingMS
GO
SELECT StuID 学号,StuName 姓名,Sex 性别,YEAR(Birthday)  出生年份
FROM TB_Student
WHERE ClassID = '040802' AND Sex = 'M'
```

02　单击"执行"按钮，查询结果如图 4-13 所示。

2．查询 04 网络（2）班年龄范围在 24～26 岁的学生信息

01　打开 SSMS 窗口，在查询编辑器中输入以下 T-SQL 语句。

```
USE DB_TeachingMS
GO
SELECT StuID 学号,StuName 姓名,Sex 性
别,YEAR(GETDATE())-YEAR(Birthday) 年龄
FROM TB_Student
WHERE ClassID = '040802' AND YEAR(GETDATE())-YEAR(Birthday) BETWEEN
24 AND 26
```

02　单击"执行"按钮，查询结果如图 4-14 所示。

03　也可以用下述 T-SQL 语句来查询如图 4-14 所示的结果集。

	学号	姓名	性别	年龄
1	04080201	张金玲	F	26
2	04080202	王婷婷	F	25
3	04080203	石江安	M	26
4	04080204	陈建伟	M	26
5	04080205	袁中标	M	25
6	04080206	崔莎莎	F	26
7	04080207	丁承华	M	25
8	04080208	刘颖	F	24
9	04080209	刘玉芹	F	25
10	04080210	韦涛	M	25

	学号	姓名	性别	出生年份
1	04080203	石江安	M	1984
2	04080204	陈建伟	M	1984
3	04080205	袁中标	M	1985
4	04080207	丁承华	M	1985
5	04080210	韦涛	M	1985

图 4-13　04 网络（2）班的男生信息　　　　图 4-14　04 网络（2）班 24～26 岁的学生信息

```
USE DB_TeachingMS
GO
SELECT StuID 学号,StuName 姓名,Sex 性别,
DATEDIFF(YEAR,Birthday,GETDATE()) 年龄
FROM TB_Student
WHERE ClassID = '040802' AND DATEDIFF(YEAR,Birthday,GETDATE())
IN (24,25,26)
```

3．根据姓名的部分信息查询个别学生的所有信息

01 打开 SSMS 窗口，在查询编辑器中输入以下 T-SQL 语句。

```
USE DB_TeachingMS
GO
SELECT * FROM TB_Student
WHERE ClassID = '040802' AND StuName LIKE '刘%'
```

02 单击"执行"按钮，查询结果如图 4-15 所示。

StuID	StuName	EnrollYear	GradYear	Dept...	ClassID	Sex	Birthday	TPassword	StuAddress	ZipCode
04080208	刘颖	2004	2007	08	040802	F	1986-02-22...	123456	略	214400
04080209	刘玉芹	2004	2007	08	040802	F	1985-08-09...	123456	略	214400

图 4-15　姓"刘"的所有学生信息

如果将上述查询语句中的条件"StuName LIKE '刘%'"改成"StuName LIKE '刘_'"，结果会怎样？

03 将上述 T-SQL 语句改为下述形式。

```
SELECT * FROM TB_Student
WHERE ClassID = '040802' AND StuName LIKE '%金%'
```

04 单击"执行"按钮，查询结果如图 4-16 所示。

StuID	StuName	EnrollYear	GradYear	Dept...	ClassID	Sex	Birthday	TPassword	StuAddress	ZipCode
04080201	张金玲	2004	2007	08	040802	F	1984-03-26...	123456	略	214400

图 4-16　姓名中含"金"字的所有学生信息

4.3.3　任务拓展

1．空值判断 IS NOT NULL

显示课程信息表中课程描述字段不为空的相关课程信息，可以用下述 T-SQL 语句实现：

```
USE DB_TeachingMS
```

```
GO
SELECT * FROM TB_Course
WHERE CourseOutline IS NOT NULL
```

查询结果如图 4-17 所示。

	CourseID	CourseName	DeptID	CourseGrade	LessonTime	CourseOutline
1	C07001	中国剪纸艺术	07	2	36	传统艺术
2	C08003	Flash动画制作	08	3	54	简单动画设计与制作
3	C08004	动态网页设计	08	2	32	构架一个自己的网站

图 4-17　课程描述字段不为空的相关课程信息

2. 通配符[]

查询学生信息表中 04 网络（2）班邮政编码为 23、24 和 25 开头的学生信息，可以用下述 T-SQL 语句实现：

```
USE DB_TeachingMS
GO
SELECT * FROM TB_Student
WHERE ClassID = '040802' AND ZipCode LIKE '2[3-5]%'
```

查询结果如图 4-18 所示。

	StuID	StuName	EnrollYear	GradYear	DeptID	ClassID	Sex	Birthday	TPassword	StuAddress	ZipCode
1	04080205	袁中标	2004	2007	08	040802	M	1985-10-04...	123456	略	241000
2	04080206	崔莎莎	2004	2007	08	040802	F	1984-04-10...	123456	略	244100
3	04080210	韦涛	2004	2007	08	040802	M	1985-03-06...	123456	略	236500

图 4-18　邮政编码为 23、24 和 25 开头的学生信息

当然也可以用下述 T-SQL 语句实现：

```
SELECT * FROM TB_Student
WHERE ClassID = '040802' AND (ZipCode LIKE '23%' OR ZipCode LIKE '24%'
OR ZipCode LIKE '25%')
```

4.4 ▶ 任务 4——运用分类统计功能查询学生成绩

📋 任务描述与分析

由于每个学年结束要根据课程成绩评定奖学金，班主任每个学年都要对自己班级学生的成绩进行统计分析，然后初定学年奖学金获得者的人选。根据教务处的规定：

❂ 一等综合素质奖学金的条件是各门课程平均成绩在 85 分以上。

❂ 二等综合素质奖学金的条件是各门课程平均成绩在 80 分以上。

❂ 三等综合素质奖学金的条件是各门课程平均成绩在 75 分以上。

可以按照以下步骤进行：

1. 按照学号统计班内每个学生的平均成绩，并从高到低排序。

2. 筛选出班内平均成绩在不同分数段的学生：85 分以上（含 85 分），80～85 分（含 80 分），75～80 分（含 75 分）。

以 "04 网络 (1) 班" 为例,要求用 T-SQL 语句帮班主任实现上述查询功能,要求显示学生的 StuID、ClassID、CourseID 字段和计算列平均成绩。

📎 **相关知识与技能**

在查询过程中,经常要对某个子集或其中的一组数据进行统计运算,而不是对整个数据集中的数据进行统计运算。

4.4.1 GROUP BY 和 HAVING 子句

1. GROUP BY 子句

GROUP BY 子句具有对查询结果进行分组统计查询的功能,通常与统计函数一起使用。使用 GROUP BY 子句的 T-SQL 语法如下。

```
SELECT 字段1,字段2... FROM 数据表          --
WHERE 查询条件                              -- 可选子句
GROUP BY 分组字段                           -- 可选子句
ORDER BY 字段a,字段b,… [ASC | DESC]        -- 可选子句
```

GROUP BY 子句是分组统计查询子句,查询将按照 "分组字段" 的内容进行分组统计,GROUP BY 子句中不能使用列别名。

2. HAVING 子句

HAVING 子句相当于一个用于组的 WHERE 子句,它指定了组或聚合的查询条件,但 WHERE 子句设置的查询条件在 GROUP BY 子句之前发生作用。HAVING 子句与 WHERE 子句从功能上看都是为查询提供条件筛选的子句,不同的是 WHERE 子句作用于表和视图,而 HAVING 子句则是作用于分组,对分类汇总后的每一个分组进行条件筛选,故它必须与 GROUP BY 配合使用才有意义。使用 HAVING 子句的 T-SQL 语法如下。

```
SELECT 字段1,字段2... FROM 数据表          --
WHERE 查询条件                              -- 可选子句
GROUP BY 分组字段                           -- 可选子句
HAVING 组查询条件                           -- 可选子句
ORDER BY 字段a,字段b,… [ASC | DESC]        -- 可选子句
```

注意: HAVING 子句可以包含聚集函数,而 WHERE 子句不可以。

4.4.2 聚合函数

在分类统计查询中经常使用聚合函数,常用的聚合函数定义如表 4-5 所示。

表 4-5 聚合函数

函数名	函数描述
COUNT()	返回满足 WHERE 子句查询条件的行数。
SUM()	返回指定一列中所有数值之和。
AVG()	计算指定一列的平均值。
MAX()	返回指定一列的最大值。
MIN()	返回指定一列的最小值。

聚合函数是 SQL Server 提供的一类非常重要的标准函数。运用聚合函数可以对分类得到的一组值进行统计计算，并返回统计值。聚合函数经常与 SELECT 语句的 GROUP BY 子句一起使用。

注意: 聚合函数中不能使用字段别名。

任务实施与拓展

4.4.3 子任务实现

1. 按照学号统计班内每个学生的平均成绩，并从高到低排序

01 打开 SSMS 窗口，在查询编辑器中输入以下 T-SQL 语句。

```
USE DB_TeachingMS
GO
SELECT StuID,ClassID,AVG(TotalScore) AS AvgScore
FROM TB_Grade
WHERE ClassID='040801'
GROUP BY StuID,ClassID
ORDER BY AvgScore DESC
```

02 单击"执行"按钮即可得到如图 4-19 所示的查询结果，其中，AvgScore 字段有多位小数。

03 由于"AvgScore"字段只需要保留两位小数，将上述 T-SQL 语句中的 SELECT 部分做如下修改，执行后的查询结果如图 4-20 所示。

```
SELECT StuID,ClassID,ROUND(AVG(TotalScore),2) AS AvgScore
```

	StuID	ClassID	AvgScore
1	04080108	040801	89.1666666666667
2	04080106	040801	80.9249992370605
3	04080109	040801	80.1333338419596
4	04080110	040801	78.0666656494141
5	04080102	040801	76
6	04080101	040801	74.2999992370605
7	04080103	040801	71.1499977111816
8	04080104	040801	69.3540000915527
9	04080105	040801	66.9666646321615
10	04080107	040801	62.9666659037272

图 4-19 班级平均成绩统计结果

	StuID	ClassID	AvgScore
1	04080108	040801	89.17
2	04080106	040801	80.92
3	04080109	040801	80.13
4	04080110	040801	78.07
5	04080102	040801	76
6	04080101	040801	74.3
7	04080103	040801	71.15
8	04080104	040801	69.35
9	04080105	040801	66.97
10	04080107	040801	62.97

图 4-20 保留两位小数的班级平均成绩统计结果

上述的 ROUND（数字表达式，精度）是一个系统内置函数，返回数字表达式的值，并将其四舍五入为指定的长度或精度。函数中"数字表达式"为精确数字或近似数字数据类型类别的表达式，函数中"精度"是"数字表达式"将要四舍五入的精度。"精度"必须是 TINYINT、SMALLINT 或 INT 类型。当"精度"为正数时，"数字表达式"的值四舍五入为"精度"所指定的小数位数。当"精度"为负数时，"数字表达式"的值则按"精度"所指定的在小数点的左边即整数部分四舍五入。如 ROUND(9876,-2)返回的值为 9900。

当然，ROUND()函数还有其他用法，请参考 SQL Server 中的联机帮助。

注意: 在使用 GROUP BY 子句时，前面的 SELECT 子句中显示的列必须是聚合函数，或者是参与的分类字段（即 GROUP BY 子句中出现的字段），否则会出错。

如果在上述 SELECT 语句中增加一个 CourseID 字段，可能会出现什么问题？

2．筛选出班内平均成绩在不同分数段的学生

01 打开 SSMS 窗口，在查询编辑器中输入以下 T-SQL 语句。

```
USE DB_TeachingMS
GO
SELECT StuID,ClassID,ROUND(AVG(TotalScore),2) AS AvgScore
FROM TB_Grade
WHERE ClassID='040801'
GROUP BY StuID,ClassID
HAVING AVG(TotalScore)>=75 AND AVG(TotalScore)<80
ORDER BY AvgScore DESC
```

02 单击"执行"按钮即可得到如图 4-21 所示的查询结果。

	StuID	ClassID	AvgScore
1	04080110	040801	78.07
2	04080102	040801	76

图 4-21　班级平均成绩在 75～80 分的统计结果

其余两个分数段学生的统计查询可以参考上述 T-SQL 语句进行相应的修改即可。

4.4.4　任务拓展

1．MAX 和 MIN 函数

学期结束后，班主任要查询自己班级（如 04 网络（1）班）每门课程的平均成绩、最高分和最低分，可以用下述 T-SQL 语句实现。

```
USE DB_TeachingMS
GO
SELECT CourseID,AVG(TotalScore) AvgScore,MAX(TotalScore) MaxScore,
MIN(TotalScore) MinScore
FROM TB_Grade
WHERE ClassID='040801'
GROUP BY CourseID
```

查询结果如图 4-22 所示。

2．COUNT 函数

班主任要统计编号为"040801"的班级中每个学生已经选修的课程门数，可以用下述 T-SQL 语句实现。

```
USE DB_TeachingMS
GO
SELECT StuID,Count(CourseID) AS CourseCnt
FROM TB_Grade
WHERE ClassID='040801'
GROUP BY StuID
```

查询结果如图 4-23 所示。

	StuID	CourseCnt
1	04080101	4
2	04080102	3
3	04080103	4
4	04080104	3
5	04080105	3
6	04080106	4
7	04080107	3
8	04080108	3
9	04080109	3
10	04080110	3

	CourseID	AvgScore	MaxScore	MinScore
1	C07001	71.8599994659424	92.2	38.2
2	C08002	78.8462001800537	94.6	49.462
3	C08003	81.7999979654948	87.2	77.2
4	C08004	72.0999984741211	87.2	48

图 4-22　班级课程成绩统计结果　　　　　　图 4-23　学生已经选修课程统计结果

4.5 任务 5——多表联合查询班级信息和课程成绩

任务描述与分析

教务处负责学籍管理的张老师经常要通过下述四个子任务完成相关的信息查询与统计：

1. 查询 TB_Class 表中的班级基本情况，要求显示 DeptName 和 ClassName 字段；

2. 查询各个系的班级情况，要求所有系的情况都列出来，显示 DeptName、ClassName 字段，然后统计各个系的班级数，没有班级的系班级数显示为 0；

3. 查询 TB_Grade 表中单个课程班的成绩，要求显示 StuID、StuName、ClassName、CourseName 和 TotalScore 字段，查询的表用相应的别名，按班级编码排序；

4. 查询 TB_Grade 表中所有课程班的平均成绩，要求显示 CourseClassID、CourseName、TeacherName 字段和计算列平均成绩。

要求：用 T-SQL 语句完成上述各子任务。

相关知识与技能

在实际查询应用中，用户所需要的数据并不全部都在一个表或视图中，而可能在多个表中，这时就需要使用多表查询。多表查询实际上是通过各个表之间的共性列（主、外键关系）来查询数据的，是关系数据库查询的最主要特征。

4.5.1　多表联合查询

在进行多表联合查询操作时，最简单的连接方式是在 SELECT 子句列表中引用多个表的字段，在 FROM 子句中用逗号将多个不同的基表隔开。如果用 WHERE 子句创建一个相关连接，则可以使查询结果更加有效，相关连接是指将一个表的主键与另外一个表中的外键建立连接，以保证表之间数据的参照完整性。

在进行基本的连接查询操作时，可以遵循下述基本原则：

❂ SELECT 子句列表中，在来自不同表的字段前加上相应的表名称。

❂ FROM 子句中应包括所有用到的表。

❂ WHERE 子句应定义相关的主、外键连接。

多表连接分为交叉连接、内连接和外连接三种情况。

1. 交叉连接

交叉连接查询是指返回两个表的笛卡尔积作为查询结果的连接方式，生成的记录集包含两个源表中行的所有可能的组合。交叉连接查询的一般格式为：

```
SELECT 字段 1, 字段 2, … FROM 数据源表 1, 数据源表 2, …
```

或

```
SELECT 字段 1, 字段 2, … FROM 数据源表 1 CROSS JOIN  数据源表 2, …
```

2. 内连接

交叉连接的实际使用意义并不大，而内连接是一种最常用的数据连接查询方式。内连接在交叉连接的基础上，通过对两个表之间的共性列（主、外键）进行等值运算"＝"实现两个表之间的连接操作，消除与另一个表的任何不匹配的数据行。内连接运算符是 INNER JOIN 或 JOIN。

内连接的一般格式为：

```
SELECT 数据表 1.字段 1, … , 数据表 2.字段 1, …
 FROM  数据表 1 INNER JOIN 数据表 2,…
ON   数据表 1.共性字段 = 数据表 2.共性字段 …
```

或

```
SELECT 数据表 1.字段 1, … , 数据表 2.字段 1, …
 FROM  数据表 1,数据表 2,…
WHERE  数据表 1.共性字段 = 数据表 2.共性字段 …
```

其中，用"＝"连接的字段应该是两个表的共性字段，一般分别是这两个表的主键字段和外键字段。

3. 外连接

外连接会返回 FROM 子句中提到的至少一个表的所有符合查询条件的数据行（包括连接中不匹配的数据行）。在外连接中，参与连接的表有主从之分，查询结果返回两个表所有匹配的行，以及主表中的所有不匹配的行（从表的列填空值）。

外连接分为左外连接、右外连接和完全连接。

- ✪ **左外连接**：使用 LEFT OUTER JOIN 关键字对两个表连接。返回所有匹配的行，以及 JOIN 关键字左边表中的所有不匹配行。
- ✪ **右外连接**：使用 RIGHT OUTER JOIN 关键字对两个表连接。返回所有匹配的行，以及 JOIN 关键字右边表中的所有不匹配行。
- ✪ **完全连接**：使用 FULL OUTER JOIN 关键字对两个表连接。返回所有匹配的行，以及 JOIN 关键字两边表中的所有不匹配行。

4. 表别名

使用 SELECT 语句进行多表数据查询时，可以使用别名在 FROM 子句中简化表的名称。使用表别名有两种方式：

- ✪ 表名 AS 表别名。
- ✪ 表名 表别名。

任务实施与拓展

4.5.2 子任务实现

1. 查询已有班级的基本情况

01 打开 SSMS 窗口,在查询编辑器中输入以下 T-SQL 语句。

```
USE DB_TeachingMS
GO
SELECT DeptName,ClassName
FROM TB_Dept,TB_Class
WHERE TB_Dept.DeptID=TB_Class.DeptID
```

02 单击"执行"按钮,即可得到如图 4-24 所示的查询结果。

	DeptName	ClassName
1	机电工程系	04机电(1)班
2.	计算机系	04网络(1)班
3	计算机系	04网络(2)班
4	电子工程系	05电子(2)班
5	计算机系	05软件(1)班

图 4-24 班级信息内连接查询结果

尝试将上述 T-SQL 语句中 WHERE 子句去掉,会得到什么查询结果。

2. 查询各个系的班级情况,并统计各个系的班级数

01 打开 SSMS 窗口,在查询编辑器中输入以下 T-SQL 语句。

```
USE DB_TeachingMS
GO
SELECT DeptName,ClassName
FROM TB_Dept LEFT OUTER JOIN TB_Class
ON TB_Dept.DeptID = TB_Class.DeptID
```

02 单击"执行"按钮即可得到如图 4-25 所示的查询结果。

图 4-27 中主表 TB_Dept 中的所有系部记录都在结果集中显示出来,而从表 TB_Class 中的记录按照连接条件"TB_Class.DeptID=TB_Dept.DeptID"进行匹配,对无法匹配的记录相应字段用空值 NULL 代替。

03 在查询编辑器中输入以下 T-SQL 语句。

```
USE DB_TeachingMS
GO
SELECT DeptName 系部名称,COUNT(ClassName) 班级数
FROM TB_Dept LEFT OUTER JOIN TB_Class
ON TB_Class.DeptID=TB_Dept.DeptID
GROUP BY DeptName
```

04 单击"执行"按钮即可得到如图 4-26 所示的查询结果。

	DeptName	ClassName
1	机电工程系	04机电(1班
2	电子工程系	05电子(2班
3	化纺工程系	NULL
4	外语系	NULL
5	艺术设计系	NULL
6	计算机系	04网络(1班
7	计算机系	04网络(2班
8	计算机系	05软件(1班
9	管理系	NULL
10	基础部	NULL
11	体育部	NULL

	系部名称	班级数
1	电子工程系	1
2	管理系	0
3	化纺工程系	0
4	机电工程系	1
5	基础部	0
6	计算机系	3
7	体育部	0
8	外语系	0
9	艺术设计系	0

图 4-25 班级信息左外连接查询结果　　　　图 4-26 各系班级数量汇总情况

3. 查询单个课程班的成绩，以课程班"T080040401"为例

01 打开 SSMS 窗口，在查询编辑器中输入以下 T-SQL 语句。

```
USE DB_TeachingMS
GO
SELECT TG.StuID,StuName,ClassName,CourseName,TotalScore
FROM TB_Grade TG,TB_Student TS,TB_Class TCL,TB_Course TC
WHERE TG.StuID=TS.StuID AND TG.ClassID=TCL.ClassID AND
TG.CourseID=TC.CourseID
AND CourseClassID='T080040401'
ORDER BY TG.CourseID
```

02 单击"执行"按钮即可得到如图 4-27 所示的查询结果。

4. 查询所有课程班的平均成绩

01 打开 SSMS 窗口，在查询编辑器中输入以下 T-SQL 语句。

```
USE DB_TeachingMS
GO
SELECT TG.CourseClassID,CourseName,TeacherName,ROUND(AVG(TotalScore),2)
AS AvgScore
FROM TB_Grade TG,TB_Course TC,TB_Teacher TT,TB_CourseClass TCC
WHERE TG.CourseID=TC.CourseID AND TCC.TeacherID=TT.TeacherID AND
TG.CourseClassID=TCC.CourseClassID
GROUP BY TG.CourseClassID,CourseName,TeacherName
```

02 单击"执行"按钮即可得到如图 4-28 所示的查询结果。

	StuID	StuName	ClassName	CourseName	TotalScore
1	04080101	任正非	04网络(1班	Flash动画制作	81
2	04020101	周灵灵	04机电(1班	Flash动画制作	87.6
3	04020104	汪德荣	04机电(1班	Flash动画制作	85.2
4	04080103	戴丽	04网络(1班	Flash动画制作	77.2
5	04080203	石江安	04网络(2班	Flash动画制作	69.4
6	04080106	龚玲玲	04网络(1班	Flash动画制作	87.2

	CourseClassID	CourseName	TeacherName	AvgScore
1	T070020401	中国剪纸艺术	沈丽	71.86
2	T080010401	C语言程序设计	陈玲	78.85
3	T080010402	C语言程序设计	陈玲	72.49
4	T080030401	动态网页设计	龙永图	72.1
5	T080040401	Flash动画制作	黄三清	81.27
6	T100020401	吉他弹唱	沈天一	82.1
7	T100050401	曹雪芹与红楼梦	曾远	78.67

图 4-27 课程班成绩查询结果　　　　图 4-28 课程班平均成绩查询结果

4.5.3 任务拓展

　　如果有多个不同的查询结果，但又希望将这些查询结果放在一起显示，组成一组数据。在

这种情况下，可以使用 UNION 子句。使用 UNION 子句的查询又称为联合查询，它可以将两个或多个查询结果组合成为一个结果显示。

例如，要将"04 网络（1）班"的男生信息和所有非计算机系的教师信息作为一个查询结果显示（编码、姓名、部门），学生信息取 StuID、StuName 和 DeptName 字段，教师信息取 TeacherID、TeacherName 和 DeptName 字段。可通过下述 T-SQL 语句实现。

```
USE DB_TeachingMS
GO
SELECT StuID 编码,StuName 姓名,DeptName 部门
FROM TB_Student TS,TB_Dept TD
WHERE ClassID='040801' AND Sex='M' AND TS.DeptID=TD.DeptID
UNION
SELECT TeacherID,TeacherName,DeptName
FROM TB_Teacher TT,TB_Dept TD
WHERE TT.DeptID<>'08' AND TT.DeptID=TD.DeptID
```

查询结果如图 4-29 所示。

在联合查询中，可以使用多个 UNION 语句将多个数据表连接起来。通过使用 UNION 关键字可以从多个表中将多个查询的结果组合到一起。使用 UNOIN 关键字时需要注意以下几点：

	编码	姓名	部门
1	04080101	任正非	计算机系
2	04080104	孙军团	计算机系
3	04080105	郑志	计算机系
4	04080107	李铁	计算机系
5	04080110	司马光	计算机系
6	T02001	程靖	机电工程系
7	T07002	沈丽	艺术设计系
8	T10002	沈天一	基础部
9	T10005	曾远	基础部

图 4-29 学生和教师信息联合查询结果

❂ 两个查询语句中列的数量和列的数据类型必须相互兼容。

❂ 最后结果集中的列名来自第一个 SELECT 语句的列名。

❂ 在需要对集合查询结果进行排序时，必须使用第一个查询语句中的列名。

❂ 查询结果将对 SELECT 子句列表中的列按照从左到右的顺序自动进行排序。

UNION 是联合查询中应用最多的一种运算符。UNION ALL 是另一种对表进行联合查询的方法。它与 UNION 的唯一区别是它不删除重复的行，也不对行进行自动排序。

4.6 任务 6——使用子查询实现学生成绩信息查询

 任务描述与分析

学期结束时班主任通过下述"子任务 1"和"子任务 2"的查询结果，将有不及格课程的学生成绩单邮寄到学生家中，通知学生准备开学后补考。

教务处负责成绩管理的李老师也需要通过"子任务 3"和"子任务 4"的查询结果完成相应的课程成绩处理和分析工作。

1. 根据某门课程的名称，如"C 语言程序设计"，查询开设这门课程的所有课程班情况。

2. 查询本班课程成绩不及格的学生学号、姓名、家庭住址、邮编。

3. 查询存在成绩不及格学生的课程班的编码、课程名称和任课教师信息。

4. 查询平均成绩大于或等于 80 分的课程班的编码、课程名称和任课教师信息。

要求：用 T-SQL 语句实现上述子任务。

相关知识与技能

4.6.1　子查询

子查询又称嵌套查询。它是指在一个 SQL 语句中嵌套的另外一个 SELECT 语句。子查询可以嵌套在 SELECT 语句中，也可以嵌套在 INSERT、UPDATE 或 DELETE 语句及其他子查询中。在嵌套查询中，外层的查询块称为外层查询或父查询，下层的查询块称为内层查询或子查询。

子查询的实质就是将一个 SELECT 语句的查询结果作为外层查询 WHERE 子句的条件输入。子查询部分的 SELECT 语句体总是用圆括号括起来。它可以嵌套在外部 SELECT、INSERT、UPDATE 或 DELETE 语句的 WHERE 或 HAVING 子句内，也可以嵌套在其他子查询内。

在 SQL Server 中子查询是可以嵌套使用的，并且可以在一个查询中嵌套任意多个子查询，即一个子查询中还可以包含另一个子查询，这种查询方式称为嵌套子查询。子查询最多可以嵌套 32 层。

子查询可以分为单值子查询和多值子查询。

1. 单值子查询

单值子查询返回的结果集中只有一个值，然后将外层查询中的某一个字段的值与子查询返回的值进行比较。比较运算符 "=、>、<、>=、<=、!=" 一般用于连接单值比较的子查询中。

2. 多值子查询

所谓多值子查询，是指子查询返回的结果集中有多个值，然后将外层查询条件中的某一个字段的值与子查询返回的多个值进行比较。多值子查询中可以使用 IN、EXISTS、ANY、SOME 和 ALL 等关键字，这里介绍常用的 IN 和 EXISTS 关键字的用法，ANY、SOME、ALL 等关键字用法请参考联机丛书。

（1）IN 关键字

IN 关键字用来判断一个表中指定字段中的值是否包含在子查询返回的结果集中。IN 子查询语法如下：

```
测试表达式 [NOT] IN （ 子查询或其他表达式列表 ）
```

（2）EXISTS 关键字

EXISTS 子查询称为 "存在子查询"。如果子查询结果存在，则子查询返回的是 "True"；如果子查询结果不存在，则子查询返回的是 "False"。它常被用来判断子查询内是否存在满足查询条件的行，而对于查询结果的具体数据，子查询并不关心也不会被返回。EXISTS 子查询语法如下：

```
[NOT] EXISTS （ 子查询 ）
```

由于 EXISTS 子查询中只需要判断有无数据行符合子查询条件，而对符合条件的行有多少并不关心。因此，如果子查询一旦检索到符合条件的行，则不会继续检索。

任务实施与拓展

4.6.2 子任务实现

1. 根据课程的名称查询开设这门课程的所有课程班情况

分析：根据子任务 1 的要求，可以以下两步来完成：

第一步：在 TB_Course 表中查询出这门课程的课程编码，因为课程班信息表 TB_CourseClass 中只有课程编码信息"CourseID"；

第二步：按照课程编码信息在 TB_CourseClass 表中查询关于这门课程的所有课程班信息。

现在要解决的问题是，如何将以上两步骤的 T-SQL 查询语句用子查询的方式一步完成。

实现步骤如下：

01 打开 SSMS 窗口，在查询编辑器中输入以下代码。

```
USE DB_TeachingMS
GO
SELECT CourseClassID,CourseID,TeacherID,TeachingPlace,TeachingTime
FROM TB_CourseClass
WHERE CourseID=
(SELECT CourseID FROM TB_Course WHERE CourseName='C 语言程序设计')
```

02 单击"执行"按钮即可在数据库中查询得到相应的结果，如图 4-30 所示。

	CourseClassID	CourseID	TeacherID	TeachingPlace	TeachingTime
1	T080010401	C08002	T08001	4#多媒体208	1:3-4,3:1-2
2	T080010402	C08002	T08001	4#普通教室208	2:3-4,4:5-6

图 4-30　基于课程的课程班信息查询结果

2. 查询班中课程成绩不及格的学生学号、姓名、家庭住址、邮编

01 打开 SSMS 窗口，在查询编辑器中输入以下代码。

```
USE DB_TeachingMS
GO
SELECT StuID 学号,StuName 姓名,StuAddress 家庭住址,ZipCode 邮编
FROM TB_Student
WHERE StuID IN
(SELECT StuID FROM TB_Grade WHERE ClassID='040802' AND TotalScore<60)
```

02 单击"执行"按钮即可在数据库中查询得到相应的结果，如图 4-31 所示。

	学号	姓名	家庭住址	邮编
1	04080205	袁中标	安徽省芜湖市笆斗街60号	241000
2	04080210	韦涛	安徽省界首市河北乡新黄村31号	236500

图 4-31　成绩不及格学生的家庭联系信息

3. 查询存在成绩不及格学生的课程班相关信息

01 打开 SSMS 窗口，在查询编辑器中输入以下代码。

```
USE DB_TeachingMS
GO
```

```
SELECT CourseClassID 课程班编码,CourseName 课程名称,TeacherName 任课教师
FROM TB_CourseClass TCC,TB_Course TC,TB_Teacher TT
WHERE TCC.CourseID=TC.CourseID AND TCC.TeacherID=TT.TeacherID AND
CourseClassID IN
(SELECT CourseClassID FROM TB_Grade WHERE TotalScore<60)
```

02 单击〝执行〞按钮即可在数据库中查询得到相应的结果，如图 4-32 所示。

	课程班编码	课程名称	任课教师
1	T070020401	中国剪纸艺术	沈丽
2	T080010401	C语言程序设计	陈玲
3	T080010402	C语言程序设计	陈玲
4	T080030401	动态网页设计	龙永图

图 4-32　成绩不及格学生的课程班相关信息

建议在上述查询语句的子查询中加入 DISTINCT 关键字，为什么？

4．查询平均成绩大于或等于 80 分的课程班相关信息

01 打开 SSMS 窗口，在查询编辑器中输入以下代码。

```
USE DB_TeachingMS
GO
SELECT CourseClassID 课程班编码,CourseName 课程名称,TeacherName 任课教师
FROM TB_CourseClass TCC,TB_Course TC,TB_Teacher TT
WHERE TCC.CourseID=TC.CourseID AND TCC.TeacherID=TT.TeacherID AND
CourseClassID IN
(SELECT CourseClassID FROM TB_Grade GROUP BY CourseClassID
HAVING AVG(TotalScore)>=80)
```

02 单击〝执行〞按钮可在数据库中查询得到相应的结果，如图 4-33 所示。

	课程班编码	课程名称	任课教师
1	T080040401	Flash动画制作	黄三洁
2	T100020401	吉他弹唱	沈天一

图 4-33　平均成绩大于或等于 80 分的课程班相关信息

注意： 子查询中返回的字段名称必须与外层查询中需要与子查询匹配的字段名称（如关键字 IN 前面）一致，且子查询中返回的字段数只能是一个。

4.6.3　任务拓展

教务处管理学生课程选修的老师经常需要进行以下查询：只要存在任何一个课程班的选修人数不到最大允许选修人数的一半时，就要查看所有未选满（FullFlag 字段为〝U〞）的课程班信息。

可通过下述 T-SQL 语句实现上述查询要求。

```
USE DB_TeachingMS
GO
SELECT CourseClassID,CourseName,TeacherName,MaxNumber,SelectedNumber
FROM TB_CourseClass TCC,TB_Course TC,TB_Teacher TT
WHERE TCC.CourseID=TC.CourseID AND TCC.TeacherID=TT.TeacherID AND
FullFlag='U' AND EXISTS
(SELECT * FROM TB_CourseClass WHERE SelectedNumber<0.5*MaxNumber)
```

执行结果如图 4-34 所示。

	CourseClassID	CourseName	TeacherName	MaxNumber	SelectedNumber
1	T080040401	Flash动画制作	黄三清	8	6
2	T100020401	吉他弹唱	沈天一	5	2
3	T100050401	曹雪芹与红楼梦	曾远	5	3

图 4-34　未选满的课程班信息

4.7 ▶ 任务 7——创建学生课程成绩视图

任务描述与分析

为了让班主任查询学生课程成绩信息更加方便、快速和安全,要求用 T-SQL 语句为"4.5.2:子任务 3"(查询 TB_Grade 表中单个课程班的成绩),创建一个 VW_CourseGrade 视图,要求显示 StuID、StuName、ClassName、CourseName 和 TotalScore 字段,查询的表用相应的别名,按班级编码排序,让班主任今后只需直接从这个视图中查询他所需要的课程班成绩信息。

相关知识与技能

4.7.1　视图

视图(View)是从一个或多个表中派生出来的用于集中、简化和定制显示数据库中数据的一种数据库对象,是一个基于 SELECT 语句生成的数据记录集合。视图又称虚拟表,它所基于的表又称基表。数据库中只存储定义视图的 SELECT 语句,并不存储视图查询的结果集,不占物理存储空间。

视图和表很类似,两者都是由一系列带有名称的行和列的数据组成的,用户对表的数据操纵同样可用于视图,如通过视图可以检索和更新数据。但是视图并不等同于表,主要区别在于:表中的数据是存储在磁盘上的,而视图并不存储任何数据,视图中保存的只是 SELECT 语句。视图中的数据来源于基表,是在视图被引用时动态生成的。当基表中的数据发生变化时,由视图查询出来的数据也随之发生变化;当通过视图更新数据时,实际上是在更新基表中存储的数据。

在 SQL Server 中,将视图分为三类:标准视图、索引视图和分区视图。通常情况下所说的视图都是指标准视图,有关索引视图和分区视图的信息可以参考联机丛书。

1. 视图的创建

创建视图的 T-SQL 语法如下:

```
CREATE VIEW 视图名称
AS
   SELECT 查询语句
```

上述定义视图中的"查询语句"部分为定义视图的 SELECT 语句,视图中包含的数据取决于这个查询语句返回的结果。视图中不能包含 COMPUTE、COMPUTE BY 或 ORDER BY 子句,也不能包含 INTO 关键字和引用临时表。

2．视图数据更新

视图可以和基本表一样被查询，但是下面几种情形的视图在进行数据的增删、修改操作时，会受到一定的限制。

- ✪ 由两个以上的基本表导出的视图。
- ✪ 视图中有由函数表达式组成的字段。
- ✪ 视图定义中有嵌套查询。
- ✪ 在一个不允许更新的视图上定义的视图。

3．视图的优点

视图具有很多优点，具体表现在以下几个方面：

- ✪ 便于对特定数据的管理。视图能够将用户感兴趣的数据集中在一起，不必要或敏感数据可以不出现在视图里。不同用户可以不同方式看到不同的数据，无须对所有的用户开放整个数据表。
- ✪ 简化数据操作。在对数据库进行操作时，用户可以将经常使用的连接、联合查询等定义为视图，这样在每次执行相同的查询时，就不必再重新写这些查询语句，而可以直接通过视图查询，从而大大地简化用户对数据的操作。
- ✪ 导入导出数据。视图能够将需要导出的数据集中实现，从而方便将数据导出至其他应用程序。
- ✪ 安全机制。视图能够作为一种安全机制保护基表中的数据。系统通过用户权限的设置，允许用户可以通过视图访问特定的数据，避免用户直接访问基表，以便有效地保护基表中的数据。

4．视图加密

创建或修改视图时，如果使用 WITH ENCRYPTION 关键字，则会对视图内容进行加密保护，加密后的视图不能使用 SP_HELPTEXT 系统存储过程查看创建视图的 T-SQL 语句内容。

任务实施与拓展

4.7.2　创建 VW_CourseGrade 视图

01 打开 SSMS 窗口，在查询编辑器中输入以下 T-SQL 语句。

```
CREATE VIEW VW_CourseGrade
AS
SELECT TG.StuID 学号,StuName 姓名,ClassName 班级,CourseName 课程,
TotalScore 成绩
FROM TB_Grade TG,TB_Student TS,TB_Class TCL,TB_Course TC
WHERE TG.StuID=TS.StuID AND TG.ClassID=TCL.ClassID AND
TG.CourseID=TC.CourseID
AND CourseClassID='T080040401'
```

02 单击"执行"按钮，完成 VW_CourseGrade 视图的创建。在"对象资源管理器"中展开 DB_TeachingMS 数据库中的视图节点，可以看到刚刚创建的 VW_CourseGrade 视图，如图 4-35 所示。

图 4-35 对象资源管理器中的新建视图

如果在上述 T-SQL 语句的结尾部分加上一行 "ORDER BY StuName" 语句, 结果会如何?

03 在视图的创建中, 也可以通过定义参数的形式为字段指定别名。上述定义视图的 T-SQL 语句也可以改成如下形式:

```
CREATE VIEW VW_CourseGrade (学号,姓名,班级,课程,成绩)
AS
SELECT TG.StuID,StuName,ClassName,CourseName,TotalScore
FROM TB_Grade TG,TB_Student TS,TB_Class TCL,TB_Course TC
WHERE TG.StuID=TS.StuID AND TG.ClassID=TCL.ClassID AND
TG.CourseID=TC.CourseID
AND CourseClassID='T080040401'
```

04 要查看视图中的数据, 在查询编辑器中输入下述 T-SQL 语句:

```
SELECT * FROM VW_CourseGrade
```

05 单击 "执行" 按钮, 查询结果如图 4-36 所示。

06 如果要查询视图中课程成绩大于 80 分的学生课程成绩情况 (学号、姓名, 班级和成绩字段), 并按成绩降序排列, 可以用下述 T-SQL 语句实现。

```
SELECT 学号,姓名,班级,成绩
FROM VW_CourseGrade
WHERE 成绩>=80
ORDER BY 成绩 DESC
```

查询结果如图 4-37 所示。

	学号	姓名	班级	课程	成绩
1	04080101	任正非	04网络(1班	Flash动画制作	81
2	04020101	周灵灵	04机电(1班	Flash动画制作	87.6
3	04020104	汪德荣	04机电(1班	Flash动画制作	85.2
4	04080103	戴丽	04网络(1班	Flash动画制作	77.2
5	04080203	石江安	04网络(2班	Flash动画制作	69.4
6	04080106	龚玲玲	04网络(1班	Flash动画制作	87.2

图 4-36 新建视图中的信息查询结果

	学号	姓名	班级	成绩
1	04020101	周灵灵	04机电(1班	87.6
2	04080106	龚玲玲	04网络(1班	87.2
3	04020104	汪德荣	04机电(1班	85.2
4	04080101	任正非	04网络(1班	81

图 4-37 新建视图中的部分数据信息

4.7.3 任务拓展

1. 查看视图信息和视图创建 T-SQL 语句

如果要查看前面创建的 VW_CourseGrade 视图的相关信息, 可以用下述包含 SP_HELP 系统存储过程的 T-SQL 语句实现。

```
SP_HELP VW_CourseGrade
```

单击"执行"按钮，查询结果如图 4-38 所示。

	Name	Owner	Type	Created_datetime						
1	VW_CourseGrade	dbo	view	2010-05-01 15:53:46.263						

	Column_name	Type	Computed	Length	Prec	Scale	Nullable	Trim...	FixedL...
1	学号	char	no	8			no	no	no
2	姓名	char	no	8			no	no	no

	Identity	Seed	Increment	Not For Replication
1	No identity column defined.	NULL	NULL	NULL

	RowGuidCol			
1	No rowguidcol column defined.			

图 4-38　新建视图的相关信息

如果要查看创建 VW_CourseGrade 视图的 T-SQL 语句内容，可以用下述包含 SP_HELPTEXT 系统存储过程的 T-SQL 语句实现。

```
SP_HELPTEXT VW_CourseGrade
```

单击"执行"按钮，查询信息如图 4-39 所示。

	Text
1	CREATE VIEW VW_CourseGrade (学号,姓名,班级,课程,成绩)
2	AS
3	SELECT TG.StuID,StuName,ClassName,CourseName,TotalScore
4	FROM TB_Grade TG,TB_Student TS,TB_Class TCL,TB_Course TC
5	WHERE TG.StuID=TS.StuID AND TG.ClassID=TCL.ClassID AND
6	TG.CourseID=TC.CourseID AND CourseClassID='T080040401'

图 4-39　新建视图的创建语句

2.　重命名视图

如果要将前面创建的 VW_CourseGrade 视图的名称改为"VW_CourseClassGrade"，可以用下述 T-SQL 语句实现。

```
SP_RENAME VW_CourseGrade,VW_CourseClassGrade
```

3.　修改视图

如果要对前面重命名的 VW_CourseClassGrade 视图的内容进行修改（删除 CourseName 字段），并对这个视图进行加密操作，可以用下述 T-SQL 语句实现。

```
ALTER VIEW VW_CourseClassGrade (学号,姓名,班级,成绩) WITH ENCRYPTION
AS
SELECT TG.StuID,StuName,ClassName,TotalScore
FROM TB_Grade TG,TB_Student TS,TB_Class TCL
WHERE TG.StuID=TS.StuID AND TG.ClassID=TCL.ClassID AND
CourseClassID='T080040401'
```

此时，被修改后的视图将不能用 SP_HELPTEXT 系统存储过程查看创建 VW_CourseClassGrade 视图的 T-SQL 语句内容。

4. 删除视图

如果要将前面修改并加密的 VW_CourseClassGrade 视图删除，可以用下述 T-SQL 语句实现。

```
DROP VIEW VW_CourseClassGrade
```

如果要同时删除多个视图，视图名称之间要用逗号隔开。

4.8 ▶ 任务 8——构建"教学管理系统"网站

📄 任务描述与分析

根据前面的需求分析，为了让学生通过 IE 浏览器完成"课程选修"和"成绩查询"等功能，决定用 ASP.NET 来实现 B/S 架构的应用程序。项目经理孙教授要求第 3 项目小组先完成 Visual Studio.NET 开发环境的安装和相应的配置，再构建一个实现"教学管理系统"中"学生模块"相关功能的网站。

📎 相关知识与技能

4.8.1　ASP.NET 集成开发环境

要创建 ASP.NET 应用程序（网站、网页），必须先配置 ASP.NET 运行环境，Visual Studio.NET 2008 是使用和创建 ASP.NET 程序的一个集成环境。安装 ASP.NET 之前需要先安装以下组件：

- ❂ IIS 5.0 及以上版本
- ❂ Internet Explorer 5.5 及以上版本
- ❂ .NET Framework SDK

.NET Framework SDK 是 ASP.NET 程序执行的最关键的组件，如果安装了 Visual Studio.NET 开发平台（下文简称 VS.NET），则不需要再安装.NET Framework SDK，因为在安装 VS .NET 时，会自动安装.NET Framework SDK。

1. IIS

IIS（Internet Information Server）是一个 Web 服务器。IIS 最主要的功能是建立和发布 Web 页面。它是一种 Web 服务组件，支持 HTTP（Hypertext Transfer Protocol，超文本传输协议）、FTP（File Transfer Protocol，文件传输协议）以及 SMTP 协议。IIS 中包括 Web 服务器、FTP 服务器、NNTP 服务器和 SMTP 服务器，分别用于网页浏览、文件传输、新闻服务和邮件发送等方面，使得在网络（包括互联网和局域网）上发布信息成了一件很容易的事。

如果要发布自己的网站，首先要在服务器上安装 IIS，其次在 IIS 上建立自己网站的虚拟目录，最后就可以发布一个属于自己的网站了。

2. 虚拟目录

每个 Internet 服务可以从多个目录中发布。通过以通用命名约定（UNC）名、用户名及用于访问权限的密码指定目录，可将每个目录定位在本地驱动器或网络上。虚拟服务器可拥有一个物理目录和任意数量的其他发布目录。其他发布目录称为虚拟目录。

虚拟目录不出现在目录列表（也称为"http://www."服务的"目录浏览"）中。要访问虚拟目录，用户必须知道虚拟目录的别名，并在浏览器中键入 URL，对于"http://www."服务，还可在 HTML 页面中创建链接。

3．Visual Studio.NET

VS.NET 是一套完整的开发工具，用于生成 ASP.NET Web 应用程序、XML Web 服务、桌面应用程序和移动应用程序。Visual Basic NET、Visual C++.NET、Visual C#.NET 和 Visual J#.NET 使用统一的集成开发环境，该环境允许它们共享工程并创建混合语言解决方案。

在第一次启动 VS.NET 的起始页中设置为打开 Visual C#项目模板，以后再启动 VS.NET 2008 时，默认在起始页上可以选择打开和创建 Visual C#项目。

当创建或打开一个具体的项目后，开发人员将会经常和项目的"解决方案资源管理器"、"属性窗口"、"工具箱"和"服务器资源管理器"等打交道。

"解决方案资源管理器"用来组织、管理目前正在编辑的项目，可以重命名文件和删除文件，也可以创建新的文件和文件夹。在该窗口中，针对不同的项右击，在弹出的快捷菜单中会有一些很有用的菜单项供用户使用。在解决方案资源管理器的最上面，有一个工具栏，其中包括"属性"、"刷新"、"复制网站"、"嵌套相关文件"、"查看类关系图"、"ASP.NET 配置"等工具，通过这些工具，可以得到很多方便、快捷的功能。例如，单击"属性"按钮，可以直接切换到当前文件的属性页中。在类关系图中，用户可以清晰地获得当前项目中类的组织情况，以及每个类的基项、接口、成员变量和函数等。熟练使用解决方案资源管理器，将会大大提高工作效率。

"属性窗口"也是用户编程中需要经常使用的窗口，对每个组件，都可以在这里设置它的属性，从而大大简化编程过程。不同的组件对应不同的属性项。

"工具箱"中有各种各样的分类工具，用户可以从各种选项卡（标准、数据、验证、导航等）中直接把各种组件拖放到 Web 窗体上，这是 VS.NET 强大编程能力的根基所在。

"服务器资源管理器"是 Visual Studio.NET 的服务器管理控制台。使用服务器资源管理器可以打开数据连接，登录到服务器上，并显示服务器的数据库和系统服务，包括事件日志、信息列队、Crystal Reports 服务、系统服务等，还可以查看关于可用 Web 服务的信息以及生成到 SQL Server 和其他数据库的数据连接。如果将节点从服务器资源管理器中拖到 VS.NET 项目中，可以直接创建引用数据资源或者监视其活动数据组件，与数据资源进行交互。

当然，VS.NET 还提供了强大的、可视化的项目调试功能，用户可以设置断点、查看、监视变量和堆栈值，还可以直接使用命令窗口。

任务实施与拓展

4.8.2　安装和配置 IIS

01 单击"开始"菜单中的"控制面板"命令，打开"控制面板"窗口。

02 在"控制面板"窗口中双击"添加或删除程序"图标，打开"添加或删除程序"对话框，在弹出的对话框的左侧单击"添加/删除 Windows 组件"按钮，弹出如图 4-40 所示的"Windows 组件向导"对话框。

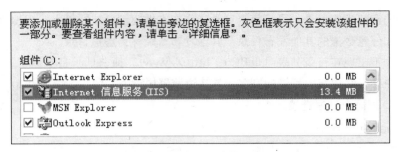

图 4-40　IIS 组件添加删除窗口

03 如果系统中安装过 IIS，则 Internet 信息服务选项是被启用的，如果没有安装则该选项没被选中。单击选择该选项，将操作系统的安装光盘插入光驱中，单击"下一步"按钮，按照提示操作即可安装 IIS。

04 安装完毕后，双击"控制面板"窗口的"管理工具"中的"Internet 信息服务"图标，打开"Internet 信息服务"窗口，在"网站"节点中的"默认网站"上右击打开快捷菜单，单击"浏览"命令。如果能打开如图 4-41 所示的画面，就说明 IIS 安装成功。也可直接打开 IE 浏览器，在地址栏中输入"http://localhost"，验证 IIS 安装是否成功。

图 4-41　IIS 安装测试页面

05 单击▲按钮启动 IIS 服务器。如要停止 IIS 服务器，可单击■按钮。

4.8.3　创建发布网站的虚拟目录

基于 ASP.NET 技术的"学生模块"网站必须通过 Internet 服务从虚拟目录中发布。创建"学生模块"网站的虚拟目录步骤如下：

01 在 F 盘上创建一个物理目录"F:\TeachingMS\Stu_Web"，用于存放构建"学生模块"网站的 ASP.NET 应用程序。

02 在"开始"菜单的"控制面板"中打开"管理工具"，双击"Internet 信息服务"启动它，弹出 IIS 窗口。在"默认网站"节点上右击，选择快捷菜单"新建"|"虚拟目录"命令，如图 4-42 所示。

图 4-42　"创建虚拟目录"快捷菜单

03 在弹出的"虚拟目录创建向导"窗口中，单击"下一步"，跳转到如图 4-43 所示的"虚拟目录别名"对话框，在"别名"栏中输入待建网站的逻辑名称"StuModel_Web"。

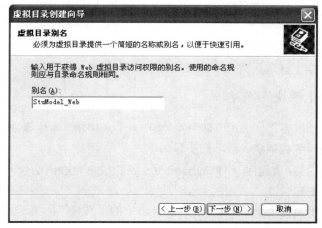

图 4-43　"虚拟目录别名"对话框

04 单击"下一步"按钮，出现如图 4-44 所示的对话框，在"目录"栏中单击"浏览"按钮，选择"学生模块"网站所在的物理目录"F:\TeachingMS\Stu_Web"。

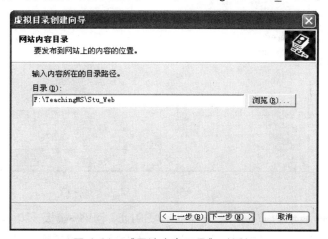

图 4-44　"网站内容目录"对话框

05 单击"下一步"按钮，出现如图 4-45 所示的"访问权限"对话框，采用默认选项，并单击"下一步"按钮，然后在出现的对话框中单击"完成"按钮，即完成虚拟目录的创建。

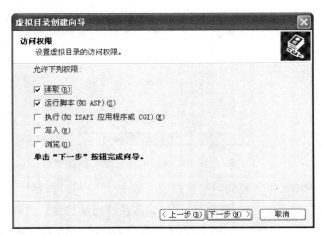

图 4-45 "访问权限"对话框

06 此时，可以在 IE 浏览器的地址栏中输入"http://localhost/StuModel_Web"来访问刚刚创建的"学生模块"网站中的默认首页"Default.aspx"。

4.8.4 构建"学生模块"网站

做好上述的各项准备工作之后，即可用 ASP.NET 来构建"学生模块"网站，创建网站中的第一个网页。构建"学生模块"网站的步骤如下：

01 选择"开始"|"所有程序"|"Microsoft Visual Studio 2008"命令，启动"Microsoft Visual Studio"开发环境。

02 选择"Microsoft Visual Studio"开发环境中的"文件"|"新建"|"网站"命令，弹出"新建网站"对话框，如图 4-46 所示。

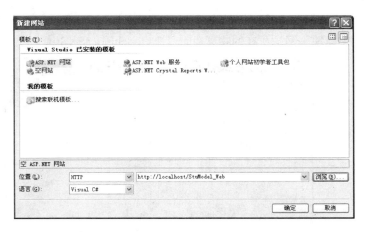

图 4-46 "新建网站"对话框

03 在如图 4-46 所示的"模板"栏中选择"ASP.NET 网站"模板，"语言"栏为默认的"Visual C#"，单击"语言"栏中的"浏览"按钮，选择已经创建的虚拟目录"StuModel_Web"。

04 单击"确定"按钮，即可在 VS .NET 中创建一个 ASP.NET 网站。弹出的 VS .NET 开发窗口如图 4-47 所示。开发环境中主要有 4 个区域，"解决方案资源管理器"窗口、"文件"窗口、"工具箱"窗口和"属性"窗口。

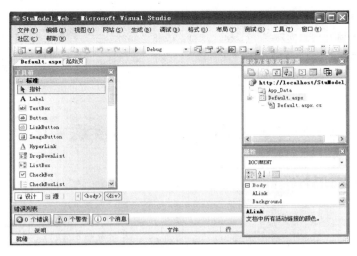

图 4-47　VS .NET 开发环境

05 "文件"窗口有两种视图，单击窗口底部的"设计"和"源"按钮可以相互切换。在 "Default.aspx"文件的源代码窗口中输入"我的第一个 ASP.NET 网站"。

06 在"工具箱"窗口中分别点选一个 Label 和 Button 组件，将它们拖放到"文件"窗口中 "Default.aspx"文件的"设计"界面中。在组件的"属性"窗口将 Label1 组件的 Text 属性改为"按钮："，如图 4-48 所示。

图 4-48　首个网页界面

07 单击 VS.NET 开发平台中的"启动调试"按钮，即可浏览"Default.aspx"网页的运行效果。若弹出如图 4-49 所示的"未启用调试"对话框来显示出错信息，则要在 IIS 的"默认网站"的"属性"的"目录安全性"页面中单击"匿名访问和身份验证控制"项中的"编辑"按钮，并在弹出的"身份验证方法"窗口中的"用户访问需经过身份验证"栏内选择"集成 Windows 身份验证"。

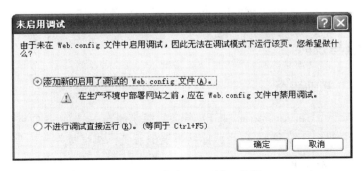

图 4-49　"未启用调试"对话框

注意："`.aspx`"是 ASP.NET 的页面文件，"`aspx.cs`"是程序代码文件，"`aspx.resx`"是资源文件。ASP.NET 提倡页面与代码分离，把页面内容（HTML 方面）放在"`aspx`"中，程序代码专门放在"`aspx.cs`"文件中，"`.cs`"指的是 C#代码。看程序时，只需看"`aspx`"和"`aspx.cs`"就可以了，"`aspx.resx`"是自动生成的，暂时不用考虑。

4.9 ▶ 任务 9——"学生模块"登录功能实现

📋 任务描述与分析

"学生模块"的网站构建好以后，为了让学生正常访问，必须建立一个合法的登录机制：学生用学号进行登录，并输入自己的密码，系统对输入的"学号"和"密码"在数据库里进行验证，验证通过后显示"课程选修"和"成绩查询"功能页面的链接入口。

第 3 项目小组根据项目经理的要求，按照如图 4-50 所示的登录模块功能流程图来实现"学生模块"的登录功能。

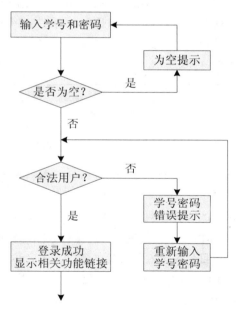

图 4-50　学生模块网站登录流程

📎 相关知识与技能

4.9.1　ASP.NET 基础概念

ASP.NET（Active Server Pages.NET）是微软提供的新一代 Web 应用程序开发平台，它为开发人员提供了生成企业级 Web 应用程序所需要的服务、编程模型和软件基础结构。

1．.NET Framework

ASP.NET 本身是.NET Framework 架构的一部分，.NET Framework 包含了大量用于满足开

发人员编程需要的类库。

.NET Framework 是支持生成、运行下一代应用程序和 XML Web 服务的内部 Windows 组件，是 Visual Studio.NET 应用程序开发环境的核心。它定义了语言之间相互操作的规则，以及如何把应用程序编辑为可执行代码，并负责管理 Visual Studio.NET 任何语言创建的应用程序的执行。

.NET Framework 具有两个主要组件库：公共语言运行库（Common Language Runtime Library，CLR）和.NET Framework 类库（Framework Class Library，FCL）。CLR 是.NET Framework 的基础，是执行管理代码的代理，它提供内存管理、线程管理和远程处理等核心服务。FCL 是一个综合性的面向对象的可重用类型集合，用户可以使用它开发多种应用程序。

2．ASP.NET

ASP.NET 是一种已编辑的、基于.NET 的环境，在这种环境里可以用任何与.NET 兼容的语言（例如 C#、Visual Basic.NET 等）构造 Web 程序，所有 ASP.NET 的应用程序都可以使用整个.NET Framework。

ASP.NET 不仅通过 Visual Studio.NET 等编程工具为开发人员开发 Web 页提供了方便的图形化支持，还集成了"所见即所得"的 HTML 编辑器功能，这使得 Web 开发变得更加方便。通过 ASP.NET 的"页框架"编辑框架，Web 开发人员可以将服务器控件拖放到 Web 页上，它在 Web 服务器上运行并动态地生成和管理 Web 窗体页。

在 Visual Studio.NET 中，Web 窗体提供了窗体设计器、编辑器、控件和调试功能，这些使得为浏览器和 Web 客户端生成基于服务器的可编程用户界面变得更加快捷。在 Web 窗体中，用户还可以使用属性、方法和事件处理 HTML 元素，也可以使用 ASP.NET 服务器控件创建用户接口元素，并对它们编程实现常见的功能。

ASP.NET 页框架为响应运行于服务器上代码中的客户端事件提供了统一的模型，用户无须考虑 Web 应用程序中客户端和服务器相隔离的实现细节。同样，ASP.NET 可以对基于.NET 平台企业服务器（如 SQL Server）的数据库产品进行访问，完成对数据库包括查询、更新、管理在内的各项数据操作。

3．C#语言

C#（读作 C Sharp）语言是开发 ASP.NET 应用程序的首选语言之一，而且 ASP.NET 平台本身也是使用 C#语言开发的。

C#是 Microsoft 公司在 C++和 Java 两种语言的基础上针对.NET 框架开发的一种语言，它是一种集简单、面向对象、类型安全和平台独立等特点于一身的新型组件编程语言。C#的语法风格源自 C/C++语言，融合了 Visual Basic 语言简单易用和 C++语言功能强大的特点，是 Microsoft 为奠定其下一代互联网霸主地位而开发的.NET 平台的主流语言。

C#语言推出后，以其强大的操作能力、简单的语法风格、创新的语言特性、便捷的面向组件编程的支持，深受世界各地程序员的好评和喜爱。

4.9.2　ADO.NET 对象

在 ASP.NET 应用程序开发中，经常会连接并使用数据库，对数据库中的数据进行各种操作和显示。ADO.NET 是.NET 架构中用于数据库访问的组件，是专门为基于消息的 Web 应用程序而设计的，其对象模型如图 4-51 所示。

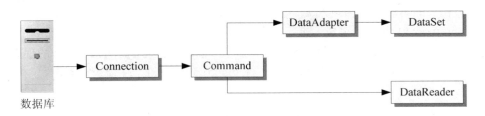

图 4-51　ADO.NET 对象模型

为了访问各种不同的数据库系统或者不同的数据源，ADO.NET 提供了 4 种常用的核心对象，分别是 Connection、Command、DataReader 和 DataAdapter 对象。每个对象的具体功能如表 4-6 所示。

表 4-6　ADO.NET 核心对象

对象	说明
Connection	建立与特定数据源的连接
Command	对数据源执行命令
DataReader	从数据源中读取只进且只读的数据流
DataAdapter	用数据源填充 DataSet 并解析更新

这里重点介绍 Connection、Command 和 DataReader 三个对象。

1．Connection 对象

Connection 对象主要处理对数据库的连接和管理数据库事务，它是操作数据库的基础，是应用程序和数据源之间唯一的会话。连接 SQL Server 数据库的对象是 SqlConnection 对象，可以使用 SqlConnection 对象的 ConnectionString 属性获取或设置用于打开 SQL Server 数据库的连接字符串。该连接字符串中包含了连接数据库的信息，如登录用户名、密码等。

SqlConnection 对象的常用属性和方法如表 4-7 所示。

表 4-7　SqlConnection 对象的常用属性和方法

名称	属性/方法	说明
ConnectionString	属性	获取或设置用户打开 SQL Server 数据库的连接字符串
ConnectionTimeout	属性	获取或设置在尝试建立连接时所等待的时间
DataBase	属性	获取或设置当前数据库或连接打开后要使用的数据库的名称
DataSource	属性	获取要连接的 SQL Server 数据库所在的服务器
ServerVersion	属性	获取或设置包含客户端连接的 SQL Server 实例的版本字符串
State	属性	获取或设置连接的当前状态
Open	方法	打开数据库连接
Close	方法	关闭数据库连接

2．Command 对象

对数据库的操作有查询、插入、更新和删除等，这些操作都是 ASP.NET 开发中经常用到的。在创建 Connection 对象后，就需要创建 Command 对象实现对数据库的操作，操作 SQL Server 数据库的对象为 SqlCommand 对象。

SqlCommand 对象的常用属性如表 4-8 所示。

表 4-8　SqlCommand 对象的常用属性

属性	说明
CommandText	获取或设置要对数据源执行的 T-SQL 语句或存储过程
CommandTimeout	获取或设置在终止执行命令的尝试并生成错误之前的等待时间
CommandType	获取或设置一个值，该值指定如何解释 CommandType 属性
Connection	获取或设置 SqlCommand 的实例使用的 SqlConnection
Parameters	获取 SqlParameterCollection

属性中的 CommandText 是命令字符串，它包含执行命令的文本内容，通常是 SQL 语句或数据源中存储过程的名称，由 CommandType 属性的值（"Text" 或 "Stored Procedure"）确定。

SqlCommand 对象还包含了一些常用的方法，如表 4-9 所示。

表 4-9　SqlCommand 对象的常用方法

属性	说明
Cancel	试图取消 SqlCommand 的执行
CreateParameter	创建 SqlParameter 对象的新实例
Dispose	释放由 Component 占用的资源
ExecuteNonQuery	对 Connection 执行 T-SQL 语句并返回受影响的行数
ExecuteReader	将 CommandText 发送到 Connection，并生成一个 SqlDataReader 对象
ExecuteScalar	执行查询，并返回查询结果集中第一行的第一列，忽略其他行和列
ExecuteXmlReader	将 CommandText 发送到 Connection，并生成一个 XmlReader 对象

3. DataReader 对象

数据读取器（DataReader）对象是一个简单的数据集，用于从数据源中检索只读、只进的数据流。数据流是未缓冲的，在检索大量数据时，DataReader 对象在内存中始终只有一行，所以使用 DataReader 对象可提高应用程序的性能并减少系统开销。

DataReader 对象具有以下特性：

✪ 只能读取数据，没有创建、修改和删除数据库记录的功能。

✪ 一种只进的读取数据方式，不能返回读取上一条记录。

✪ 不能在 IIS 中保持数据，而是把数据传递到显示位置。

DataReader 对象的主要属性和方法如表 4-10 所示。

表 4-10　DataReader 对象的常用属性和方法

名称	属性/方法	说明
HasRows	属性	DataReader 中是否包含一行或多行记录
IsClosed	属性	获取一个值，该值指示数据读取器是否已经关闭
FiledCount	属性	当前行中的列数
GetValue	属性	获取以本机格式表示的值所指定的列的值
Close	方法	关闭 SqlDataReader 对象

（续表）

名称	属性/方法	说明
GetBoolean	方法	获取指定列的布尔形式的值
GetDataTypeName	方法	获取源数据类型的名称
GetName	方法	获取指定列的名称
GetValues	方法	获取当前行的集合中的所有属性列
Read	方法	使用 SqlDataReader 对象前进到下一记录
IsDBNull	方法	获取一个值，该值指示列中是否包含不存在的或缺少的值

同样地，操作 SQL Server 数据库的对象为 SqlDataReader 对象，要创建 SqlDataReader 对象，必须调用 SqlCommand 对象的 ExecuteReader()方法。

任务实施与拓展

4.9.3　快速原型设计

根据登录功能流程图，"学生模块"的登录界面设计如图 4-52 所示，主要由"学号"和"密码"两个文本框，"Submit"和"Reset"两个按钮组成。

登录成功后，显示界面如图 4-53 所示。界面中显示该学生的欢迎信息，以及"课程选修"和"成绩查询"功能链接。

图 4-52　学生模块网站登录设计界面　　　　图 4-53　学生模块网站登录成功界面

如果没有输入学号或密码，单击"Submit"按钮，将弹出一个提醒窗口，提示"学号或密码不能为空！！！"，如图 4-54 所示。

如果输入的学号或密码有误，单击"Submit"按钮后，将弹出一个错误提醒窗口，提示"学号或密码错误，请重新登录！！！"，如图 4-55 所示。

图 4-54　学号或密码为空提示　　　　图 4-55　学号或密码错误提示

4.9.4　登录网页布局与设计

01　运行 VS 2008，在启动界面的"起始页"的"最近的项目"栏中选择"StuModel_Web"

网站，如图 4-56 所示。

02 清空 "Default.aspx" 网页 "设计" 窗口中的内容，在 VS 开发环境右下角的 "属性" 窗口中将整个网页 DOCUMENT 对象的 Style 属性设置为 "TEXT-ALIGN: center"。

03 从工具栏中拖放如图 4-57 所示的相关组件到 "Default.aspx" 网页中，先在网页中输入 "学生模块登录" 文本，然后拖放两个 Panel 组件，最后将其他组件拖放到两个 Panel 组件中。

图 4-56　最近项目选择窗口

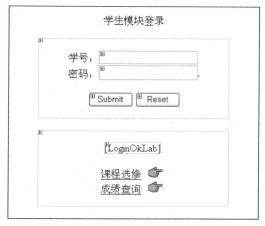

图 4-57　学生模块登录页面设计布局

注意： 登录验证前只显示上面一个 Panel 组件及其相关的内容，登录验证成功后隐藏上面一个 Panel 组件，同时显示下面一个 Panel 组件及其相关的内容。

04 "学号："、"密码："、"课程选修" 和 "成绩查询" 文字直接在相关的 Panel 组件中输入即可。

05 设置图 4-57 中的各个组件的属性，如表 4-11 所示。

表 4-11　学生模块登录页面组件属性

组件 ID	组件类型	说明
LoginPanel	Panel	Height 和 Width 属性：50px 和 300px
LoginOkPanel	Panel	Height 和 Width 属性：50px 和 300px；Visible 属性：False
StuIDTextBox	TextBox	Width 属性：150px
PassTextBox	TextBox	Width 属性：150px；TextMode 属性：Password
LoginSubmitBtn	Button	Width 属性：70px；Text 属性：Submit
LoginResetBtn	Button	Width 属性：70px；Text 属性：Reset
LoginOkLabel	Label	

06 在 Visual Studio.NET 开发环境右上角的 "解决方案资源管理器" 窗口的网站 "http://localhost/TeachingMS_Web" 上右击，在弹出的快捷菜单中单击 "添加新项" 项，弹出一个对话框，选择 "Web 窗体" 项，在对话框中的 "名称" 栏内输入 "SelectCourse.aspx"。

07 单击 "确定" 按钮，即可在 "http://localhost/TeachingMS_Web" 站点内新建一个名称为 "SelectCourse.aspx" 的空白网页，作为登录成功后 "课程选修" 的链接对象。用同样的方法再创建一个空白网页"StuGradeQuery.aspx",作为登录成功后"成绩查询"的链接对象。

08 同样,在"解决方案资源管理器"窗口的网站"http://localhost/TeachingMS_Web"上右击,在弹出的快捷菜单中单击"新建文件夹"项,新建一个名称为"Images"的文件夹,然后在资源管理器中将图片文件"Finger.jpg"复制即可,用于登录成功区域图片的显示。

09 在"Default.aspx"网页"源"窗口中,将标题栏的内容改为:"<title>学生模块登录</title>"。同时将文本"课程选修"和"成绩查询"处的源代码修改为:

```
<a href="SelectCourse.aspx">课程选修</a> <img
src="Images/Finger.jpg" alt="Finger.jpg"/><br />
<a href="StuGradeQuery.aspx">成绩查询</a> <img
src="Images/Finger.jpg" alt="Finger.jpg"/><br />
```

4.9.5 登录处理功能实现

1. 学号或密码为空检验

为实现如图 4-56 所示的学号或密码为空检验功能,在"default.aspx"文件的"设计"窗口中双击"Submit"按钮,切换到"default.aspx.cs"文件中,在"Submit"按钮单击事件的方法"LoginSubmit_Click(object sender,EventArgs e)"中输入下列代码即可。

```
if ((StuIDTextBox.Text == "") || (PassTextBox.Text == ""))
{
Response.Write("<SCRIPT language='javascript'>alert('学号或密码不能
为空!!!'); </SCRIPT>");
}
else
{
// 学号密码框不为空处理代码
}
```

2. 学号和密码重置

为实现如图 4-56 所示的学号或密码重置功能,在"default.aspx"文件的"设计"窗口中双击"Reset"按钮,切换到"default.aspx.cs"文件中,在"Reset"按钮单击事件的方法"LoginReset_Click(object sender,EventArgs e)"中输入下列代码即可。

```
StuIDTextBox.Text = "";
PassTextBox.Text = "";
```

3. 合法用户登录处理

如果输入的学号和密码都不为空,则系统需要连接数据库来验证用户的学号和密码是否正确,为实现如图 4-57 所示的用户登录成功功能,在上述"学号或密码为空检验"代码中的"学号密码框不为空处理代码"处输入下列代码即可。

```
string StuID = this.StuIDTextBox.Text;          //用户名
string StuPassword = this.PassTextBox.Text;   //密码框
SqlConnection TeachingWebConn = new SqlConnection
("server=JYPC-PYH;uid=sa;pwd=123;database=Teaching_System");
TeachingWebConn.Open();              //数据库连接打开
SqlCommand LoginCmd = new SqlCommand("SELECT * FROM TB_Student WHERE
```

```
StuID='" +
StuID + "' AND SPassword='" + StuPassword +"'", TeachingWebConn);
SqlDataReader RsLogin = LoginCmd.ExecuteReader();
RsLogin.Read();
if (RsLogin.HasRows)
{
LoginOkLab.Text = RsLogin["StuName"].ToString()+",欢迎您登录成功！";
this.LoginPanel.Visible = false;      //隐藏登录区域
this.LoginOkPanel.Visible = true;        //显示登录成功区域
}
else
{
// 学号或密码错误处理代码
}
RsLogin.Close();                  //登录记录集关闭
TeachingWebConn.Close();           //数据库连接关闭
```

4．学号或密码错误提示

为实现如图 4-57 所示的学号或密码错误提示功能，在上述"合法用户登录处理"代码中的"学号或密码错误处理代码"处输入下列代码即可。

```
Response.Write("<SCRIPT language='javascript'>alert('学号或密码错误，
请重新登录！！！'); </SCRIPT>");
```

4.10 ▶ 任务 10——学生个人成绩查询功能实现

📋 任务描述与分析

每学期的学生课程成绩录入到"教学管理系统"数据库后，学生可以随时随地通过网络登录到"学生模块"网站上进行自己个人的课程成绩查询。为了实现该功能，第 2 项目小组决定由唐小磊同学来开发相应的"学生个人成绩查询"页面，让学生能够快速、方便、及时地查询自己的成绩。

📎 相关知识与技能

4.10.1　ADO.NET 和 Session 对象

1．DataAdapter 对象

DataAdapter 对象可以用于检索和更新数据库，或从数据源中获取数据，填充 DataSet 对象中的表，以及对 DataSet 对象进行更改，提交回数据源，该对象是 DataSet 对象和数据库之间的桥梁。经常采取的形式是对 T-SQL 语句或存储过程的调用，这些语句或存储过程被调用时即可实现对数据库的读写。

ADO.NET 允许以两种方式从数据库中检索数据：一种是使用 DataReader 对象，它的检索是只读的、向前的数据流；第二种是使用 DataAdapter 对象，该对象与 DataSet 对象紧密配合，

创建数据的内存表示。这两种检索方式的主要区别在于它们与数据库的连接方式。DataReader 对象首先通过打开一个连接来检索数据库的信息，然后执行 SQL 命令，最后搜索要检索的记录，当不再有操作时关闭连接。而 DataAdapter 对象仅仅在需要填充 DataSet 对象时才使用数据库连接，在完成操作后将释放所有服务器资源。

DataAdapter 对象的常用属性和方法如表 4-12 所示。

表 4-12　DataAdapter 对象的常用属性和方法

名称	属性/方法	说明
InsertCommand	属性	获取或设置一个 SQL 语句或存储过程，以便在数据源中插入记录
SelectCommand	属性	获取或设置一个 SQL 语句或存储过程，以便在数据源中选择记录
UpdateCommand	属性	获取或设置一个 SQL 语句或存储过程，以便在数据源中更新记录
DeleteCommand	属性	获取或设置一个 SQL 语句或存储过程，以便在数据源中删除记录
Fill	方法	在 DataSet 中添加或刷新行以匹配数据源中的行
Update	方法	为 DataSet 中每个已经插入、更新或删除的行调用相应的 SQL 语句

2．DataSet 对象

DataSet 对象是 ADO.NET 中最复杂的对象，该对象选定的数据在内存中的表示方法与在数据库中的组织方式是一样的，数据集中的数据以记录的方式组织成表。在 ASP.NET 开发中可以使用 DataSet 对象以脱机的方式来操纵数据，这样不但节省系统资源也提高了应用程序的性能。

DataSet 对象与 DataReader 对象一样也提供一个记录集，但不像使用 DataReader 对象那样有一定的限制。DataSet 对象中可以包括一个或多个 DataTable，并且还包括 DataTable 之间的关系、约束等。DataSet 对象的结构如图 4-58 所示。

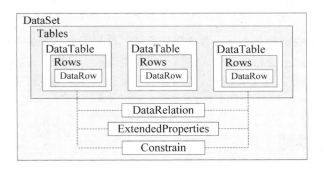

图 4-58　DataSet 对象的功能结构

DataSet 对象的基本组成包括 3 个部分：Tables、Relations 和 ExtendedProperties。Tables 属性是一个 DataTableCollection 对象，它包含一个或多个 DataTable 对象，每个 DataTable 对象代表数据源中的一个表，每个 DataTable 又由 Columns 集合和 Rows 集合组成。Relations 属性是一个 DataRelationCollection 对象，它包含一个或多个 DataRelation 对象，该对象根据外部键值在两个表之间定义父子关系。ExtendedProperties 属性是一个 PropertyCollection 对象，它包含一个或多个用户自定义属性并能存储与 DataSet 相关的自定义数据。

DataSet 对象的主要属性和方法如表 4-13 所示。

表 4-13　DataSet 对象的主要属性和方法

名称	属性/方法	说明
DataSetName	属性	当前 DataSet 的名称
NameSpace	属性	DataSet 的命名空间
HasErrors	属性	Boolean 类型，标记 DataSet 表中是否存在错误
Tables	属性	当前 DataSet 中包含表的集合
Relation	属性	当前 DataSet 表之间关系的集合
DefaultViewManger	属性	DataSet 所包含数据的自定义视图
CaseSensitive	属性	DataSet 中数据是否对大小写敏感
Copy	方法	复制 DataSet 的结构和数据
Clone	方法	复制 DataSet 的结构，但不复制其数据
Clear	方法	清除 DataSet 的数据
AcceptChanges	方法	将自从装载 DataSet 以来，或上次执行 AcceptChanges 之后的修改结果提交给 DataSet 中的表或关系
GetChanges	方法	返回一个 DataSet 对象，它包含自从装载 DataSet 以来，或上次执行 AcceptChanges 之后所有的修改结果
HasChanges	方法	表示自从装载 DataSet 以来，或上次执行 AcceptChanges 之后 DataSet 的内容是否有改动

3．Session 对象

Session 在计算机中，尤其是在网络应用中，称为“会话”。Session 直接翻译成中文比较困难，一般都译成“时域”。在计算机专业术语中，Session 是指一个终端用户与交互系统进行通信的时间间隔，通常指从注册进入系统到注销退出系统之间所经过的时间。

具体到 Web 应用中，Session 指的就是用户在浏览某个网站时，从进入网站到浏览器关闭所经过的这段时间，也就是用户浏览这个网站所花费的时间。因此从上述的定义中可以看出，Session 实际上是一个特定的时间概念。Session 对象可以存储需要在整个用户会话过程中保持其状态的信息，例如登录信息或用户浏览 Web 应用程序时需要的信息。

由于 Session 是以文本文件形式存储在服务器端的，所以无须担心客户端修改 Session 的内容。因此，可以用 Session 对象来存储与用户登录相关的信息，然后在不同网页之间共享这些登录信息。

注意： Session 变量默认存在的生命周期为 20 分钟，当然也可以修改它的作用时间。

4.10.2　Web.config 和 Global.axax 文件

1．Web.config 配置文件

Web.config 文件是一个 XML 文本文件，它用来存储基于 ASP.NET 的 Web 应用程序的配置信息（如最常用的设置 ASP.NET Web 应用程序的身份验证方式），它可以出现在应用程序的每一个目录中。当用户通过.NET 新建一个 Web 应用程序后，默认情况下会在根目录自动创建一个默认的 Web.config 文件，文件中包括默认的配置设置，所有的子目录都继承它的配置设置。如果想修改子目录的配置设置，可以在该子目录下新建一个 Web.config 文件。它可以提供除从父目录继承的配置信息以外的配置信息，也可以重写或修改父目录中定义的设置。

2．Global.asax 文件

Global.asax 文件是一个可选文件，用户可以在该文件中指定事件脚本，并声明具有会话和应用程序作用域的对象。该文件是用来存储事件信息和由应用程序全局使用的对象，譬如"用户身份验证、应用程序启动以及处理用户会话"等。

该文件的名称必须是 Global.asax，且必须存放在应用程序的根目录中，每个应用程序只能有一个 Global.asax 文件。Global.asax 文件是自配置的，出于安全目的，不允许外部通过 URL 访问。

任务实施与拓展

4.10.3 快速原型设计

学生个人成绩查询页面如图 4-59 所示，主要由"学号"和"姓名"文本区域，以及个人成绩显示区域组成。

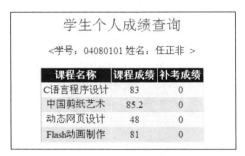

图 4-59 学生个人成绩查询页面

4.10.4 学生个人成绩查询网页布局与设计

01 运行 VS 2008，打开"StuModel_Web"网站，添加一个名称为"StuGradeQuery.aspx"的新网页文件。

02 从工具栏中拖放相关组件到"StuGradeQuery.aspx"网页中，如图 4-60 所示。

其中，GridView 组件是 ASP.NET 新一代的表格型数据控件，具有十分强大的功能，并改良了其数据处理的运作模式，使得数据库网页应用程序的开发更加有效、快捷。

03 设置图 4-60 中的两个组件的属性，如表 4-14 所示。

表 4-14　学生个人成绩查询页面组件属性

组件 ID	组件类型	说明
StuIDNameLabel	Label	居中
StuGradeGView	GridView	居中；自动套用格式，"雨天"；

04 单击图 4-60 中的 GridView 组件右上角的 ▶ 按钮，弹出如图 4-61 所示的对话框，单击"自动套用格式"项，弹出"自动套用格式"窗口，在"选择架构"栏内选择"雨天"格式，然后单击窗口中的"确定"按钮即可完成 GridView 组件的自动格式套用。

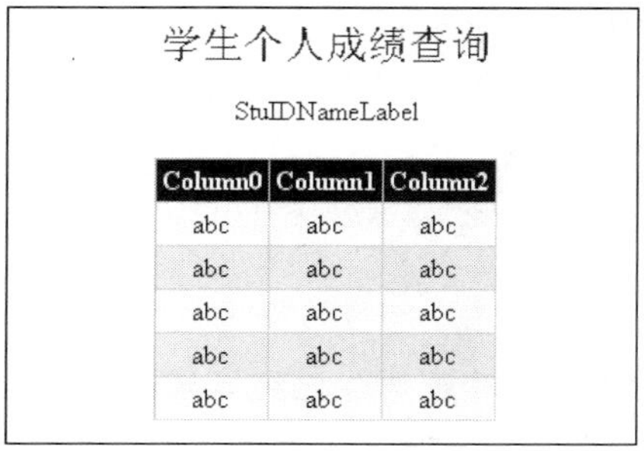

图 4-60　学生个人成绩查询页面设计布局

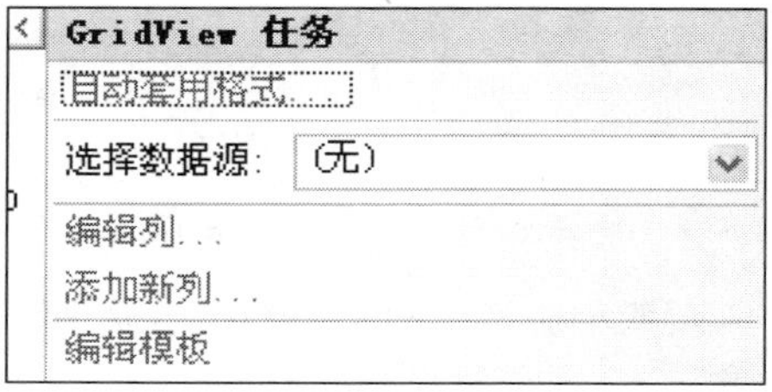

图 4-61　GridView 组件设置菜单

4.10.5　学生成绩查询功能实现

考虑到网站中很多页面都需要连接数据库，进行相应的数据操作。可以将数据库连接字符串统一设置到"Web.config"文件中，任何页面需要连接数据库时都只需从"Web.config"文件中获取数据库连接字符串，这样更有利于以后应用程序对数据库连接的维护。

在开发环境中打开"Web.config"文件，找到"connectionStrings"处，用下述代码替代。

```
<connectionStrings>
<add  name="ConnStr" connectionString="Data
Source=JYPC-PYH;Database=DB_TeachingMS;
uid=sa;pwd=123;"/>
</connectionStrings>
```

1．学号及学生姓名获取

为实现学生个人成绩查询，"StuGradeQuery.aspx.cs"文件需要获取学生的学号和姓名信息，而学生的学号和姓名在学生登录后可以获取，即执行了登录页面代码文件"Default.aspx.cs"后可以获取。

在"解决方案资源管理器"窗口的站点"http://localhost/TeachingMS_Web"上右击，在弹出的快捷菜单中单击"添加新项"项，弹出一个对话框，选择"全局应用程序类"项，单击"添加"按钮，即可在站点根目录中创建一个"Global.asax"文件。

双击打开"Global.asax"文件，在方法"void Session_Start(object sender, EventArgs e)"处定义两个全局 Session 对象："Session["StuID"]"和"Session["StuName"]"。代码如下：

```
void Session_Start(object sender, EventArgs e)
{
// 在新会话启动时运行的代码
Session["StuID"] = "";
Session["StuName"] = "";
}
```

因此，需要在"Default.aspx.cs"文件中给这两个全局 Session 变量赋值，以便在不同网页间传递学生的学号和姓名信息，相关代码如下：

```
if (RsLogin.HasRows)
{
LoginOkLabel.Text = RsLogin["StuName"].ToString()+",欢迎您登录成功! ";
```

```
this.LoginPanel.Visible = false;    //隐藏登录区域
this.LoginOkPanel.Visible = true;     //显示登录成功区域
Session["StuID"] = RsLogin["StuID"].ToString();
Session["StuName"] = RsLogin["StuName"].ToString();
}
```

2. 成绩查询并绑定显示

获取相应学生的学号和姓名后,即可通过 SQL 查询语句查出学生已经修学过的课程成绩。双击"StuGradeQuery.aspx"文件设计页面的空白处,进入页面的"protected void Page_Load(object sender, EventArgs e)"方法,输入下述代码即可完成学生个人的成绩查询功能。

```
protected void Page_Load(object sender, EventArgs e)
{
//从全局 Session 变量获取学生的学号和姓名
    StuInfoLabel.Text = "<学号: " + Session["StuID"].ToString() + " 姓名:
" +
Session["StuName"].ToString() + ">";
//建立数据库连接, 从 Web.config 文件获取数据库连接字符串
SqlConnection StuGradeConn = new SqlConnection();
StuGradeConn.ConnectionString =
ConfigurationManager.ConnectionStrings["ConnStr"].ToString();
StuGradeConn.Open();
//创建查询 SQL 语句, 并用 SqlDataAdapter 对象获取数据
SqlCommand StuGradeCmd = new SqlCommand("SELECT CourseName 课程名
称,TotalScore
课程成绩,RetestScore 补考成绩 FROM TB_Grade TG,TB_Course TC WHERE
TG.CourseID=TC.CourseID AND StuID='" + Session["StuID"].ToString() +
"'", StuGradeConn);
SqlDataAdapter StuGradeAdapter = new SqlDataAdapter(StuGradeCmd);
//将 SqlDataAdapter 对象中的数据填充到 DataSet 对象的表"StuGradeTable"中
DataSet StuGradeDS = new DataSet();
StuGradeAdapter.Fill(StuGradeDS, "StuGradeTable");
//关闭数据库连接
StuGradeConn.Close();
//绑定数据到 GridView 显示
this.StuGradeGView.DataSource = StuGradeDS.Tables["StuGradeTable"];
this.StuGradeGView.DataBind();
}
```

4.11 模块小结

本模块详细介绍了结构化查询语言(Structured Query Language, SQL)的数据操纵语言

(DML) 中的 SELECT 查询语句以及与 SELECT 查询密切相关的视图。在此基础上，用 ASP.NET 技术构建了"教学管理系统"的"学生模块"网站，并实现了相应的学生模块登录和学生个人成绩查询功能。相关的关键知识点主要有：

- ✪ SELECT…WHERE…ORDER BY 语句。
- ✪ GROUP BY、HAVING 子句进行统计查询。
- ✪ 多表联合查询方法：交叉连接、内连接、外连接和合并查询等。
- ✪ 子查询：单行子查询、多行子查询、存在子查询等。
- ✪ 视图的概念和优点，以及创建、修改和删除视图的方法。
- ✪ IIS 的概念、相关知识，以及安装和配置方法。
- ✪ ASP.NET 构建网站的方法和技术。
- ✪ 用 ADO.NET 对象连接 SQL Server 数据库的方法。
- ✪ 用 ADO.NET 对象获取及显示数据库数据的方法。

📊 实训操作

（1）按照任务 4-8 的思路和方法，构建一个"教师模块"网站。

（2）"教师模块"的网站构建好以后，为了让教师正常访问，必须建立一个合法的登录机制：教师用教工号（TeacherID）进行登录，并输入自己的密码，系统对输入的"教工号"和"密码"在数据库里进行验证，验证通过后显示"课程班成绩录入"、"课程班成绩查询"和"个人信息查询"功能页面的链接入口。

（3）建立一个"教师个人信息查询"页面，显示并核对教师个人的相关信息，并与前面教师登录成功后显示的链接"个人信息查询"关联起来，使教师成功登录后，单击该链接可以跳转到"教师个人信息查询"页面。

🔍 作业练习

1．填空题

（1）在查询条件中，可以使用另一个查询的结果作为条件的一部分，作为查询条件一部分的查询称为_____。

（2）EXISTS 谓词用于测试子查询的结果是否为空表。若子查询的结果集不为空，则 EXISTS 返回_____,否则返回_____。EXISTS 还可以与 NOT 结合使用，即 NOT EXISTS，其返回值与 EXISTS 刚好相反。

（3）使用视图的原因有两个：一是出于_____上的考虑，用户不必看到整个数据库结构而隐藏部分数据；二是符合用户的日常业务逻辑，使他们对数据更容易理解。

（4）T-SQL 查询语句"SELECT LOWER('Beautiful'),RTRIM('我心中的太阳')"的执行结果是 _____和_____。

（5）T-SQL 查询语句"SELECT DAY('2004-4-6'),LEN('我们快放假了。')"的执行结果是 _____和_____。

（6）T-SQL 查询语句"SELECT ROUND(13.4321,2),ROUND(13.4567,3)"的执行结果是 _____和_____。

（7）＿＿＿＿＿＿＿＿是由一个或多个数据表（基本表）或视图导出的虚拟表。

（8）HAVING 子句与 WHERE 子句很相似，其区别在于：WHERE 子句作用的对象是＿＿＿＿＿＿＿，HAVING 子句作用的对象是＿＿＿＿＿＿＿。

2．选择题

（1）SQL Server 的视图是从＿＿＿＿＿中导出的。

  A．基本表   B．视图

  C．基本表或视图   D．数据库

（2）数据操纵语言的缩写词为＿＿＿＿＿。

  A．DDL   B．DCL

  C．DML   D．DBL

（3）SQL 中创建视图应使用＿＿＿＿＿语句。

  A．CREATE SCHEMA   B．CREATE TABLE

  C．CREATE VIEW   D．CREATE DATEBASE

（4）下面描述正确的是＿＿＿＿＿。

  A．视图是一种常用的数据库对象，使用视图不可以简化数据操作

  B．使用视图可以提高数据库的安全性

  C．视图和表一样是由数据构成的

  D．视图必须从多个数据表中产生才有意义

（5）在关系数据库系统中，为了简化用户的查询操作而又不增加数据的存储空间，常用的方法是创建＿＿＿＿＿。

  A．另一个表   B．游标

  C．视图   D．索引

（6）一个查询的结果成为另一个查询的条件，这种查询被称为＿＿＿＿＿。

  A．连接查询   B．内查询

  C．自查询   D．子查询

（7）T—SQL 语言中，条件"年龄 BETWEEN 15 AND 35"表示年龄在 15～35 之间，且＿＿＿＿＿。

  A．包括 15 岁和 35 岁   B．不包括 15 岁和 35 岁

  C．包括 15 岁但不包括 35 岁 D．包括 35 岁但不包括 15 岁

（8）用于求系统日期的函数是＿＿＿＿＿。

  A．YEAR（）   B．GETDATE（）

  C．COUNT（）   D．SUM（）

（9）下列四项中，不正确的说法是＿＿＿＿＿。

  A．SQL 语言是关系数据库的国际标准语言

  B．SQL 语言具有数据定义、查询、操纵和控制功能

  C．SQL 语言可以自动实现关系数据库的规范化

  D．SQL 语言称为结构查询语言

（10）哪个关键字用于测试跟随的子查询中的行是否存在＿＿＿＿＿。

  A．MOV   B．EXISTS

  C．UNION   D．HAVING

（11）用于模糊查询的匹配符是＿＿＿＿＿。

A．_　　　　　　　　　　　　　B．[]

C．^　　　　　　　　　　　　　D．LIKE

(12) SQL 中，下列涉及通配符的操作，范围最大的是＿＿＿＿。

A．name LIKE 'hgf#'　　　　　　　B．name LIKE 'hgf_t%'

C．name LIKE 'hgf%'　　　　　　　D．name LIKE 'h#%' escape '#'

(13) SQL 中，下列涉及空值的操作，不正确的是＿＿＿＿。

A．age IS NULL　　　　　　　　　B．age IS NOT NULL

C．age = NULL　　　　　　　　　D．NOT (age　IS NULL)

(14) "SELECT 职工号 FROM 职工 WHERE 工资>1250" T-SQL 查询语句的功能是＿＿＿＿。

A．查询工资大于 1250 的记录　　　B．查询 1250 号记录后的记录

C．检索所有的职工号　　　　　　　D．从职工表中检索工资大于 1250 的职工号

(15) SELECT 语句中的关键字＿＿＿＿可用于消除重复项。

A．AS　　　　　　　　　　　　　B．DISTINCT

C．PERCENT　　　　　　　　　　D．TOP

(16) 下面关于分组查询技术的描述正确的是＿＿＿＿。

A．SELECT 语句中的非统计列必须出现在 GROUP BY 子句中

B．SELECT 语句中的非统计列可以不出现在 GROUP BY 子句中

C．SELECT 语句中的统计列必须出现在 GROUP BY 子句中

D．SELECT 语句中的统计列可以不出现在 GROUP BY 子句中

(17) 关于 "SELECT colA colB FROM tablename" 语句，下面哪种说法是正确的＿＿＿＿？

A．该语句不能正常执行，因为出现了语法错误

B．该语句可以正常执行，因为 colA 是 colB 的别名

C．该语句可以正常执行，因为 colB 是 colA 的别名

D．该语句可以正常执行，因为 colA 和 colB 是两个不同的别名

3．简答题

(1) 简述什么是内连接、外连接和交叉连接。

(2) 创建视图的作用是什么？

(3) 简述 DataSet 对象的结构和功能。

(4) 简述 Web.config 文件和 Session 对象。

第5模块 教学管理系统的数据操作

在实际应用中,创建表的主要目的就是通过表来存储和管理数据。同样,"教学管理系统"数据库要根据系统的实际需要不断地更新和修改存储在表中的数据,保持数据库中的数据满足系统的动态要求。在 SQL Server 2008 中,可以使用 T-SQL 语句的数据操纵语言(DML)中的 INSERT、UPDATE 和 DELETE 语句对表中的数据进行相关的添加、更新和删除操作。

工作任务

- 任务 1:学生选课和成绩记录数据插入
- 任务 2:学生成绩异常处理与锁定
- 任务 3:删除选修课程班中的无效数据
- 任务 4:班级数据添加功能实现
- 任务 5:实现班级数据编辑、删除功能

学习目标

- 掌握用 INSERT INTO 语句在表中添加行的方法
- 掌握用 SELECT INTO 语句创建表的同时并向表中添加行的方法
- 掌握用 UPDATE 语句更新表中数据的方法
- 掌握用 DELETE 和 TRUNCATE 语句删除表中数据的方法
- 熟悉基于 ASP.NET 维护 SQL Server 数据库表中数据的方法

5.1 ▶ 任务 1——学生选课和成绩记录数据插入

 任务描述与分析

当学期初学生选课结束后,许多课程班的选修学生数都满足教务处的要求(譬如,不能低于 20 人)而正常开课。随着这些课程班教学任务的完成,考试结束后,任课教师要将课程班的学生的成绩录入到成绩表中。课程班成绩录入的流程如图 5-1 所示。

以课程班"T080040401"中的选课测试数据(选课信息表 TB_SelectCourse 中)为例,要求用 T-SQL 语句完成:

1. 将选课记录逐条插入 TB_SelectCourse 表;
2. 用子查询将课程班的成绩表单插入 TB_Grade 表中。

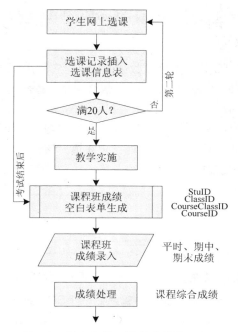

图 5-1　学生选课及课程成绩录入流程

相关知识与技能

5.1.1　数据插入语句

当创建数据库中的表后，就可以将数据添加到相应的表中。INSERT INTO 语句是用于向数据表中插入数据的最常用的方法，使用 INSERT INTO 语句可以一次向表中添加一个或多个新行。

1．单行插入

INSERT INTO 语句是用来向某个数据表中插入单条数据记录的。它的 T-SQL 语法如下：

```
INSERT INTO 数据表或视图名（字段1，字段2，字段3 …）
VALUES（值1，值2，值3 …）
```

INSERT INTO 子句中的字段数量与 VALUES 子句中字段值的数量必须一致，而且两者的顺序也必须一致。如果 INSERT INTO 子句和 VALUES 子句中，分别省略了某个字段和其对应的值，那么该字段所在的列有默认值存在时，先使用默认值。如果默认值不存在，系统会尝试插入 NULL 值，但是该列定义了 NOT NULL，尝试插入 NULL 值将会出错。

如果在 VALUES 子句中对某个允许为空的字段插入了 NULL 值，即使该字段还定义了默认值，该字段的值也将被设置为 NULL。

2．多行插入

可以在 INSERT INTO 语句中使用子查询，用这种方法可以将子查询的记录集中的数据行一次性插入到数据表中。它的 T-SQL 语法如下：

```
INSERT INTO 数据表名（字段1，字段2，字段3 …）
SELECT 子查询语句
```

注意： 子查询的选择列表必须与 INSERT INTO 语句的字段列表完全匹配（字段数量、类型和顺序）。

3. 创建表同时插入数据

还可以使用 SELECT INTO 语句来完成数据的插入。它的 T-SQL 语法如下：

```
SELECT 字段1，字段2，字段3 … INTO 新表名 FROM 源表
WHERE 查询条件表达式
```

上述 T-SQL 语句首先创建一个新表，表中字段的定义与 SELECT INTO 语句中的字段名称和类型完全一致，然后用 SELECT 子句查询的结果集填充该新表。

此处的新表可以是一个局部或全局的临时表。

任务实施与拓展

5.1.2 子任务实现

1. 插入学生选课记录，以课程班"T080040401"为例

01 在 SSMS 窗口的"新建查询"窗口中输入如下 T-SQL 语句。

```
USE DB_TeachingMS
GO
INSERT INTO TB_SelectCourse VALUES('04080101','T080040401',GETDATE())
INSERT INTO TB_SelectCourse VALUES('04020101','T080040401',GETDATE())
INSERT INTO TB_SelectCourse VALUES('04020104','T080040401',GETDATE())
INSERT INTO TB_SelectCourse VALUES('04080103','T080040401',GETDATE())
INSERT INTO TB_SelectCourse VALUES('04080203','T080040401',GETDATE())
INSERT INTO TB_SelectCourse VALUES('04080106','T080040401',GETDATE())
```

02 单击"执行"按钮即可逐条插入课程班"T080040401"的六个学生的选课记录。

注意： 从上述单行学生选课记录插入的 T-SQL 语句可以看出，INSERT INTO 语句后没有带字段名。如果 INSERT INTO 语句中只包括表名，而没有指定任何一个字段，则默认向该表中所有列赋值。这种情况下，VALUES 子句中所提供的值的顺序、数据类型、数量必须与字段在表中定义的顺序、数据类型、数量一致。

当然，由于 TB_SelectCourse 表的 SelectDate 字段定义了默认值"系统日期：GETDATE()"，在数据插入的 INSERT INTO 语句中可以省略 SelectDate 字段及其对应的值。以插入的第一行记录为例，其对应的插入 T-SQL 语句如下：

```
INSERT INTO TB_SelectCourse (StuID,CourseClassID)
VALUES('04080101','T080040401')
```

2. 用子查询将课程班的成绩表单插入 TB_Grade 表中

01 在 SSMS 窗口的"新建查询"窗口中输入如下 T-SQL 语句。

```
USE DB_TeachingMS
GO
INSERT INTO TB_Grade (StuID,ClassID,CourseClassID,CourseID)
SELECT TSC.StuID,ClassID,TSC.CourseClassID,CourseID
FROM TB_SelectCourse TSC,TB_Student TS,TB_CourseClass TCC
WHERE TSC.StuID=TS.StuID AND TSC.CourseClassID=TCC.CourseClassID
```

```
AND TSC.CourseClassID='T080040401'
```

02 单击"执行"按钮即可将该课程班的学生成绩表单记录一次性插入到 TB_Grade 表中。

5.1.3　任务拓展

根据学校学籍管理规定，学生的学籍在校保留六年，对于已经过了六年的学生（譬如入学年份为 2004 的学生），要将学生信息表 TB_Student 中的这一级学生移植到一个新表 TB_Student2004 中存档。可以用下述 T-SQL 语句实现。

```
USE DB_TeachingMS
GO
SELECT * INTO TB_Student2004 FROM TB_Student
WHERE EnrollYear='2004'
```

5.2 ▶ 任务 2——学生成绩异常处理与锁定

📄 任务描述与分析

教务处教务科的夏老师在学期考试结束后，经常要处理下述情况：

1. 有的课程班的任课老师将个别学生的成绩判错了，并已经录入到系统中，需要将有误的成绩改正过来；

2. 有的课程班由于试卷难度太大而导致大部分学生没有取得理想的成绩，需要将这个课程班的所有学生成绩进行开根号乘以 10 处理；

3. 所有课程班的成绩检查无误后，要将所有学生的成绩记录进行锁定，不得再作修改。

要求以课程班"T080010402"为例，将该课程班中学号为"04080205"学生的成绩修改为"平时成绩：25，期中成绩：40，期末成绩：45，总成绩：42"，用 T-SQL 语句实现上述三个子任务的功能。

📎 相关知识与技能

5.2.1　UPDATE 语句

创建表并添加数据后，修改和更新表中的数据也是数据库日常维护的操作之一，SQL Server 中最常用的是使用 UPDATE 语句进行数据更新。使用 UPDATE 语句，一次可以更新数据库表中单行数据，也可以同时更新表中多行数据，当然还可以更新所有行的数据。具体语法如下：

```
UPDATE 数据表 SET 字段 1=值 1,字段 2=值 2, …
WHERE 更新条件
```

SET 子句给指定要更新的列赋予新的列值，允许对多个列同时进行赋值，多个赋值表达式之间要用逗号分隔。WHERE 子句只对满足条件的行进行更新，如果省略 WHERE 子句，则表示修改表中所有行的值。

在一些复杂的 UPDATE 语句中，当 WHERE 子句中的更新条件需要进行两表连接或多表连接时，UPDATE 语句需要用到 FROM 子句，具体语法如下：

```
UPDATE 数据表 SET 字段1=值1,字段2=值2, …
FROM 连接表1,连接表2, …
WHERE 更新条件
```

5.2.2　数学函数

SQL Server 提供的数学函数能够对数值类型为 decimal、integer、float、real、money、smallmoney、smallint 和 tinyint 的数据进行数学运算并返回结果。表 5-1 为一些常见的数学函数。

表 5-1　常用数学函数

函数名	函数描述
ABS(X)	绝对值函数，返回 X 的绝对值
CEILING(X)	返回大于或等于 X 的最小整数
FLOOR(X)	返回小于或等于 X 的最大整数
RAND()	随机函数，返回 0～1 之间的随机 float 值
ROUND(X,D)	返回 X 的四舍五入的 D 位小数的一个数字
SQRT(X)	平方根函数，返回 X 的平方根
SQUART(X)	平方函数，返回 X 的平方

除 RAND() 外的所有数学函数都是确定性函数。这意味着在每次使用特定的输入值调用这些函数时，它们都将返回相同的结果。

任务实施与拓展

5.2.3　子任务实现

1．修改学生被误判的单行成绩记录

01 在 SSMS 窗口的"新建查询"窗口中输入如下 T-SQL 语句。

```
USE DB_TeachingMS
GO
UPDATE TB_Grade
SET CommonScore=25,MiddleScore=40,LastScore=45,TotalScore=42
WHERE StuID='04080205' AND CourseClassID='T080010402'
```

02 单击"执行"按钮，成功执行后即可纠正该学生"TB_Grade"表中的成绩记录。

2．课程班异常成绩进行开根号处理

01 在 SSMS 窗口的"新建查询"窗口中输入如下 T-SQL 语句。

```
USE DB_TeachingMS
GO
UPDATE TB_Grade
SET TotalScore=10*SQRT(TotalScore)
WHERE CourseClassID='T080010402'
```

02 单击"执行"按钮，成功执行后即可将该课程班的学生成绩进行开根号处理。

3. 学期结束，所有学生成绩记录进行锁定

01 在 SSMS 窗口的"新建查询"窗口中输入如下 T-SQL 语句。

```
USE DB_TeachingMS
GO
UPDATE TB_Grade SET LockFlag='L'
```

02 单击"执行"按钮，成功执行后即可将所有学生的课程成绩进行锁定。

5.2.4 任务拓展

考虑到"性别"因素，对选修课程"FLASH 动画制作"（C08003）的女生的该课程成绩进行开根号乘以 10 处理。可用下述 T-SQL 语句实现：

```
USE DB_TeachingMS
GO
UPDATE TB_Grade
SET TotalScore=10*SQRT(TotalScore)
WHERE StuID IN (SELECT TG.StuID
FROM TB_Grade TG INNER JOIN TB_Student TS
ON TG.StuID=TS.StuID
WHERE CourseID='C08003' AND Sex='F')
```

5.3 ▶ 任务 3——删除选修课程班中的无效数据

📄 任务描述与分析

要求用 T-SQL 语句完成下述各个子任务。

1. 教务处允许学生进行课程选修的时间为一周。在这一周中，学生可以根据自己的实际情况进行选课和退课。现在，04 网络（1）班学号为"04080104"的孙军团同学要将已经选修的课程班（编号为"T080010401"，课程为"C 语言程序设计"）退选。

2. 一周选课结束后，教务处负责课程选修的郭老师要将课程选修人数未满 1/2 的课程班记录从 TB_CourseClass 表中删除，同时删除 TB_SelectCourse 表中该课程班的选课记录。

3. 学期结束后，在所有任课老师将各自的课程班成绩录入到系统后，TB_SelectCourse 表中的选课记录已经成为无效数据，为了节省空间和提高效率，郭老师还要将这学期的所有选课记录删除。

🔗 相关知识与技能

5.3.1 DELETE 语句

当数据库的添加工作完成以后，随着对数据的使用和修改，表中可能存在一些无用的数据，这些无用的数据不仅占用空间，还会影响修改和查询的速度，所以应及时将它们删除。

使用 DELETE 语句可以实现数据删除。其语法格式如下：

```
DELETE FROM 数据表
WHERE 删除条件
```

通过在 DELETE 语句中使用 WHERE 子句，可以删除表中的单行、多行及所有行数据。如果 DELETE 语句中没有 WHERE 子句的限制，表中的所有记录都将被删除。

DELETE 语句不能删除记录的某个字段的值，DELETE 语句只能对整条记录进行删除。使用 DELETE 语句只能删除表中的记录，不能删除表本身。删除表本身可以使用 DROP TABLE 语句。

同 INSERT、UPDATE 语句一样，从一个表中删除记录将引起其他表的参照完整性问题。

任务实施与拓展

5.3.2 子任务实现

1. 删除学生退选记录

01 在 SSMS 窗口的"新建查询"窗口中输入如下 T-SQL 语句。

```
USE DB_TeachingMS
GO
DELETE FROM TB_SelectCourse
WHERE StuID='04080104' AND CourseClassID='T080010401'
```

02 单击"执行"按钮，成功执行后即可完成退选课程班"T080040401"的选课记录。

2. 删除选修人数少于最大允许选修人数一半的课程班记录

01 在 SSMS 窗口的"新建查询"窗口中输入如下 T-SQL 语句。

```
USE DB_TeachingMS
GO
DELETE FROM TB_CourseClass
WHERE SelectedNumber<0.5*MaxNumber
```

02 单击"执行"按钮，成功执行后即可删除选修人数少于最大允许选修人数一半的课程班记录。

3. 删除无用的所有学生课程选修记录

01 在 SSMS 窗口的"新建查询"窗口中输入如下 T-SQL 语句。

```
USE DB_TeachingMS
GO
DELETE FROM TB_SelectCourse
```

02 单击"执行"按钮，成功执行后即可删除表中的所有选课记录。

5.3.3 任务拓展

使用 DELETE 语句删除数据，系统每次删除一行表中的记录，且从表中删除记录行之前，在事务日志中记录相关的删除操作和删除行中的值，在删除失败时，可以用日志来恢复数据。

TRUNCATE TABLE 语句提供了一种一次性删除表中所有记录的快速方法，TRUNCATE TABLE 语句删除记录的操作不进行日志记录。所以，虽然使用 DELETE 语句和 TRUNCATE

TABLE 语句都能够删除表中的所有数据,但使用 TRUNCATE TABLE 语句要比使用 DELETE 语句快得多。

上述任务 5-3 中的子任务 3 也可以用下述 T-SQL 语句实现。

```
USE DB_TeachingMS
GO
TRUNCATE TABLE TB_SelectCourse
```

5.4 ▸ 任务 4——班级数据添加功能实现

任务描述与分析

教务处教务科的夏老师在每年新生入学时,在学期初要向"教学管理系统"数据库的 TB_Student 表中添加新生信息,但在添加新生记录之前,先要为新生分班,在 TB_Class 表中添加班级记录。第 2 项目小组让宋子杰同学先构建一个"管理模块"的 ASP.NET 网站,并在其上完成相应的网页设计,实现上述班级信息的添加功能。

任务实施与拓展

5.4.1　快速原型设计

根据班级记录添加功能,班级记录添加界面设计如图 5-2 所示,该页面主要由两个文本框、两个下拉列表框和一个按钮组成。

班级记录添加成功后,显示窗口如图 5-3 所示,单击"确定"按钮,跳转到查询页面。

图 5-2　班级信息添加页面

图 5-3　新增班级记录成功窗口

5.4.2　班级信息添加网页布局与设计

01 在前面"第 4 模块"中已经创建的"教学管理系统"网站目录"TeachingMS"中新建一个子目录"ManageModel_Web",用于存放"管理模块"网站的相关文件。

02 运行 VS 2008,新建一个"管理模块"网站,对应的虚拟目录为"Manage_Web",物理目录为刚才新建的"ManageModel_Web"。

03 在"Web.config"文件中的"connectionStrings"处,用下述代码替代。

```
<connectionStrings>
<add name="ConnStr" connectionString="Data
```

```
Source=JYPC-PYH;Database=DB_TeachingMS;uid=sa;
pwd=123;"/>
</connectionStrings>
```

04 在"解决方案资源管理器"中的站点"http://localhost/ManageModel_Web"上右击，在弹出的快捷菜单中单击"添加新项"命令。

05 在弹出的"添加新项"窗口中的"模板"栏中选择"Web 窗体"项，在"名称"栏中输入"ClassAdd.aspx"，单击"添加"按钮即可新建一个 Web 网页，在文件"ClassAdd.aspx.cs"的头部添加代码"using System.Data.SqlClient;"。

06 用同样的方法在站点内添加一个名称为"ClassManage.aspx"的新 Web 网页，同样在文件"ClassManage.aspx.cs"的头部添加代码"using System.Data.SqlClient;"。

07 从工具栏中拖放如图 5-4 所示的相关组件到"ClassAdd.aspx"网页的设计界面中，先在网页中输入"班级信息添加"文本，然后拖放一个 6 行 2 列的表格，居中放置，最下面一行单元格合并，随后将其他文本和组件输入或拖放到表格对应的单元格中。

08 设置图 5-4 中的各个组件的属性，如表 5-2 所示。

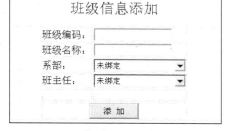

图 5-4　班级信息添加页面设计布局

表 5-2　班级信息添加页面组件属性

组件 ID	组件类型	说明
ClassIDTextBox	TextBox	
ClassNameTextBox	TextBox	
DeptDDList	DropDownList	Width 属性：150px
TeacherDDList	DropDownList	Width 属性：150px
InsertBtn	Button	Width 属性：80px；Text 属性：添加

5.4.3　数据添加功能实现

1．系部和班主任下拉列表框数据绑定

为实现图 5-4 所示的系部和班主任下拉列表框数据绑定功能，在"ClassAdd.aspx.cs"文件中添加一个私有的方法"private void DropDownListBind()"，在方法中输入下列代码。

```
//系部、班主任下拉列表框数据绑定
private void DropDownListBind()
{
//新建一个连接实例
SqlConnection DDLConn = new SqlConnection();
//从 Web.config 文件获取数据库连接字符串
DDLConn.ConnectionString =
ConfigurationManager.ConnectionStrings["ConnStr"].ToString();
```

```
DDLConn.Open();
//将系部和班级两表中的数据填充到 DDLDataSet 对象的表"DeptTable"和
"TeacherTable"中
SqlCommand DeptCmd = new SqlCommand("SELECT DeptID,DeptName FROM
TB_Dept", DDLConn);
SqlDataAdapter DeptDataAdapter = new SqlDataAdapter(DeptCmd);
SqlCommand TeacherCmd = new SqlCommand("SELECT TeacherID,TeacherName
FROM TB_Teacher", DDLConn);
SqlDataAdapter TeacherDataAdapter = new SqlDataAdapter(TeacherCmd);
DataSet DDLDataSet = new DataSet();
DeptDataAdapter.Fill(DDLDataSet, "DeptTable");
TeacherDataAdapter.Fill(DDLDataSet, "TeacherTable");
//系部下拉列表框绑定
this.DeptDDList.DataTextField = "DeptName";
this.DeptDDList.DataValueField = "DeptID";
this.DeptDDList.DataSource = DDLDataSet.Tables["DeptTable"];
this.DeptDDList.DataBind();
//班主任下拉列表框绑定
this.TeacherDDList.DataTextField = "TeacherName";
this.TeacherDDList.DataValueField = "TeacherID";
this.TeacherDDList.DataSource = DDLDataSet.Tables["TeacherTable"];
this.TeacherDDList.DataBind();
//关闭数据库连接
DDLConn.Close();
}
```

2．系部和班主任下拉列表框数据加载

为实现在第一次加载"班级信息记录添加"网页的时候，绑定页面上各个下拉列表框中数据的功能，在"ClassAdd.aspx"文件的"设计"窗口的空白处双击，切换到"ClassAdd.aspx.cs"文件中，在方法"protected void Page_Load(object sender，EventArgs e)"中输入下列代码即可。

```
//如果是第一次加载网页，则绑定页面上各个下拉列表框的数据
if (!Page.IsPostBack)
{
DropDownListBind();
}
```

上面代码中的"！Page.IsPostBack"作用是获取一个属性值，该值指示当前页面是否正为响应客户端的回发而加载，或者它是否是首次被加载和访问。如果是为响应客户端回发而加载该页，则值为"true"，否则为"false"。

这样做的目的是：

✪ 避免重复到数据库里提取数据。

✪ 保持状态。

如果是绑定下拉列表框，必须用这种方式绑定。在第一次访问的时候绑定下拉列表框，用户可以看到下拉列表框里的选项，然后做选择，比如选择了第三项，然后提交表单，这时希望能够得到下拉列表框依然是选定第三项的状态。如果不加上"if (!Page.IspostBack)"的判断，那么得到的选项永远都是下拉列表框第一项，因为下拉列表框每次都会被重新绑定，并且设置

第一项被选中。

3. 班级信息记录添加

如果网页中班级信息的各项内容已经输入或选择，则单击"添加"按钮即可向数据库"TB_Class"表中添加一条班级信息记录。为实现这个功能，双击"添加"按钮，在"ClassAdd.aspx.cs"文件的"protected void InsertBtn_Click(object sender，EventArgs e)"方法中输入下述代码即可。

```
//构建添加班级记录的 INSERT INTO 语句
string ClassInsertSQL = "INSERT INTO
TB_Class(ClassID,ClassName,DeptID,TeacherID)
VALUES(";
ClassInsertSQL = ClassInsertSQL + "'" +
this.ClassIDTextBox.Text.Trim() + "',";
ClassInsertSQL = ClassInsertSQL + "'" +
this.ClassNameTextBox.Text.Trim() + "',";
ClassInsertSQL = ClassInsertSQL + "'" + this.DeptDDList.SelectedValue
+ "',";
ClassInsertSQL = ClassInsertSQL + "'" +
this.TeacherDDList.SelectedValue + "')";
//建立一个数据库连接，从 Web.config 文件中获取连接字符串，并打开连接
SqlConnection ClassInsertConn = new SqlConnection();
ClassInsertConn.ConnectionString =
ConfigurationManager.ConnectionStrings["ConnStr"].ToString();
ClassInsertConn.Open();
//执行添加班级记录的 T-SQL 命令
SqlCommand ClassInsertCmd = new SqlCommand(ClassInsertSQL,
ClassInsertConn);
ClassInsertCmd.ExecuteNonQuery();
//关闭数据库连接
ClassInsertConn.Close();
//班级记录添加成功后弹出添加成功对话框，并链接到新网页
Response.Write("<script language='javascript'>alert('新增班级记录成功
');location.href=
'ClassManage.aspx';</script>");
```

5.5 ▶ 任务 5——实现班级数据的编辑、删除功能

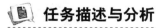 **任务描述与分析**

在每年新生入学后，由于有些专业的学生实际报考人数与各专业原计划招生的数量出入比较大，必须进行招生计划数量调整。所以报考人数较多的专业班级数量要增加，而报考人数少的专业班级数量可能要减少，这时需要根据实际情况的变化对已经添加的班级进行相应的编辑更新和删除操作。第 2 项目小组要求宋子杰同学在实现班级信息添加功能的基础上，继续完成

班级信息的编辑和删除功能。

任务实施与拓展

5.5.1　快速原型设计

为了实现班级记录的编辑和删除功能，班级记录维护界面设计如图 5-5 所示，该界面由标题文本、下拉列表框、按钮、数据显示表单和超链接文本五个对象组成。

图 5-5 中显示了 TB_Class 表中所有班级记录，如果只需要维护某个系的班级，则可以单击"系部"下拉列表框，并选择相应的系，然后单击"查询"按钮，显示如图 5-6 所示的某一个系（如"机电工程系"）的班级记录信息进行相应的维护。

图 5-5　班级信息维护页面

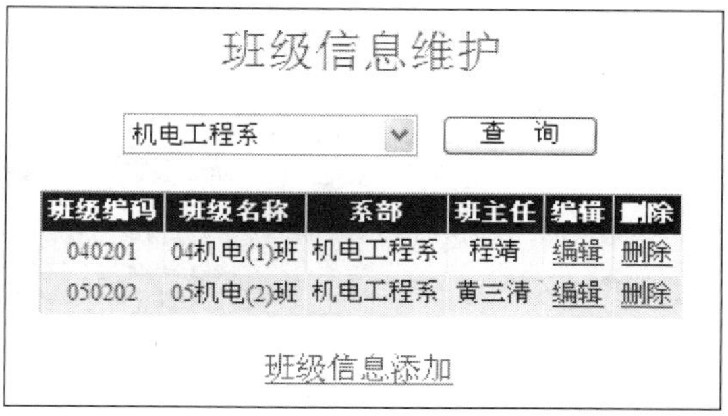

图 5-6　系部班级信息维护页面

如果要编辑图 5-5 或图 5-6 中的某条班级记录，则可以单击该记录行中相应的"编辑"链接文本，进入如图 5-7 所示的"班级信息更新"页面。

在图 5-7 中进行相应的班级记录的信息修改后，单击"更新"按钮，如果更新成功，则会弹出如图 5-8 所示的"更新班级记录成功"对话框。

图 5-7　班级信息更新页面

图 5-8　"更新班级记录成功"对话框

如果要删除图 5-5 或图 5-6 中的某条班级记录，则可以单击该记录行中相应的"删除"链接文本，弹出如图 5-9 所示的"删除班级记录提醒"对话框。如果确实要删除该记录，单击"删除班级记录提醒"对话框中的"确定"按钮，假如删除的记录没有外界约束，则可以顺利删除，并弹出如图 5-10 所示的"删除班级记录成功"对话框。

图 5-9 "删除班级记录提醒"对话框 图 5-10 "删除班级记录成功"对话框

5.5.2 班级信息维护网页布局与设计

01 双击站点"http://localhost/ManageModel_Web"中的"ClassManage.aspx"文件，从工具栏中拖放如图 5-11 所示的相关组件到"ClassManage.aspx"网页的设计界面中，先在网页中输入"班级信息维护"文本，再将各个元素按图 5-11 所示布局，并居中放置。

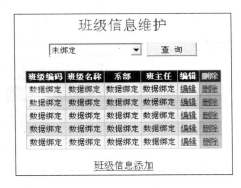

图 5-11 班级信息维护页面设计布局

02 单击图 5-11 中"自动套用格式"项，在弹出的"自动套用格式"窗口中选择"雨天"格式。

03 单击图 5-11 中的 GridView 组件右上角的 ▷ 按钮，在弹出的对话框中选择"编辑列"选项，弹出如图 5-12 所示的"字段"设计窗口，在"可用字段"栏内选择"BoundField"项，单击"添加"按钮，添加四个 BoundField 类型字段。在右边的"BoundField 属性"栏内分别设置它的 DataField 和 HeaderText 属性为"ClassID，ClassName，DeptName，TeacherName"和"班级编码，班级名称，系部，班主任"。

图 5-12 GridView 组件字段设计窗口

04 在图 5-12 中的"可用字段"栏内选择"HyperLinkField"项,单击"添加"按钮,添加一个 HyperLinkField 类型字段。在右边的"BoundField 属性"栏内分别设置它的 DataNavigateUrlFields、DataNavigateUrlFormatString、HeaderText 和 Text 属性为"ClassID","ClassEdit.aspx?ClassID={0}","编辑","编辑"。

此处,"ClassEdit.aspx?ClassID={0}"的设置会在单击要修改记录行的"编辑"链接后向链接的网页"ClassEdit.aspx"传递一个字段 ClassID 的对应的值。

05 在图 5-12 中的"可用字段"栏内选择"CommandField"项,单击"添加"按钮,添加一个 CommandField 类型字段。在右边的"BoundField 属性"栏内分别设置它的 HeaderText 和 ShowDeleteButton 属性为"删除"和"Ture"。最后,单击"字段"窗口的"确定"按钮完成相应字段的设置。

06 将图 5-11 中文本"班级信息添加"处的源代码修改为:

```
<a href="ClassAdd.aspx">班级信息添加</a>
```

07 再添加一个名称为"ClassEdit.aspx"的新 Web 网页,同样在文件"ClassEdit.aspx.cs"的头部添加代码"using System.Data.SqlClient",网页中的各个组件(两个文本框、两个下拉列表框和一个按钮)的布局如图 5-13 所示,也居中放置。

图 5-13　班级信息更新页面设计布局

08 设置图 5-11 中的各个组件的属性,如表 5-3 所示。

表 5-3　班级信息维护页面组件属性

组件 ID	组件类型	说明
DeptDDList	DropDownList	Width 属性:150px
QueryBtn	Button	Height,Width 属性:22px,80px;Text 属性:查询
ClassGView	GridView	DataKeyNames 属性:ClassID;Font 属性:Small

09 设置图 5-13 中的各个组件的属性,如表 5-4 所示。

表 5-4　班级信息更新页面组件属性

组件 ID	组件类型	说明
ClassIDTextBox	TextBox	
ClassNameTextBox	TextBox	
DeptDDList	DropDownList	Width 属性:150px
TeacherDDList	DropDownList	Width 属性:150px
UpdateBtn	Button	Height,Width 属性:22px,80px;Text 属性:更新

5.5.3 班级信息显示和删除功能实现

1. 系部下拉列表框数据绑定

为实现图 5-5 所示的系部下拉框数据绑定功能，在"ClassManage.aspx.cs"文件中添加一个私有的方法"private void DropDownListBind()"，在方法中输入下列代码。

```
private void DropDownListBind()
{
//新建一个连接实例
SqlConnection DDLConn = new SqlConnection();
//从 Web.config 文件获取数据库连接字符串
DDLConn.ConnectionString =
ConfigurationManager.ConnectionStrings["ConnStr"].ToString();
DDLConn.Open();
//新建 DDLDataSet 对象，并将系部表中的数据填充到 DDLDataSet 对象的表
"DeptTable"中
SqlCommand DeptCmd = new SqlCommand("SELECT DeptID,DeptName FROM
TB_Dept", DDLConn);
SqlDataAdapter DeptDataAdapter = new SqlDataAdapter(DeptCmd);
DataSet DDLDataSet = new DataSet();
DeptDataAdapter.Fill(DDLDataSet, "DeptTable");
//系部下拉列表框绑定
this.DeptDDList.DataTextField = "DeptName";
this.DeptDDList.DataValueField = "DeptID";
this.DeptDDList.DataSource = DDLDataSet.Tables["DeptTable"];
this.DeptDDList.DataBind();
this.DeptDDList.Items.Insert(0, new ListItem("===所有系部===",
"全部"));
//关闭数据库连接
DDLConn.Close();
}
```

2. 班级信息数据绑定到 GridView

为了将班级查询信息绑定到"ClassManage.aspx"文件对应的设计页面的 GridView 组件中，在"ClassManage.aspx.cs"文件中添加一个私有的方法"private void GridViewDataBind()"，并在方法中输入下列代码。

```
private void GridViewDataBind()
{
SqlConnection ClassConn = new SqlConnection();
ClassConn.ConnectionString =
ConfigurationManager.ConnectionStrings["ConnStr"].ToString();
ClassConn.Open();
SqlCommand ClassSelectCmd = new SqlCommand("SELECT
ClassID,ClassName,DeptName,
TeacherName FROM TB_Class TC,TB_Dept TD,TB_Teacher TT WHERE
TC.DeptID=TD.DeptID
AND TC.TeacherID=TT.TeacherID", ClassConn);
SqlDataAdapter ClassAdapter = new SqlDataAdapter(ClassSelectCmd);
DataSet ClassDS = new DataSet();
ClassAdapter.Fill(ClassDS,"ClassTable");
```

```
ClassConn.Close();
this.ClassGView.DataSource = ClassDS.Tables["ClassTable"];
this.ClassGView.DataBind();
}
```

3. 系部下拉列表框和 GridView 数据加载

为实现在第一次加载〝班级信息维护〞网页的时候，绑定并显示页面上下拉列表框和 GridView 组件中各自对应数据的功能，在〝ClassManage.aspx〞文件的〝设计〞窗口的空白处双击，切换到〝ClassManage.aspx.cs〞文件中，在方法〝protected void Page_Load(object sender, EventArgs e)〞中输入下列代码。

```
//如果是第一次加载网页，则绑定页面上各个下拉列表框的数据
if (!Page.IsPostBack)
{
DropDownListBind();
GridViewDataBind();
}
```

4. 班级信息按系部查询并绑定

如果〝班级信息维护〞页面中班级信息显示要按图 5-5 所示的以系部为单位来查询，可以在〝ClassManage.aspx〞文件的〝设计〞页面中双击〝查询〞按钮，进入〝ClassManage.aspx.cs〞文件的方法〝protected void QueryBtn_Click(object sender, EventArgs e)〞，在其中输入下列代码。

```
string QuerySQL = "SELECT ClassID,ClassName,DeptName,TeacherName
FROM TB_Class TC,TB_Dept TD,TB_Teacher TT WHERE TC.DeptID=TD.DeptID
AND TC.TeacherID=TT.TeacherID";
if (this.DeptDDList.SelectedValue != "全部")
{
QuerySQL += " AND TC.DeptID='" + this.DeptDDList.SelectedValue + "'";
}
SqlConnection QueryConn = new SqlConnection();
QueryConn.ConnectionString = ConfigurationManager
.ConnectionStrings["ConnStr"].ToString();
QueryConn.Open();
SqlCommand QueryCmd = new SqlCommand(QuerySQL, QueryConn);
SqlDataAdapter QueryAdapter = new SqlDataAdapter(QueryCmd);
DataSet QueryDS = new DataSet();
QueryAdapter.Fill(QueryDS);
QueryConn.Close();
this.ClassGView.DataSource = QueryDS.Tables[0].DefaultView;
this.ClassGView.DataBind();
```

5. 班级信息记录删除功能实现

在〝ClassManage.aspx〞文件的〝设计〞页面中选中 GridView 组件，在〝属性〞窗口中找到 DataKeyNames 属性，在右侧输入〝ClassID〞。然后在开发环境的〝属性〞窗口中单击事件按钮，在〝RowDeleting〞事件右边的空白处双击，即可在方法〝protected void ClassGView_RowDeleting(object sender，GridViewDeleteEventArgs e)〞中输入下列代码。

```
string ClassID =
this.ClassGView.DataKeys[e.RowIndex].Value.ToString();
SqlConnection DeleteConn = new SqlConnection();
DeleteConn.ConnectionString =
ConfigurationManager.ConnectionStrings["ConnStr"].ToString();
DeleteConn.Open();
SqlCommand DeleteCmd = new SqlCommand("DELETE FROM TB_Class WHERE
ClassID='" + ClassID + "'", DeleteConn);
DeleteCmd.ExecuteNonQuery();
DeleteConn.Close();
Response.Write("<script language='javascript'>alert('删除班级记录成
功');</script>");
GridViewDataBind();
```

为了在删除记录前先弹出一个如图 5-9 所示的确认删除对话框，可以在图 5-12 中"选定的字段"栏中选择"删除"字段，然后单击窗口右下面的链接"将此字段转换为 TemplateField"。在"<asp:LinkButton ID="LinkButton1" Text="删除" ></asp:LinkButton>"处的"Text="删除""后添加代码"OnClientClick="javascript:return confirm('真的要删除吗？');""。

5.5.4　班级信息更新功能实现

在图 5-5 中单击"编辑"列中某一行记录中的"编辑"链接，在跳转到页面"ClassEdit.aspx"时，还将该行记录的"ClassID"键值传递过去。

1．系部和班级下拉列表框数据绑定

为实现如图 5-13 所示的系部和班主任下拉列表框数据绑定功能，在"ClassEdit.aspx.cs"文件中添加一个私有的方法"private void DropDownListBind()"，并在方法中输入下列代码。

```
private void DropDownListBind()
{
//新建一个连接实例
SqlConnection DDLConn = new SqlConnection();
//从 Web.config 文件获取数据库连接字符串
DDLConn.ConnectionString =
ConfigurationManager.ConnectionStrings["ConnStr"].ToString();
DDLConn.Open();
//将系部和班级两表中的数据填充到 DDLDataSet 对象的表"DeptTable"和
"TeacherTable"中
SqlCommand DeptCmd = new SqlCommand("SELECT DeptID,DeptName FROM
TB_Dept", DDLConn);
SqlDataAdapter DeptDataAdapter = new SqlDataAdapter(DeptCmd);
SqlCommand TeacherCmd = new SqlCommand("SELECT TeacherID,TeacherName
FROM TB_Teacher", DDLConn);
SqlDataAdapter TeacherDataAdapter = new SqlDataAdapter(TeacherCmd);
DataSet DDLDataSet = new DataSet();
DeptDataAdapter.Fill(DDLDataSet, "DeptTable");
TeacherDataAdapter.Fill(DDLDataSet, "TeacherTable");
//系部下拉列表框绑定
this.DeptDDList.DataTextField = "DeptName";
this.DeptDDList.DataValueField = "DeptID";
this.DeptDDList.DataSource = DDLDataSet.Tables["DeptTable"];
```

```
this.DeptDDList.DataBind();
//班主任下拉列表框绑定
this.TeacherDDList.DataTextField = "TeacherName";
this.TeacherDDList.DataValueField = "TeacherID";
this.TeacherDDList.DataSource = DDLDataSet.Tables["TeacherTable"];
this.TeacherDDList.DataBind();
//关闭数据库连接
DDLConn.Close();
}
```

2．更新班级记录数据显示

为使要更新的班级记录信息在"班级信息更新"页面中做相对应的显示，在文件
"ClassEdit.aspx.cs"中的方法"protected void Page_Load(object sender, EventArgs e)"中输
入下述代码。

```
//如果是第一次加载网页，则绑定页面上各个下拉列表框的数据
if (!Page.IsPostBack)
{
 //绑定下拉列表框中的数据
DropDownListBind();
//获取网页传递过来的要更新的班级记录的班级编码的值
string ClassID = Request.QueryString["ClassID"];
//新建一个连接实例
SqlConnection ClassConn = new SqlConnection();
//从 Web.config 文件获取数据库连接字符串
ClassConn.ConnectionString =
ConfigurationManager.ConnectionStrings["ConnStr"].ToString();
ClassConn.Open();
//新建 ClassDataSet 对象，并将班级表中的数据填充到 ClassDataSet 对象的表
"ClassTable"中
SqlCommand ClassCmd = new SqlCommand("SELECT * FROM TB_Class WHERE
ClassID=" + "'" + ClassID + "'", ClassConn);
SqlDataAdapter ClassDataAdapter = new SqlDataAdapter(ClassCmd);
DataSet ClassDataSet = new DataSet();
ClassDataAdapter.Fill(ClassDataSet, "ClassTable");
ClassConn.Close();
//将 ClassDataSet 中"ClassTable"表的 Rows[i][j]，即第 i 行 j 列的值分别赋给
相应的组件
this.ClassIDTextBox.Text =
ClassDataSet.Tables["ClassTable"].Rows[0][0].ToString();
this.ClassNameTextBox.Text =
ClassDataSet.Tables["ClassTable"].Rows[0][1].ToString();
this.DeptDDList.SelectedValue =
ClassDataSet.Tables["ClassTable"].Rows[0][2].ToString();
this.TeacherDDList.SelectedValue =
ClassDataSet.Tables["ClassTable"].Rows[0][3].ToString();
}
```

3. 更新班级记录功能实现

双击 ClassEdit.aspx 文件的界面中的"更新"按钮,在方法"protected void UpdateBtn_Click(object sender, EventArgs e)"中输入下述代码。

```
//构建添加班级记录的 UPDATE 语句
string ClassUpdateSQL = "UPDATE TB_Class SET ClassID=";
ClassUpdateSQL = ClassUpdateSQL + "'" +
this.ClassIDTextBox.Text.Trim() + "',";
ClassUpdateSQL = ClassUpdateSQL + "ClassName='" +
this.ClassNameTextBox.Text.Trim() + "',";
ClassUpdateSQL = ClassUpdateSQL + "DeptID='" +
this.DeptDDList.SelectedValue + "',";
ClassUpdateSQL = ClassUpdateSQL + "TeacherID='" +
this.TeacherDDList.SelectedValue + "' ";
ClassUpdateSQL = ClassUpdateSQL + "WHERE ClassID=" + "'" +
Request.QueryString["ClassID"] + "'";
//创建并打开数据库连接, 从 Web.config 中获取连接字符串
SqlConnection ClassUpdateConn = new SqlConnection();
ClassUpdateConn.ConnectionString =
ConfigurationManager.ConnectionStrings["ConnStr"].ToString();
ClassUpdateConn.Open();
//执行 UPDATE 语句
SqlCommand ClassUpdateCmd = new SqlCommand(ClassUpdateSQL,
ClassUpdateConn);
ClassUpdateCmd.ExecuteNonQuery();
//关闭数据库连接
ClassUpdateConn.Close();
//显示更新成功对话框, 并链接到 ClassManage.aspx 页面
Response.Write("<script language='javascript'>alert('更新班级记录成功
');
location.href='ClassManage.aspx';</script>");
```

5.6 ▶ 模块小结

本模块详细介绍了结构化查询语言(Structured Query Language, SQL)的数据操纵语言(DML)中的添加、更新和删除操作: INSERT、UPDATE 和 DELETE 语句。在此基础上,用 ASP.NET 技术构建了"教学管理系统"的"管理模块"网站,并实现了相应的班级信息的添加、更新和删除功能。相关的关键知识点主要有:

- ❂ INSERT INTO 语句插入单行记录。
- ❂ 带子查询的 INSERT INTO 语句插入多行记录。
- ❂ SELECT INTO 语句创建新表的同时插入数据。
- ❂ UPDATE 语句更新单条、多条和所有记录。
- ❂ DELETE 语句删除单条、多条和所有记录。
- ❂ 用 ASP.NET 的 GridView 组件操作数据。
- ❂ 用 ADO.NET 对象添加、更新和删除数据库中数据的方法。

实训操作

按照任务 4 和任务 5 的思路和方法，基于 "管理模块" 网站实现 "教学管理系统" 数据库中 TB_Student 表的学生信息维护，实现学生记录数据的插入、更新和删除功能。

作业练习

1．填空题

（1）T-SQL 操作语句就是指_____、_____、_____和 SELECT 语句。

（2）如果在 INSERT 语句中列出了 6 个列，则 VALUES 子句必须提供_____个值，而且 VALUES 子句中值的顺序必须与 INSERT 语句中列的顺序_____。

（3）ROUND(X,D)函数的作用是返回_____。

2．选择题

（1）如果 INSERT 语句的 VALUES 子句中对某个允许为空的字段插入了 NULL 值，且该字段定义了默认值，则该字段的值将被设置为_____。

    A．NULL   B．0

    C．该字段的默认值   D．插入出错

（2）假设 A 表和 B 表为主从表关系，如果现在用 DELETE 语句删除主表 A 中的一条记录，下列叙述正确的是_____。

    A．成功删除该记录

    B．不能成功删除该记录

    C．如果 A、B 表不存在级联删除关系，则不能成功删除该记录

    D．如果 A、B 表存在级联删除关系，则可以成功删除该记录

（3）下列数据删除语句在执行时不会产生错误信息的是_____。

    A．DELETE * FROM Admin WHERE AdminID=86

    B．DELETE FROM Admin WHERE AdminID=86

    C．DELETE AdminName FROM Admin WHERE AdminID=86

    D．DELETE AdminName SET AdminID=86

（4）假设 EMP 表中的 ID 字段为主键，所有其他列的数据类型为整数类型，目前还没有数据，则添加数据的 T-SQL 语句 "INSERT INTO EMP(ID，ClassID，SalaryGrade) VALUES(1，2，1)" 的运行结果是_____。

    A．插入成功，ID 的数据为 1   B．插入成功，SalaryGrade 的数据为 3

    C．插入成功，ID 的数据为 2   D．插入失败

3．简答题

（1）如果向一个既没有默认值也不允许空值的列中插入一个空值，结果会怎样？

（2）UPDATE 语句的作用是什么？

（3）DELETE 语句的作用是什么？使用 DELETE 语句能一次删除多个行吗？

（4）简述 DropDownList 组件的主要属性及其意义。

（5）简述 GridView 组件的主要属性及其意义。

第6模块 教学管理系统中存储过程的应用

SQL 是微软对 SQL 的扩展，具有 SQL 的主要特点，同时增加了变量、运算符、函数、流程控制和注释等语言元素，使其功能更加强大。存储过程是一组为了完成特定功能的 T-SQL 语句集，经编译后存储到数据库中，是数据库中的重要对象，任何一个设计良好的数据库应用程序都会用到存储过程。

工作任务

- 任务 1：任课教师课程班的成绩查询
- 任务 2：添加学号自动递增的学生记录
- 任务 3：课程班成绩等第的自动划分
- 任务 4：学生课程班选修和退选
- 任务 5：实现课程班成绩查询功能
- 任务 6：用 ASP.NET 实现选修和退选课程的功能

学习目标

- 掌握 T-SQL 语言中注释、常量、变量的用法
- 掌握 T-SQL 语言中运算符和表达式的用法
- 掌握 IF…ELSE 条件判断控制语句的用法
- 掌握 SELECT…CASE 分支控制语句的用法
- 掌握 WHILE 循环控制语句的用法
- 了解程序错误控制和延迟程序控制结构
- 理解存储过程的概念、优点和类型
- 掌握用户自定义存储过程的创建和执行方法
- 掌握 ASP.NET 中调用存储过程的方法

6.1 任务 1——任课教师课程班的成绩查询

任务描述与分析

当学期末课程教学结束后，任课老师在考试后要将学生的成绩录入到"教学管理系统"中，随后，任课教师还要经常查询自己任教课程班的学生成绩。

要求：以编码为"T080040401"的课程班为例，用存储过程实现任课教师的课程班成绩查询功能。

📎 **相关知识与技能**

6.1.1　存储过程

　　存储过程（Stored Procedure）是一组完成特定功能的 T-SQL 语句集，这个过程经编译和优化后存储到数据库服务器中，应用程序使用时只需调用即可。存储过程可以包含程序流、逻辑以及对数据库的相关操作，可以接受参数、输出参数、返回记录集以及返回需要的值。

1．存储过程的优点

✪ 存储过程大大增强了 T-SQL 语言的功能和灵活性。存储过程可以用流控制语句编写，有很强的灵活性，可以完成复杂的判断和运算。

✪ 可保证数据的安全性和完整性。

✪ 在运行存储过程前，数据库已对其进行了语法和句法分析，并给出了优化执行方案。这种已经编译好的过程可极大地改善 T-SQL 语句的性能。因为执行 T-SQL 语句的大部分工作已经完成，所以存储过程能以极快的速度执行。

✪ 可以降低网络的通信量。

✪ 将体现企业规则的运算程序放入数据库服务器中，以便集中控制，或当企业规则发生变化时在服务器中改变存储过程即可，无须修改任何应用程序。

2．存储过程的种类

✪ 系统存储过程以"sp_"开头，用来进行系统的各项设定、取得信息和完成相关管理工作。

✪ 扩展存储过程：以"XP_"开头，用来调用操作系统提供的功能。

✪ 用户自定义存储过程就是一般所指的由用户创建并能完成某一特定功能的存储过程。

　　下面主要介绍系统存储过程和用户自定义存储过程。

3．系统存储过程

　　系统存储过程主要存储在 master 数据库中并以"sp_"为前缀，从系统表中获取信息，为系统管理员管理 SQL Server 提供支持。通过系统存储过程，许多 SQL Server 的管理性或信息性活动都可以被顺利地完成。

　　常用的系统存储过程如表 6-1 所示。

表 6-1　常用的系统存储过程

系统存储过程	说明
sp_attach_db	附加数据库
sp_detach_db	分离数据库
sp_help	返回表的列名，数据类型，约束类型等
sp_helptext	显示存储过程，用户自定义的函数，触发器或视图的 T-SQL 文本
sp_helpfile	查看当前数据库信息
sp_pkeys	查看主键
sp_fkeys	查看外键
sp_addrole	添加角色
sp_addrolemember	向角色中添加成员，使其成为数据库角色的成员

（续表）

系统存储过程	说明
sp_helpindex	用于查看表的索引
sp_rename	重新命名数据库
sp_helpdb	查看指定数据库相关文件信息
sp_server_info	列出服务器信息，如字符集、版本和排列顺序

4．用户自定义存储过程

创建用户自定义存储过程的语法如下所示：

```
CREATE PROCEDURE 存储过程名（参数1，…，参数n）
AS
   T-SQL 语句行
```

其中，存储过程名不能超过 128 个字符，每个存储过程中最多设定 1024 个参数。

上述语法中参数的使用方法如下：

```
@参数名 数据类型 [=初始值] [OUTPUT]
```

参数名前要有一个 "@" 符号，每一个存储过程的参数仅为该存储过程内部使用，参数的类型除了 image 外，其他 SQL Server 所支持的数据类型都可使用。"=初始值" 中的初始值相当于在创建存储过程时设定的一个默认值。OUTPUT 用来指定该参数为输出参数。

创建完存储过程后，可以用下述 T-SQL 语句来运行存储过程。

```
EXEC 存储过程名 [参数值]
```

存储过程在执行后都会返回一个整型值。如果执行成功，则返回 0，否则返回-1～-99 之间的随机数。

如果要删除一个已经创建好的存储过程，可以用下述 T-SQL 语句来实现。

```
DROP PROCEDURE 存储过程名1，存储过程名2，…
```

如果要修改一个已经创建好的存储过程的内容，可以用下述 T-SQL 语句来实现。

```
ALTER PROCEDURE 存储过程名
AS
   修改的 T-SQL 语句
```

当然，可以使用 sp_help 和 sp_helptext 系统存储过程分别来查看存储过程的状态和内容。

任务实施与拓展

6.1.2 创建课程班成绩查询的存储过程

01 在 SSMS 窗口的 "新建查询" 窗口中输入如下 T-SQL 语句。

```
USE DB_TeachingMS
GO
CREATE PROCEDURE SP_CourseClassGradeQuery
AS
SELECT
TG.StuID,StuName,CommonScore,MiddleScore,LastScore,TotalScore
```

```
FROM TB_Grade TG,TB_Student TS
  WHERE TG.StuID=TS.StuID AND CourseClassID='T080040401'
```

02 单击"执行"按钮,成功执行后,即可在"教学管理系统"数据库中创建相应的 SP_CourseClassGradeQuery 存储过程。

03 继续在"查询"窗口中输入如下执行存储过程的 T-SQL 语句。

```
EXEC SP_CourseClassGradeQuery
```

04 单击"执行"按钮,成功执行 SP_CourseClassGradeQuery 存储过程后,得到如图 6-1 所示的返回结果集。

	StuID	StuName	CommonScore	MiddleScore	LastScore	TotalScore
1	04080101	任正非	85	0	75	81
2	04020101	周灵灵	90	0	84	87.6
3	04020104	汪德荣	82	0	90	85.2
4	04080103	戴丽	78	0	76	77.2
5	04080203	石江安	77	0	58	69.4
6	04080106	龚玲玲	86	0	89	87.2

图 6-1 课程班成绩查询结果

6.1.3 任务拓展

6.1.2 中创建的存储过程只能固定地查询一个课程班的学生成绩,不能动态地查询不同课程班的学生成绩。为了根据课程班编码灵活地进行学生的成绩查询,需要在上述存储过程中引入一个参数,用于 SP_CourseClassGradeQuery 存储过程传递课程班编码,然后存储过程再根据传递来的课程班编码进行对应的课程班成绩查询。创建带课程班编码参数的 SP_CourseClassGradeQuery 存储过程的 T-SQL 语句如下所示。

```
USE DB_TeachingMS
GO
CREATE PROCEDURE SP_CourseClassGradeQuery @CourseClassID
CHAR(10)
AS
SELECT
TG.StuID,StuName,CommonScore,MiddleScore,LastScore,TotalScore
FROM TB_Grade TG,TB_Student TS
  WHERE TG.StuID=TS.StuID AND CourseClassID=@CourseClassID
```

单击"执行"按钮,成功执行后,即可创建该存储过程。若要查询课程班编码为"T080010401"课程班的成绩,可以用下述 T-SQL 语句实现。

```
EXEC SP_CourseClassGradeQuery 'T080010401'
```

如果要给这个带课程班编码参数的存储过程在创建时赋予一个初始值,该如何实现?

6.2 任务 2——添加学号自动递增的学生记录

任务描述与分析

在某个班级新生记录添加到 TB_Student 表时，学号不用手工输入，系统将自动统计出这个班级已有学生的最大学号，然后在其基础上做自动加 1 处理后插入到 TB_Student 表中。插入学生记录的流程如图 6-2 所示。

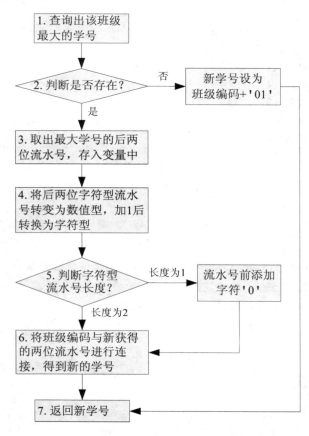

图 6-2　基于学号自增的学生记录添加流程

要求：以班级编码为 050802 的"05 软件（2）班"为例，用存储过程实现学号自增的学生记录插入功能。

相关知识与技能

6.2.1　T-SQL 基础

注释是指代码中不执行的文本字符串，也称为注解。SQL Server 中有两种类型的注释字符，一种是 ANSI 标准的行注释符"--"，另一种是与 C 语言相同的程序块注释符，即"/* */"。"--"用于每行的开头，可以标识一行文字为注释。"/*"用于注释文字的开头，"*/"用于注释文字的末尾，块注释符可以标识多行文字为注释。

1．常量与变量

常量也称文字值或标量值，是指在程序运行过程中其值始终固定不变的量，而变量则是在程序运行过程中其值可以变化的量。在 SQL Server 中，常量和变量在使用之前都必须定义。

变量是一种语言中必不可少的组成部分。T-SQL 语言中有两种形式的变量，一种是系统提供的全局变量，另一种是用户自己定义的局部变量。

全局变量是 SQL Server 系统内部的变量，其作用范围并不仅仅局限于某一程序，而是任何程序均可以随时调用，全局变量通常存储一些 SQL Server 的配置设定值和统计数据。用户可以在程序中用全局变量来测试系统的设定值或者 T-SQL 命令执行后的状态值。

使用全局变量需注意以下几点：

- ✪ 全局变量不是由用户的程序定义的，而是服务器级定义的。
- ✪ 用户只能使用预先定义的全局变量。
- ✪ 引用全局变量时，必须以标记符"@@"开头。
- ✪ 局部变量的名称不能与全局变量的名称相同，否则会在应用程序中出现不可预测的结果。

常用的全局变量如表 6-2 所示。

表 6-2　常用的全局变量

变量名称	作用
@@rowcount	前一条 T-SQL 语句处理的行数
@@error	前一条 T-SQL 语句报错的错误号
@@servername	本地 SQL Server 的名称
@@nestlevel	存储过程/触发器中嵌套层
@@fetch_status	游杆中上条 fetch 语句的状态

局部变量是一个能够拥有特定数据类型的对象，它的作用范围仅限制在程序内部。局部变量必须以"@"开头，而且必须先用 DECLARE 命令定义后才可以使用。

声明局部变量语句如下：

```
DECLARE @变量 变量类型, @变量 变量类型, ...
```

其中，变量类型可以是 SQL Server 支持的所有数据类型，也可以是用户自定义的数据类型。在 T-SQL 中，必须使用 SELECT 或 SET 命令来设定变量的值。局部变量赋值语句如下：

```
SELECT @局部变量=变量值
```

或

```
SET @局部变量=变量值
```

2．运算符与表达式

运算符实现运算功能，它将数据按照运算符的功能定义实施转换，产生新的运算结果。在 SQL Server 中，运算符可以分为：算术运算符、赋值运算符、比较运算符、逻辑运算符、字符串运算符、位运算符和一元运算符。表达式是由常量、变量、运算符和函数等组成的，它可以在查询语句中的任何位置使用。

当一个复杂的表达式有多个运算符时，运算符的优先级将决定执行运算的先后次序。具体各类运算符的定义和说明请参考联机丛书，运算符的优先级如表 6-3 所示。

表 6-3　运算符的优先级

优先级	运算符
1	～（位非）
2	*（乘）、/（除）、%（取模）
3	+（正）、−（负）、+（加）、+（连接）、−（减）、&（位与）
4	=、>、<、>=、<=、<>、!=、!>、!< （比较运算符）
5	∧（连接）、|（连接）
6	NOT
7	AND
8	ALL、ANY、BETWEEN、IN、LIKE、OR、SOME
9	=（赋值）

括号可以改变运算符的运算顺序，如果表达式中有括号，那么应该先计算括号内表达式的值。

3．流程控制语句

在 SQL Server 的 T-SQL 语言中，流程控制语句是用来控制程序执行方向的语句，又被称为流控制语句。它主要包括：条件判断控制结构、SELECT CASE 控制结构、循环控制结构、跳转控制结构、中断延迟程序控制结构和程序错误控制结构等。这里重点介绍 BEGIN…END 和 IF…ELSE 流程控制语句。

（1）BEGIN…END 语句块

BEGIN…END 可以定义 T-SQL 语句块，这些语句块作为一组语句执行，同时 BEGIN…END 语句块允许嵌套。语法格式如下：

```
BEGIN
   T-SQL 语句
END
```

（2）IF…ELSE 语句

IF…ELSE 语句根据判断条件来决定程序执行的流向。如果条件为真，则执行 IF 关键字后面的语句块；如果条件为假，则执行 ELSE 关键字后面的语句块。语法格式如下：

```
IF
   T-SQL 语句块 1
ELSE
   T-SQL 语句块 2
```

6.2.2　数据类型转换函数

默认情况下，在对不同格式的数据进行比较、计算等操作时，SQL Server 会对一些表达式的格式进行自动转换，这种转换称为隐式转换。

可以使用 CAST（）和 CONVERT（）转换函数将一种数据类型的表达式转换为另一种数据类型的表达式，这种转换称为显式转换。用于显式转换的 CAST（）和 CONVERT（）函数使用说明如表 6-4 所示。

表 6-4　常用的转换函数

函数	说明
CAST（表达式 AS 目标数据类型）	将表达式转换为目标数据类型的值
CONVERT（目标数据类型，表达式）	将表达式转换为目标数据类型的值

6.2.3　带参数的存储过程

存储过程中的参数有两类：输入参数和输出参数。

通过定义输入参数，可以在存储过程执行时传递不同的动态值。

通过定义输出参数，可以从存储过程中返回一个或多个值。为了使用输出参数，必须在 CREATE PROCEDURE 语句和 EXECUTE 语句中使用 OUTPUT 关键字。同时，为了得到某一存储过程的返回值，需要定义一个变量存放返回参数的值，在该存储过程的调用语句中，必须为这个变量加上 OUTPUT 关键字来声明。

创建完带参数的存储过程后，如果要执行它，有两种传递参数的方式。

1．按位置顺序传递

这种方式在执行存储过程的语句中，直接给出参数的值。当有多个参数时，给出的参数顺序与创建存储过程的语句中的参数顺序一致，即参数传递的顺序就是参数定义的顺序。

2．通过参数名传递

这种方式在执行存储过程的语句中，使用"参数名=参数值"的形式给出参数值。通过参数名传递参数的好处是，参数可以按照任意的顺序给出。

任务实施与拓展

6.2.4　创建有学号自增功能的添加学生记录的存储过程

01 在 SSMS 的"新建查询"窗口中输入如下 T-SQL 语句。

```
USE DB_TeachingMS
GO
CREATE PROCEDURE SP_AutoGetStuID @ClassID CHAR(6),@NewStuID CHAR(8)
OUTPUT
AS
--定义变量--
DECLARE @MaxStuID CHAR(8),@CharTwoStuID CHAR(2),@IntTwoStuID INT
--获取班级中已有学生中最大学号--
SET @MaxStuID = (SELECT MAX(StuID) FROM TB_Student
WHERE ClassID=@ClassID)
--SELECT @MaxStuID
  IF @MaxStuID IS NULL
  SET @NewStuID = @ClassID+'01'
  ELSE
```

```
BEGIN
    --从最大学号中获取最后两位流水号--
    SET @CharTwoStuID = RTRIM(@MaxStuID,7,2)
    --SELECT @CharTwoStuID
    --最后两位流水号转换为数值型,然后加1,再转换成字符型--
    SET @IntTwoStuID = CONVERT(INT,@CharTwoStuID)+1
        --SELECT @IntTwoStuID
        SET @CharTwoStuID = CONVERT(CHAR,@IntTwoStuID)
    --SELECT @CharTwoStuID
    --如果转换成字符型的流水号是1位,则在它前面添加字符'0'--
        IF LEN(@CharTwoStuID) = 1
            SET @CharTwoStuID='0'+@CharTwoStuID
    ELSE
    --将班级编码与获取的新流水号相连接,得到新学号--
            SET @NewStuID = @ClassID+@CharTwoStuID
    END
```

02 单击"执行"按钮,成功执行后,即可在"教学管理系统"数据库中创建相应的"SP_AutoGetStuID"存储过程。

03 继续在"查询"窗口中输入如下执行存储过程的 T-SQL 语句。

```
DECLARE @GetedStuID CHAR(8)
EXEC SP_AutoGetStuID '050801',@GetedStuID OUTPUT
SELECT @GetedStuID AS NewStuID
```

04 单击"执行"按钮,成功执行后,得到执行 AutoGetStuID 存储过程的返回结果,如图 6-3 所示。

	NewStuID
1	04080111

图 6-3 自增学号返回结果

6.3 ▶ 任务 3——课程班成绩等第的自动划分

📋 任务描述与分析

课程班成绩录入系统后,由于系统记录的是学生的分数,而有的课程班的成绩需要用"优秀、良好、中等、及格和不及格"5 个等第进行显示。等第划分的标准是:90 分以上为"优秀",80~89 分为"良好",70~79 分为"中等",60~69 分为"及格",60 分以下为"不及格"。

要求:用带参数的存储过程实现不同课程班成绩的等第自动划分功能。

📎 相关知识与技能

CASE 关键字可根据表达式的真假来确定是否返回某个值,可在允许使用表达式的任何地方使用它。

6.3.1　CASE 分支语句

使用 CASE 语句可以进行多个分支的选择。CASE 分支语句有两种格式：简单格式和搜索格式。

1.　简单格式 CASE 语句

简单格式 CASE 语句将某个表达式与一组简单表达式进行比较以确定结果。语法格式如下：

```
CASE 比较表达式
   WHEN 简单表达式 1 THEN 结果表达式 1
   [… n]
   [ELSE 其他结果表达式]
END
```

上述语句中，当某个"比较表达式 n=简单表达式 n"为"True"时，返回对应的"结果表达式 n"。当所有"比较表达式 n=简单表达式 n"为"False"时，返回"其他结果表达式"。

2.　搜索格式 CASE 语句

搜索格式 CASE 语句计算一组布尔表达式以确定结果。语法格式如下：

```
CASE
   WHEN 布尔表达式 1 THEN 结果表达式 1
   [… n]
   [ELSE 其他结果表达式]
END
```

上述语句中，当某个"布尔表达式 n"为"True"时，返回对应的"结果表达式 n"。当所有"布尔表达式 n"为"False"时，返回"其他结果表达式"。

任务实施与拓展

6.3.2　创建课程班成绩等第自动划分存储过程

01　在 SSMS 窗口的"新建查询"窗口中输入如下搜索格式 CASE 语句。

```
USE DB_TeachingMS
GO
CREATE PROCEDURE SP_GradeLevelSet @CourseClassID CHAR(10)
AS
SELECT TG.StuID 学号,StuName 姓名,TotalScore 分数,
CASE
WHEN TotalScore<60 THEN '不及格'
WHEN TotalScore>=60 AND TotalScore<70 THEN '及格'
WHEN TotalScore>=70 AND TotalScore<80 THEN '中等'
WHEN TotalScore>=80 AND TotalScore<90 THEN '良好'
WHEN TotalScore>=90 AND TotalScore<=100 THEN '优秀'
END AS '等第'
FROM TB_Grade TG,TB_Student TS
WHERE TG.StuID=TS.StuID AND CourseClassID=@CourseClassID
ORDER BY TotalScore DESC
```

02 单击"执行"按钮，成功执行后，即可在"教学管理系统"数据库中创建相应的 SP_GradeLevelSet 存储过程。

03 继续在"查询"窗口中输入下述执行存储过程的 T-SQL 语句，以课程班"T080010401"为例。

```
EXEC SP_GradeLevelSet @CourseClassID='T080010401'
```

04 单击"执行"按钮，成功执行后，得到执行 GradeLevelSet 存储过程的返回结果，如图 6-4 所示。

	学号	姓名	分数	等第
1	04080110	司马光	94.6	优秀
2	04080109	陈淋淋	89.8	良好
3	04080108	戴安娜	89.5	良好
4	04080102	王倩	84	良好
5	04080107	李铁	83.5	良好
6	04080101	任正非	83	良好
7	04080106	龚玲玲	77.5	中等
8	04080105	郑志	70.1	中等
9	04080103	戴丽	67	及格
10	04080104	孙军团	49.462	不及格

图 6-4　课程班成绩等第查询结果

6.2.3　任务拓展

如果从 TB_CourseClass 表中查询课程班信息时，要将选满标志 FullFlag 字段中的值"U"和"F"分别显示为"未满"和"已满"，则可以用下述简单格式 CASE 语句实现。

```
USE DB_TeachingMS
GO
SELECT CourseClassID,CourseName,TeacherName,TeachingTime,TeachingPlace,
CASE FullFlag
WHEN 'U' THEN '未满'
WHEN 'F' THEN '已满'
END AS SelectFlag
FROM TB_CourseClass TCC,TB_Course TC,TB_Teacher TT
WHERE TCC.CourseID=TC.CourseID AND TCC.TeacherID=TT.TeacherID
```

执行上述 T-SQL 语句，可以得到如图 6-5 所示的查询结果。

	CourseClassID	CourseName	TeacherName	TeachingTime	TeachingPlace	SelectFlag
1	T070020401	中国剪纸艺术	沈丽	3:3-4,5:3-4	4#102	已满
2	T080010401	C语言程序设计	陈玲	1:3-4,3:1-2	4#多媒体208	已满
3	T080010402	C语言程序设计	陈玲	2:3-4,4:5-6	4#普通教室208	已满
4	T080030401	动态网页设计	龙永图	1:1-2,3:3-4	4#录播室304	已满
5	T080040401	Flash动画制作	黄三洁	2:3-4,4:5-6	8#309	未满
6	T100020401	吉他弹唱	沈天一	1:3-4,3:1-2	10#208	未满
7	T100050401	曹雪芹与红楼梦	曾远	1:3-4,3:1-2	10#202	未满

图 6-5　课程班相关信息查询结果

6.4 ▶ 任务 **4**——学生课程班选修和退选

📖 任务描述与分析

在每个学期的期末或期初，教务处要开放一周时间要求学生在网上完成课程选修，在这一周内，学生可以根据自己的实际情况进行课程班选修和课程班退选，在课程班选修和退选的过程中，有的学生可能一次选修或退选多个课程班。当学生登录并进入到选课界面，进行课程班选修或退选后，网页应用程序将调用数据库中的存储过程来完成相应的课程班选修和退选的功能，在调用存储过程的同时传递两个参数：学号和选修或退选的课程班编码字符串。多个课程班编码之间用逗号隔开。

要求：用带参数的存储过程分别实现学生课程班选修和退选功能。

📎 相关知识与技能

6.4.1　WHILE 循环控制语句

WHILE 循环控制语句用于设置重复执行 T-SQL 语句块的条件。当指定的条件为真时，重复执行循环语句块。语法如下：

```
WHILE 布尔条件表达式
    循环 T-SQL 语句块
```

可以在循环体的 T-SQL 语句块内设置 BREAK 和 CONTINUE 关键字，以便控制循环语句的执行流程。

1．BREAK 中断语句

BREAK 中断语句用来退出 WHILE 或 IF...ELSE 语句的执行，然后执行 WHILE 或 IF...ELSE 语句后面的其他 T-SQL 语句。

> **注意：** 如果嵌套了两个或多个 WHILE 循环，内层的 BREAK 语句将导致退出到下一个外层循环。首先运行内层循环结束之后的所有语句，然后下一个外层循环重新开始执行。

2．CONTINUE 语句

CONTINUE 语句用来重新开始一个新的 WHILE 循环，循环体内在 CONTINUE 关键字之后的任何语句都将被忽略。CONTINUE 语句通常用一个 IF 条件语句来判断是否执行它。

6.4.2　WAITFOR 延迟语句

WAITFOR 延迟语句可以将它之后的语句在一个指定的时间间隔后执行，或在将来的某一指定的具体时间执行。它可以悬挂起批处理、存储过程或事务的执行，直到发生下述情况为止：超过指定的时间间隔或到达指定的时间。该语句通过暂停语句的执行来改变语句的执行过程。语法如下：

```
WAITFOR DELAY 时间间隔
```

或

```
WAITFOR TIME 具体时间点
```

上述语法结构中的"时间间隔"为可以继续执行批处理、存储过程或事务之前必须等待的指定时间间隔，最长可为 24 小时。"具体时间点"为指定的运行批处理、存储过程或事务的时间点。

6.4.3 TRY…CATCH 语句

TRY…CATCH 语句对执行的其他 T-SQL 语句实现与 C#和 C++语言中的异常处理类似的错误处理。T-SQL 语句组可以包含在 TRY 块中。如果 TRY 块内部发生错误，则会将控制传递给 CATCH 块中包含的另一个语句组。TRY…CATCH 语句只捕获严重级别大于 10 但不终止数据库连接的错误。语法如下：

```
BEGIN TRY
T-SQL 语句块
END TRY
BEGIN CATCH
T-SQL 语句块
END CATCH
```

TRY 块后必须紧跟相关联的 CATCH 块，在 END TRY 和 BEGIN CATCH 语句之间放置任何其他语句都将生成语法错误。TRY…CATCH 构造可以是嵌套式的。在 CATCH 块的作用域内，可以使用如表 6-5 所示的系统函数来获取导致 CATCH 块执行的错误消息。

表 6-5　常用系统错误消息函数

函数	说明
ERROR_NUMBER()	返回错误号
ERROR_SEVERITY()	返回严重性
ERROR_STATE()	返回错误状态号
ERROR_PROCEDURE()	返回出现错误的存储过程或触发器的名称
ERROR_LINE()	返回导致错误的例程中的行号
ERROR_MESSAGE()	返回错误消息的完整文本。该文本可包括任何可替换参数所提供的值，如长度、对象名或时间

6.4.4 数据库事务

数据库事务（Database Transaction）是指作为单个逻辑工作单元执行的一系列操作。事务处理可以确保除非事务性单元内的所有操作都成功完成，否则不会永久更新面向数据的资源。通过将一组相关操作组合为一个要么全部成功要么全部失败的单元，可以简化错误恢复并使应用程序更加可靠。一个逻辑工作单元要成为事务，必须满足所谓的 ACID 属性：原子性、一致性、隔离性和持久性。

1．原子性（Atomic）

事务必须是原子工作单元，对于其数据的修改，要么全都执行，要么全都不执行。

2．一致性（Consistent）

事务在完成时，必须使所有的数据都保持一致状态。在相关数据库中，所有规则都必须应用于事务的修改，以保持所有数据的完整性。

3．隔离性（Insulation）

由并发事务所做的修改必须与任何其他并发事务所做的修改隔离。事务查看数据时数据所处的状态，要么是另一并发事务修改它之前的状态，要么是另一事务修改它之后的状态，事务不会查看中间状态的数据。

4．持久性（Duration）

事务完成之后，它对于系统的影响是永久性的。

SQL Server 用 TRANSACTION 关键字来实现对一个事务操作的提交或回滚。具体语法如下：

```
BEGIN TRANSACTION
T-SQL 语句块
COMMIT TRANSACTION 或 ROLLBACK TRANSACTION
```

BEGIN TRANSACTION 语句通知 SQL Server，它应该将下一条 COMMIT TRANSACTION 语句或 ROLLBACK TRANSACTION 语句以前的所有操作作为单个事务。如果 SQL Server 遇到的是一条 COMMIT TRANSACTION 语句，那么保存（提交）自最近一条 BEGIN TRANSACTION 语句以后对数据库所做的所有工作。如果 SQL Server 遇到的是一条 ROLLBACK TRANSACTION 语句，则抛弃（回滚）所有这些操作所做的工作，恢复到数据的初始状态。

任务实施与拓展

6.4.5　创建学生课程班选修和退选存储过程

1．创建课程班选修存储过程

01　（1）如果每次只选择一个课程班，创建"课程选修"存储过程的 T-SQL 语句如下：

```
USE DB_TeachingMS
GO
CREATE PROCEDURE SP_SelectCourse @StuID CHAR(8),@CourseClassID
CHAR(10)
AS
INSERT INTO TB_SelectCourse (StuID,CourseClassID)
VALUES(@StuID,@CourseClassID)
```

（2）如果每次选择的课程班不止一个，多个课程班编码间用","隔开，创建"课程选修"存储过程的 T-SQL 语句如下：

```
USE DB_TeachingMS
GO
CREATE PROCEDURE SP_SelectCourse @StuID CHAR(8),@CourseClassIDs
VARCHAR(100)
AS
--定义课程班编码和字符位置变量，并初始化
DECLARE @CourseClassID CHAR(10),@Position TINYINT
SET @Position=1
WHILE @Position<LEN(@CourseClassIDs)
BEGIN
```

```
--取单个课程班的编码
SET @CourseClassID=SUBSTRING(@CourseClassIDs,@Position,10)
--将选择的某个课程班插入选课信息表中
INSERT INTO TB_SelectCourse (StuID,CourseClassID)
VALUES(@StuID,@CourseClassID)
--字符位置重新定位
SET @Position=@Position+11
END
```

02 单击"执行"按钮，成功执行后，即可在"教学管理系统"数据库中创建相应的 SP_SelectCourse 存储过程。

03 继续在"查询"窗口中输入如下执行存储过程的 T-SQL 语句。

```
EXEC SP_SelectCourse '04020109','T080030401,T100020401,T100050401'
```

04 单击"执行"按钮，成功执行后，将该学生所选择的三个课程班记录插入到 TB_SelectCourse 表中。

2. 创建课程班退选存储过程

01 如果每次退选的课程班个数也不确定，则多个课程班编码间用"，"隔开，创建"课程退选"存储过程的 T-SQL 语句如下：

```
USE DB_TeachingMS
GO
CREATE PROCEDURE SP_ReturnCourse @StuID CHAR(8),@CourseClassIDs
VARCHAR(100)
AS
--定义课程班编码和字符位置变量，并初始化
DECLARE @CourseClassID CHAR(10),@Position TINYINT
SET @Position=1
WHILE @Position<LEN(@CourseClassIDs)
BEGIN
--取单个课程班的编码
SET @CourseClassID=SUBSTRING(@CourseClassIDs,@Position,10)
--将选择的某个课程班插入选课信息表中
DELETE FROM TB_SelectCourse
WHERE StuID=@StuID AND CourseClassID=@CourseClassID
--字符位置重新定位
SET @Position=@Position+11
END
```

02 单击"执行"按钮，成功执行后，即可在"教学管理系统"数据库中创建相应的 SP_ReturnCourse 存储过程。

03 继续在"查询"窗口中输入如下执行存储过程的 T-SQL 语句。

```
EXEC SP_ReturnCourse
'04020109','T080030401,T100020401,T100050401'
```

04 单击"执行"按钮，成功执行后，可以将 TB_SelectCourse 表中该学生选择的三个课程班记录删除，达到课程退选的目的。

6.4.6　任务拓展

1．WAITFOR 语句

在中午 11:40 提示"下课时间到了！"信息，可以执行下述 T-SQL 语句来实现。

```
WAITFOR TIME '11:40'
PRINT '下课时间到了！'
```

同样，如果在 1 分钟后提示"1 分钟时间到了！"信息，可以执行下述 T-SQL 语句来实现。

```
WAITFOR DELAY '00:01'
PRINT '1 分钟时间到了！'
```

2．TRY…CATCH 语句

用存储过程向"教学管理系统"数据库中的 TB_Class 表中插入班级记录，记录插入的过程中可能会产生各种错误，如何捕捉到这个错误，可在存储过程中用下述 T-SQL 语句实现。

```
USE DB_TeachingMS
GO
CREATE PROCEDURE SP_InsertClass @ClassID CHAR(6),@ClassName
CHAR(20),
@DeptID CHAR(2),@TeacherID CHAR(6),@ErrorMsg VARCHAR(256) OUTPUT
AS
BEGIN TRY
INSERT INTO TB_Class
VALUES(@ClassID,@ClassName,@DeptID,@TeacherID)
END TRY
BEGIN CATCH
SET @ErrorMsg=ERROR_MESSAGE()
END CATCH
```

用此存储过程插入如表 6-6 所示的三条记录，分别观察返回的错误信息。

表 6-6　班级记录

编码	班级名称	系部编码	班主任
050865	05 动漫(2)班	08	T08003
040801	04 网络(1)班	08	T08001
050866	05 动漫(3)班	08	T08099

执行 SP_InsertClass 存储过程，插入表 6-6 中第一条记录时，T-SQL 语句如下：

```
DECLARE @ErrorMsg VARCHAR(256)
EXEC SP_InsertClass '050866','05动漫(2)班','08','T08003',@ErrorMsg
OUTPUT
SELECT @ErrorMsg AS '错误信息'
```

返回的错误信息为"NULL"，记录成功插入 TB_Class 表中。同样，用这个存储过程插入表 6-6 中的第二条记录，产生的错误信息如图 6-6 所示。

```
错误信息
违反了 PRIMARY KEY 约束 'PK__TB_Class__CB1927A01CF15040'。不能在对象 'dbo.TB_Class' 中插入重复键。
```

图 6-6　主键约束出错信息

再用这个存储过程插入表 6-6 中的第三条记录，产生的错误信息如图 6-7 所示。

```
错误信息
INSERT 语句与 FOREIGN KEY 约束"FK__TB_Class__Teache__1FCDBCEB"冲突。该冲突发生于数据库...
```

图 6-7　外键约束出错信息

3. 数据库事务

如果要一次性连续插入表 6-6 中的三条记录，可以用下述 T-SQL 语句实现。

```sql
USE DB_TeachingMS
GO
INSERT INTO TB_Class VALUES('050865','05动漫(2)班','08','T08003')
INSERT INTO TB_Class VALUES('040801','04网络(1)班','08','T08001')
INSERT INTO TB_Class VALUES('050866','05动漫(3)班','08','T08099')
```

执行上述语句，会插入第一条记录，后两条记录分别由于主键约束和外键约束错误而插入失败。如果要将这三条记录作为一个事务单元来执行，要么全部插入成功，要么全部插入失败，即满足事务操作的原子性，可用下述 T-SQL 语句来实现。

```sql
USE DB_TeachingMS
GO
DECLARE @FirstError INT,@SecondError INT,@ThirdError INT
BEGIN TRANSACTION
INSERT INTO TB_Class VALUES('050865','05动漫(2)班','08','T08003')
SET @FirstError=@@ERROR
INSERT INTO TB_Class VALUES('040801','04网络(1)班','08','T08001')
SET @SecondError=@@ERROR
INSERT INTO TB_Class VALUES('050866','05动漫(3)班','08','T08099')
SET @ThirdError=@@ERROR
IF @FirstError=0 AND @SecondError=0 AND @ThirdError=0
COMMIT TRANSACTION
ELSE
ROLLBACK TRANSACTION
```

6.5 任务 5——实现课程班成绩查询功能

📖 任务描述与分析

学期结束后，任课老师将课程班成绩录入到"教学管理系统"中后，教务处要经常查询不同教师所任教课程班的学生成绩。第 2 项目小组要求唐小磊同学基于 ASP.NET 技术创建一个基于课程班的学生成绩查询的应用程序，并通过调用"教学管理系统"数据库中的存储过程来完成教师查询自己教学的课程班的学生成绩的功能。

任务实施与拓展

6.5.1　快速原型设计

　　根据对不同任课教师课程班的学生成绩查询功能的分析，课程班成绩查询界面设计如图 6-8 所示，界面由标题文本、两个下拉列表框（教师和课程班）、按钮、数据显示表单五个对象组成。

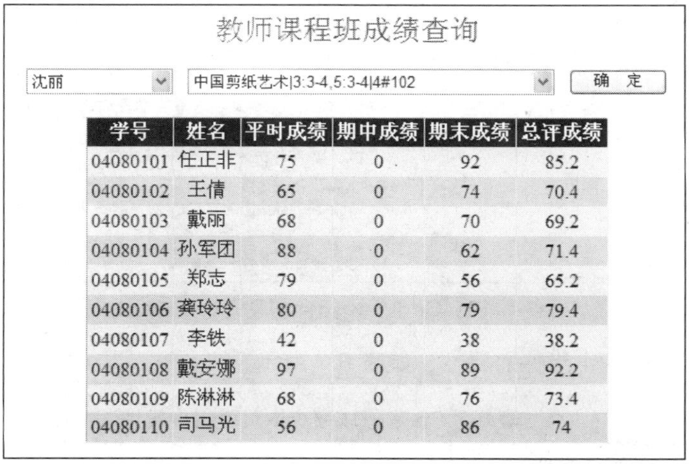

图 6-8　课程班成绩查询页面

　　在图 6-8 中的"教师"下拉列表框中选择对应的教师名称，则在"课程班"下拉列表框中会出现该教师的所有任课信息记录（课程班），选择相应的课程班记录，然后单击"确定"按钮，则会显示对应的"课程班"学生成绩表单。

6.5.2　课程班成绩查询网页布局与设计

01　在站点"http://localhost/ManageModel_Web"中添加一个新的网页应用程序"Teacher GradeQuery.aspx"文件，设计界面如图 6-9 所示。

图 6-9　课程班成绩查询页面设计布局

02　设置图 6-9 中的 GridView 组件的"自动套用格式"为"雨天"格式。

03　在如图 6-10 所示"字段"对话框的"可用字段"栏内选择"BoundField"项，单击"添加"按钮，添加六个 BoundField 类型字段。它的 DataField 和 HeaderText 属性分别为"StuID、StuName、CommonScore、MiddleScore、LastScore、TotalScore"和"学号、姓名、平时成绩、期中成绩、期末成绩、总评成绩"。

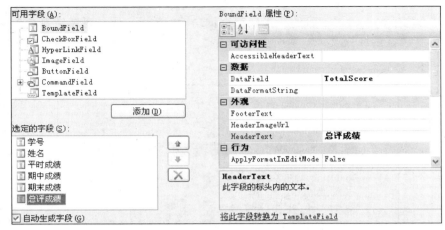

图 6-10　GridView 组件字段设计窗口

04 设置图 6-9 中的各个组件的属性，如表 6-7 所示。

表 6-7　课程班成绩查询页面组件属性

组件 ID	组件类型	说明
TeacherDDList	DropDownList	Width 属性：120px，AutoPostBack 属性："True"
CourseClassDDList	DropDownList	Width 属性：300px
QueryBtn	Button	Width 属性：80px，Text 属性："确定"
GradeGView	GridView	Width 属性：150px，AutoGenerateColumns 属性："False"

6.5.3　课程班成绩查询的功能实现

首先在 SQL Server 的 SSMS 中创建一个名为"SP_CourseClassQuery"的存储过程，用于查询某个教师的任教课程班的信息，并在 CourseClassDDList 下拉列表框中显示。存储过程创建的 T-SQL 语句如下：

```
USE DB_TeachingMS
GO
CREATE PROCEDURE SP_CourseClassQuery @TeacherID CHAR(6)
AS
SELECT CourseClassID,CourseName+'|'+TeachingTime+'|'+TeachingPlace
AS CCName
FROM TB_CourseClass TCC,TB_Course TC
WHERE TCC.CourseID=TC.CourseID AND TeacherID=@TeacherID
```

1．教师下拉列表框数据绑定

在文件"CourseClassGradeQuery.aspx.cs"的头部添加代码"using System.Data.SqlClient;"。

为实现图 6-8 所示的"教师"下拉列表框数据绑定功能，在"CourseClassGradeQuery.aspx.cs"文件中添加一个私有的方法"DropDownListBind()"，代码如下：

```
private void DropDownListBind()
{
//新建一个连接实例
SqlConnection DDLConn = new SqlConnection();
//从 Web.config 文件获取数据库连接字符串
DDLConn.ConnectionString =
ConfigurationManager.ConnectionStrings["ConnStr"].ToString();
DDLConn.Open();
//将教师信息表中的数据填充到 DDLDataSet 对象的表"TeacherTable"中
SqlCommand TeacherCmd = new SqlCommand("SELECT TeacherID,TeacherName
FROM TB_Teacher", DDLConn);
SqlDataAdapter TeacherDataAdapter = new SqlDataAdapter(TeacherCmd);
DataSet DDLDataSet = new DataSet();
TeacherDataAdapter.Fill(DDLDataSet,"TeacherTable");
//教师下拉列表框绑定
this.TeacherDDList.DataTextField = "TeacherName";
this.TeacherDDList.DataValueField = "TeacherID";
this.TeacherDDList.DataSource = DDLDataSet.Tables["TeacherTable"];
this.TeacherDDList.DataBind();
this.TeacherDDList.Items.Insert(0, new ListItem("===所有教师===", "
全部"));
//关闭数据库连接
DDLConn.Close();
}
```

在 "CourseClassGradeQuery.aspx.cs" 文件的方法 "Page_Load()" 中输入下列代码，即可实现 "教师" 下拉列表框的数据绑定功能。

```
//如果是第一次加载网页，则绑定页面上各个下拉列表框的数据
if (!Page.IsPostBack)
{
DropDownListBind();
}
```

2. 基于教师下拉列表框的课程班下拉列表框数据联动绑定

为了实现当选择了 "教师" 下拉列表框中的某个教师后，"课程班" 下拉列表框中就显示对应教师的任教课程班信息的功能，在 TeacherDDList 组件的 SelectedIndexChanged 事件的右侧空白处双击，在方法 "TeacherDDList_SelectedIndexChanged()" 中添加下述代码：

```
protected void TeacherDDList_SelectedIndexChanged(object sender,
EventArgs e)
{
//新建一个连接实例
SqlConnection CourseClassConn = new SqlConnection();
//从 Web.config 文件获取数据库连接字符串
CourseClassConn.ConnectionString =
ConfigurationManager.ConnectionStrings["ConnStr"].ToString();
CourseClassConn.Open();
//调用 SP_CourseClassQuery 存储过程
SqlCommand CourseClassCmd =
```

```
new SqlCommand("SP_CourseClassQuery",CourseClassConn);
//说明 SqlCommand 类型是个存储过程
CourseClassCmd.CommandType = CommandType.StoredProcedure;
//添加存储过程需要的参数
   CourseClassCmd.Parameters.Add("@TeacherID",SqlDbType.Char,6).Valu
e =
   this.TeacherDDList.SelectedValue.ToString();
//新建 DDLDataSet 对象，并将课程班表中的数据填充到 DDLDataSet 对象的表
"CourseClassTable"中
SqlDataAdapter CourseClassDataAdapter = new
SqlDataAdapter(CourseClassCmd);
DataSet DDLDataSet = new DataSet();
CourseClassDataAdapter.Fill(DDLDataSet, "CourseClassTable");
//课程班下拉列表框绑定
this.CourseClassDDList.DataTextField = "CCName";
this.CourseClassDDList.DataValueField = "CourseClassID";
this.CourseClassDDList.DataSource =
DDLDataSet.Tables["CourseClassTable"];
this.CourseClassDDList.DataBind();
//关闭数据库连接
CourseClassConn.Close();
}
```

3. 课程班成绩查询并绑定

在"课程班"下拉列表框中选择要查询成绩的课程班记录，然后单击"确定"按钮即可进行相应课程班成绩查询。为实现此功能，双击"确定"按钮，在"QueryBtn_Click()"方法中输入下列代码：

```
protected void QueryBtn_Click(object sender, EventArgs e)
{
//新建一个连接实例
SqlConnection CourseClassGradeConn = new SqlConnection();
//从 Web.config 文件获取数据库连接字符串
CourseClassGradeConn.ConnectionString =
ConfigurationManager.ConnectionStrings["ConnStr"].ToString();
CourseClassGradeConn.Open();
//调用 SP_CourseClassGradeQuery 存储过程
SqlCommand CourseClassCmd = new
SqlCommand("SP_CourseClassGradeQuery",
CourseClassGradeConn);
//说明 SqlCommand 类型是个存储过程
CourseClassCmd.CommandType = CommandType.StoredProcedure;
//添加存储过程需要的参数
CourseClassCmd.Parameters.Add("@CourseClassID", SqlDbType.Char,
```

```
10).Value =
this.CourseClassDDList.SelectedValue.ToString();
//新建 QueryDS 对象，并将成绩信息表中的数据填充到 DDLDataSet 对象的表
"CCGradeTable"中
SqlDataAdapter CourseClassDataAdapter = new
SqlDataAdapter(CourseClassCmd);
DataSet QueryDS = new DataSet();
CourseClassDataAdapter.Fill(QueryDS,"CCGradeTable");
//GradeGView 数据绑定
this.GradeGView.DataSource = QueryDS.Tables["CCGradeTable"];
this.GradeGView.DataBind();
//关闭数据库连接
CourseClassGradeConn.Close();
}
```

6.6 ▶ 任务 6——用 ASP.NET 实现课程的选修和退选功能

📑 任务描述与分析

　　每学期初，教务处会在一周时间内将本学期开设的选修课在网上公布，并让学生登录后选择要修的课程，不满意的还可以进行退选。第 2 项目小组要求宋子杰同学基于 ASP.NET 技术创建能实现学生网上课程选修和退选的应用程序，并通过调用"教学管理系统"数据库中相关存储过程来实现该功能。

❒⁺ 任务实施与拓展

6.6.1　快速原型设计

　　学生网上课程的选修界面设计如图 6-11 所示，界面主要由一个 GridView 和按钮组件组成。

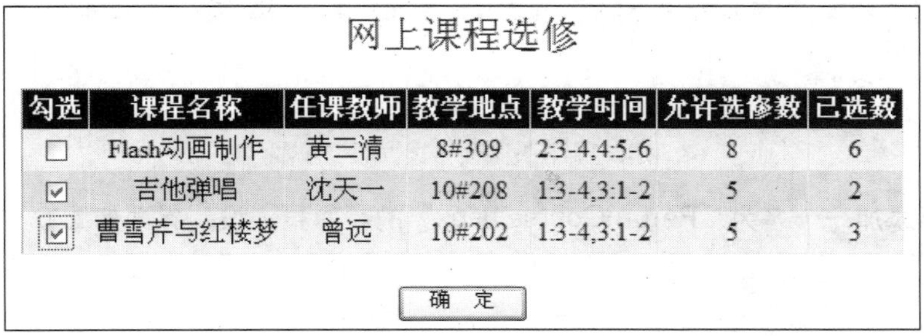

网上课程选修

勾选	课程名称	任课教师	教学地点	教学时间	允许选修数	已选数
☐	Flash动画制作	黄三清	8#309	2:3-4,4:5-6	8	6
☑	吉他弹唱	沈天一	10#208	1:3-4,3:1-2	5	2
☑	曹雪芹与红楼梦	曾远	10#202	1:3-4,3:1-2	5	3

确　定

图 6-11　课程选修页面

　　同样，学生网上课程退选界面设计如图 6-12 所示，界面主要由一个 GridView 组件和一个"课程选修"的超链接组成。

图 6-12　课程退选页面

选修相应的课程后，回到学生网上课程选修页面，可以发现已选的两个课程班不再出现在选课界面中，如图 6-13 所示。

图 6-13　选课后的课程选修页面

6.6.2　选修网页的布局与设计

01 在站点"http://localhost/ManageModel_Web"中添加一个新的网页应用程序"SelectCourse.aspx"文件，设计界面如图 6-14 所示。

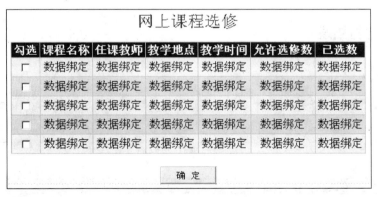

图 6-14　课程选修页面设计界面

同样，再添加一个名为"ReturnCourse.aspx"的新网页，设计界面如图 6-15 所示。

图 6-15　课程退选页面设计布局

02 设置图 6-14 和图 6-15 中的 GridView 组件的"自动套用格式"为"雨天"格式。

03 单击图 6-14 中 GridView 组件右上角的按钮▷，在弹出的对话框中选择"编辑列"选项，弹出如图 6-16 所示的字段设计窗口，在"可用字段"栏内选择 CheckBoxField 项，单击"添加"按钮，添加一个 CheckBoxField 类型字段，并设置 HeaderText 属性为"选择"，然后单击窗口右下角的"将此字段转换为 TemplateField"项，将这个字段转换为 TemplateField 字段。

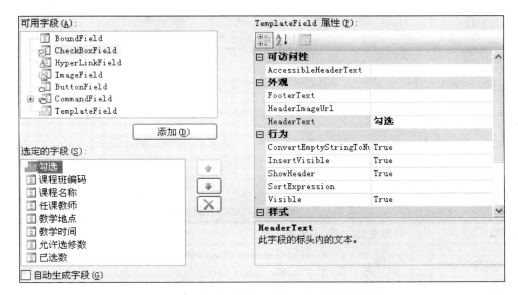

图 6-16　课程选修页面 GridView 组件字段设计窗口

04 在"SelectCourse.aspx"文件的"源"代码窗口中，将"选择"列的 CheckBox 的 ID 改为"CBoxCourseClass"，修改后的代码如下：

```
<asp:TemplateField HeaderText="选择">
<ItemTemplate>
<asp:CheckBox ID="CBoxCourseClass" runat="server" />
</ItemTemplate>
</asp:TemplateField>
```

05 在图 6-16 中"可用字段"栏内选择"BoundField"项，单击"添加"按钮，添加七个 BoundField 类型字段。它的 DataField 和 HeaderText 属性分别为"CourseClassID、CourseName、TeacherName、TeachingPlace、TeachingTime、MaxNumber、SelectedNumber"和"课程班编码、课程名称、任课教师、教学地点、教学时间、允许选修数、已选数"。其中，"课程班编码"字段的"Visible"属性设置为"False"。

06 单击图 6-15 中 GridView 组件右上角的按钮 >，在弹出的对话框中选择"编辑列"选项，弹出如图 6-17 所示的字段设计窗口，在"可用字段"栏内选择"BoundField"项，单击"添加"按钮，添加五个 BoundField 类型字段。它们的 DataField 和 HeaderText 属性分别为"CourseClassID、CourseName、TeacherName、TeachingPlace、TeachingTime"和"课程班编码、课程名称、任课教师、教学地点、教学时间"。

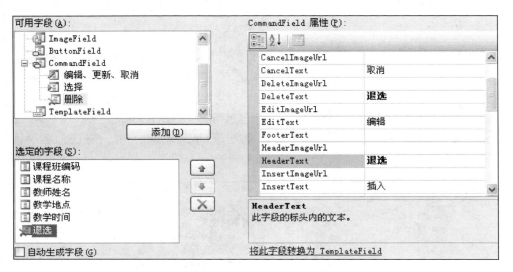

图 6-17　课程退选页面 GridView 组件字段设计窗口

07 在"可用字段"栏内选择 CommandField 节点中的"删除"项，单击"添加"按钮，添加一个 CommandField 类型字段，将它的属性 HeaderText 和 DeleteText 都改为"退选"。

08 设置图 6-14 和图 6-15 中的各个组件的属性，分别如表 6-8 和表 6-9 所示。

表 6-8　课程选修页面组件属性

组件 ID	组件类型	说明
CourseClassGView	GridView	AutoGenerateColumns 属性："False" DataKeyNames 属性："CourseClassID"
StuSelectBtn	Button	Width 属性：80px，Text 属性："确定"

表 6-9 课程退选页面组件属性

组件 ID	组件类型	说明
StuNameLabel	Label	Text 属性："学号姓名"，用以显示学生的学号和姓名
StuCourseGView	GridView	AutoGenerateColumns 属性："False"

6.6.3　学生课程班选修功能实现

首先在 SQL Server 的 SSMS 中创建一个名为 "SP_StuCourseClass" 的存储过程，该存储过程基于某个学生查询其可以选修的所有课程班信息（不包括该学生已经选修的课程班和已经选满的课程班）。创建存储过程的 T-SQL 语句如下：

```
USE DB_TeachingMS
GO
CREATE PROCEDURE SP_StuCourseClass @StuID CHAR(8)
AS
    SELECT
CourseClassID,CourseName,TeacherName,TeachingPlace,TeachingTime,
MaxNumber,SelectedNumber
FROM TB_CourseClass TCC,TB_Course TC,TB_Teacher TT
WHERE TCC.CourseID=TC.CourseID AND TCC.TeacherID=TT.TeacherID AND
FullFlag='U'
AND CourseClassID NOT IN
(SELECT CourseClassID FROM TB_SelectCourse WHERE StuID=@StuID)
```

1.　课程班信息查询并绑定

在文件 "SelectCourse.aspx.cs" 的头部添加代码 "using System.Data.SqlClient;"。

为在此网页中显示某个登录学生可以选修的课程班信息，在 "SelectCourse.aspx.cs" 文件的方法 "Page_Load()" 中添加如下代码：

```
if (!Page.IsPostBack)
{
//建立数据库连接,从Web.config文件获取数据库连接字符串
SqlConnection CourseClassConn = new SqlConnection();
CourseClassConn.ConnectionString =
ConfigurationManager.ConnectionStrings["ConnStr"].ToString();
CourseClassConn.Open();
//调用存储过程
SqlCommand CourseClassCmd = new SqlCommand("SP_StuCourseClass",
CourseClassConn);
//说明SqlCommand类型是个存储过程
CourseClassCmd.CommandType = CommandType.StoredProcedure;
//添加存储过程的参数,从全局Session变量获取学号值
CourseClassCmd.Parameters.Add("@StuID", SqlDbType.Char, 8).Value =
Session["StuID"].ToString();
SqlDataAdapter StuGradeAdapter = new SqlDataAdapter(CourseClassCmd);
    //将SqlDataAdapter对象中的数据填充到DataSet对象的表"StuSelectCourseTable"
中
DataSet StuCourseClassDS = new DataSet();
StuGradeAdapter.Fill(StuCourseClassDS, "StuSelectCourseTable");
//关闭数据库连接
CourseClassConn.Close();
//绑定数据到GridView显示
this.CourseClassGView.DataSource =
StuCourseClassDS.Tables["StuSelectCourseTable"];
this.CourseClassGView.DataBind();
}
```

2. 学生课程班选修功能实现

当学生在网页上选择了对应的课程班后，单击"确定"按钮，网页应用程序应调用数据库中的 SP_StuCourseClass 存储过程将学生选择的课程班的信息插入到数据库中。为了实现这个功能，在"SelectCourse.aspx"文件设计界面的"确定"按钮上双击，在方法"StuSelectBtn_Click()"中添加下述代码。

```
protected void StuSelectBtn_Click(object sender, EventArgs e)
{
string CourseClassIDs; //定义存放选择课程班编码的字符串变量
CourseClassIDs = "";    //初始化字符串变量
//循环遍历所有课程班记录，被选择的则将其课程班编码放入字符串变量中
for (int i = 0; i < this.CourseClassGView.Rows.Count; i++)
{
    CheckBox CheckedBox =
    (CheckBox)this.CourseClassGView.Rows[i].FindControl("CBoxCourseCla
ss");
if (CheckedBox.Checked)
{
if (CourseClassIDs == "")
        CourseClassIDs =
this.CourseClassGView.DataKeys[i].Value.ToString();
else
   CourseClassIDs = CourseClassIDs + "," +
this.CourseClassGView.DataKeys[i].Value.ToString();
}
}
//调用存储过程，插入选修课程班记录
   if (CourseClassIDs == "")
{
//没有选择课程班，则弹出提示信息框
Response.Write("<SCRIPT language='javascript'>alert('请先选择课程！
'); </SCRIPT>");
}
else
{
//Response.Write(CourseClassIDs); //测试显示选中的课程班编码
//调用 SQL Server 中的存储过程进行课程选修
SqlConnection SelectCourseConn = new SqlConnection();
SelectCourseConn.ConnectionString =
ConfigurationManager.ConnectionStrings["ConnStr"].ToString();
SelectCourseConn.Open();
//调用存储过程
    SqlCommand SelectCourseCmd = new SqlCommand("SP_SelectCourse",
SelectCourseConn);
//说明 SqlCommand 类型是个存储过程
SelectCourseCmd.CommandType = CommandType.StoredProcedure;
//添加存储过程的参数，从全局 Session 变量获取学号，从 CourseClassIDs 得到选中的
课程班信息
SelectCourseCmd.Parameters.Add("@StuID", SqlDbType.Char, 8).Value =
Session["StuID"].ToString();
```

```
SelectCourseCmd.Parameters.Add("@CourseClassIDs",
SqlDbType.VarChar, 100).Value =
CourseClassIDs;
SelectCourseCmd.ExecuteNonQuery();    //执行存储过程
SelectCourseConn.Close();        //关闭数据库连接
Response.Write("<SCRIPT language='javascript'>alert('课程选修成功!
'); </SCRIPT>");
//跳转到网页"ReturnCourse.aspx"
Response.Redirect("ReturnCourse.aspx");
}
```

6.6.4　学生课程班退选功能实现

同样，在 SQL Server 的 SSMS 窗口中创建一个名为"SP_StuSelectedCourse"的存储过程，该存储过程用于查询某个学生所有已经选修课程班信息。创建存储过程的 T-SQL 语句如下：

```
USE DB_TeachingMS
GO
CREATE PROCEDURE SP_StuSelectedCourse @StuID CHAR(8)
AS
    SELECT
TSC.CourseClassID,CourseName,TeacherName,TeachingPlace,TeachingTime
FROM TB_SelectCourse TSC,TB_CourseClass TCC,TB_Course TC,TB_Teacher TT
WHERE TSC.CourseClassID=TCC.CourseClassID AND
TCC.CourseID=TC.CourseID AND TCC.TeacherID=TT.TeacherID AND
StuID=@StuID
```

1.　已选课程班信息查询并绑定

为在此网页中显示某个登录学生已经选修的课程班信息，在"ReturnCourse.aspx.cs"文件中添加一个方法"GridViewDataBind()"，代码如下：

```
private void GridViewDataBind()
{
//建立数据库连接,从 Web.config 文件获取数据库连接字符串
SqlConnection StuCourseConn = new SqlConnection();
StuCourseConn.ConnectionString =
ConfigurationManager.ConnectionStrings["ConnStr"].ToString();
StuCourseConn.Open();
//调用存储过程
SqlCommand StuCourseCmd = new SqlCommand("SP_StuSelectedCourse",
StuCourseConn);
//说明 SqlCommand 类型是个存储过程
StuCourseCmd.CommandType = CommandType.StoredProcedure;
//添加存储过程的参数,从全局 Session 变量获取学号值
StuCourseCmd.Parameters.Add("@StuID", SqlDbType.Char, 8).Value =
Session["StuID"].ToString();
SqlDataAdapter StuGradeAdapter = new SqlDataAdapter(StuCourseCmd);
//将 SqlDataAdapter 对象中的数据填充到 DataSet 对象的表"StuCourseTable"中
DataSet StuCourseDS = new DataSet();
StuGradeAdapter.Fill(StuCourseDS, "StuCourseTable");
//关闭数据库连接
StuCourseConn.Close();
```

```
//绑定数据到 GridView 显示
this.StuCourseGView.DataSource =
StuCourseDS.Tables["StuCourseTable"];
this.StuCourseGView.DataBind();
}
```

同时，在"ReturnCourse.aspx.cs"文件的方法"Page_Load()"中添加如下代码：

```
//如果是第一次加载网页，则绑定页面上各个下拉列表框的数据
if (!Page.IsPostBack)
{
StuNameLabel.Text = Session["StuID"].ToString() + "[" +
Session["StuName"].ToString() + "]";
GridViewDataBind();
}
```

2．学生课程班退选功能实现

当学生在网页上单击"退选"链接后，则删除了对应的已选的课程班（即退选）。为了实现此功能，在"ReturnCourse.aspx"文件的"设计"页面中选中 GridView 组件，在"属性"窗口中单击事件按钮 ，在 RowDeleting 事件右边的空白处双击，在方法"StuCourseGView_RowDeleting()"中输入下述代码。

```
protected void StuCourseGView_RowDeleting(object sender,
GridViewDeleteEventArgs e)
{
//定义字符串变量"StuID、CourseClassID"，并获取对应的值
string StuID = Session["StuID"].ToString();
string CourseClassID =
this.StuCourseGView.Rows[e.RowIndex].Cells[0].Text.ToString();
//Response.Write(CourseClassID);
SqlConnection DeleteConn = new SqlConnection();
DeleteConn.ConnectionString =
ConfigurationManager.ConnectionStrings["ConnStr"].ToString();
DeleteConn.Open();
SqlCommand DeleteCmd = new SqlCommand("DELETE FROM TB_SelectCourse
WHERE
StuID='" + StuID + "'" + " AND CourseClassID='" + CourseClassID + "'",
DeleteConn);
DeleteCmd.ExecuteNonQuery();
DeleteConn.Close();
Response.Write("<script language='javascript'>alert('课程退选成功');
        </script>");
GridViewDataBind();
}
```

同样，为了在退选课程班记录前先弹出一个"真的要退选吗？"确认对话框，可以在图 6-17 中"选定的字段"栏中选择"退选"字段，然后单击窗口右下角的链接"将此字段转换为 TemplateField"。然后在"<asp:LinkButton ID="LinkButton1" Text="退选" ></asp:LinkButton>"处的

"Text="退选"" 后添加 "OnClientClick="javascript:return confirm('真的要退选吗？');"" 代码。

6.6.5　任务拓展

本次任务拓展主要完成登录验证控制功能。

在 "Global.asax" 文件中的方法 "Session_Start()" 处再定义一个全局 Session 对象："Session["IsLogin"]"，并赋值为 "False"。代码如下：

```
void Session_Start(object sender, EventArgs e)
{
// 在新会话启动时运行的代码
Session["StuID"] = "";
Session["StuName"] = "";
Session["IsLogin"] = "False";
}
```

同时，需要在登录文件 "Default.aspx.cs" 中给这个全局 Session 对象赋值，以便学生登录验证通过后设置 "Session["IsLogin"]" 对象值为 "True"，以后其他网页加载时判断该值是否为 "True"，假如其值不为 "True"，说明还没有登录，网页立即自动转入登录页面。相关代码如下：

```
if (RsLogin.HasRows)
{
    LoginOkLabel.Text = RsLogin["StuName"].ToString()+",欢迎您登录成功！";
this.LoginPanel.Visible = false;     //隐藏登录区域
this.LoginOkPanel.Visible = true;      //显示登录成功区域
Session["StuID"] = RsLogin["StuID"].ToString();
Session["StuName"] = RsLogin["StuName"].ToString();
Session["IsLogin"] = "True";
}
```

在 "Default.aspx.cs" 文件中的方法 "Page_Load()" 的开始处输入下述代码，即可完成登录验证控制。

```
//如果没有登录，则重定向到"Default.aspx"网页
if (Session["IsLogin"].ToString() == "False")
{
Response.Redirect("Default.aspx");
}
```

6.7　模块小结

本模块详细介绍了 T-SQL 语言的变量、运算符、函数、流程控制和注释等语言元素，并在此基础上重点对存储过程（不带参数和带参数）的创建、维护和删除方法作了说明。同时，结合在 ASP.NET 中调用存储过程的办法实现了 "教学管理系统" 的课程班成绩查询、学生网上课程选修和退选功能。主要的关键知识点有：

　❂　T-SQL 语言中注释、常量、变量的用法。
　❂　T-SQL 语言中运算符和表达式的用法。

- ✪ IF...ELSE 条件判断控制语句。
- ✪ SELECT...CASE 分支控制语句。
- ✪ WHILE 循环控制语句。
- ✪ 程序错误控制和延迟程序控制结构。
- ✪ 用户自定义存储过程的创建和执行。
- ✪ ASP.NET 中调用存储过程的方法

📊 实训操作

（1）结合 6.2 节，修改第 5 模块中的实训（学生信息表数据维护）中的学生记录插入功能，在 ASP.NET 中通过调用存储过程实现：当插入某个班级的学生记录时，由系统自动完成学号自动增加功能，不再手工输入学号。

（2）结合 6.5 节，基于"教师模块"网站，创建一个教师"课程班成绩查询"网页，在 ASP.NET 中通过调用存储过程实现教师课程班查询功能，并与前面第 4 模块实训中的教师登录成功后页面上显示的链接"课程班成绩查询"关联起来，使教师成功登录后，单击该链接可以跳转到"课程班成绩查询"页面。

注意： 教师登录后，只能查询到自己教授的课程班成绩。

🔍 作业练习

1．填空题

（1）SQL Server 2008 的 T-SQL 中局部变量名字必须以＿＿＿＿＿＿＿开头，而全局变量名字必须以＿＿＿＿＿＿＿开头。

（2）在 T-SQL 编程语句中，WHILE 结构可以根据条件多次重复执行一条语句或一个语句块，还可以使用＿＿＿＿＿＿＿和 CONTINUE 关键字在循环内部控制 WHILE 循环中语句的执行。

（3）在 T-SQL 编程语句中，＿＿＿＿＿＿＿用于使语句在某一时刻或在一段时间间隔后继续执行。

（4）存储过程是存放在＿＿＿＿＿＿＿上的预先定义并编译好的 T-SQL 语句。

（5）事务(Transaction)可以看成是由对数据库的若干操作组成的一个单元，这些操作要么＿＿＿＿＿＿＿，要么＿＿＿＿＿＿＿（如果在操作执行过程中不能完成其中任一操作）。

2．选择题

（1）在 SQL Server 2008 中，WAITFOR 语句中的 DELAY 参数是指＿＿＿＿＿。
- A．要等待的时间
- B．指示 SQL Server 一直等到指定的时间过去
- C．用于指示时间
- D．以上都不是

（2）下面＿＿＿＿＿组命令，将变量 count 赋值为 1。
- A．DECLARE @count SELECT @count＝1
- B．DIM count＝1
- C．DECLARE count SELECT count＝1
- D．DIM @count SELECT @count＝1

（3）下列＿＿＿＿＿赋值语句是错误的。

A．SELECT　@C＝1

B．SET @DJ＝单价 FROM book ORDER BY　单价　DESC

C．SET @C＝1

D．SELECT @DJ＝单价 FROM book ORDER BY　单价　DESC

(4) 在 SQL Server 2008 中删除存储过程用_____。

    A．ROLLBACK　　　　　　　　B．DROP PROC

    C．DELALLOCATE　　　　　　D．DELETE PROC

(5) 在 SQL Server 编程中，可使用_____将多个语句形成一个块。

    A．｛ ｝　　　　　　　　　　B．BEGIN…END

    C．( )　　　　　　　　　　　D．[ ]

(6) 执行带参数的存储过程，正确的方法为_____。

    A．EXEC 过程名 参数　　　　B．EXEC 过程名(参数)

    C．EXEC 过程名＝参数　　　　D．以上都可以

(7) 在 SQL Server 中，用来显示数据库信息的系统存储过程是_____。

    A．sp_dbhelp　　　　　　　　B．sp_db

    C．sp_help　　　　　　　　　D．sp_helpdb

(8) 事务的原子性是指_____。

    A．事务中包括的所有操作要么都做，要么都不做

    B．事务一旦提交，对数据库的改变是永久的

    C．一个事务内部的操作及使用的数据对并发的其他事务是隔离的

    D．事务必须使数据库从一个一致性状态转变到另一个一致性状态

(9) _____包含了一组数据库操作，并且所有命令作为一个整体向系统提交或撤销操作。

    A．事务　　　　　　　　　　B．更新

    C．插入　　　　　　　　　　D．以上都不是

(10) 用来清除事务的所有修改的语句是_____。

    A．BEGIN TRAN　　　　　　　B．COMMIT TRAN

    C．ROLLBACK TRAN　　　　　D．CLEAR TRAN

(11) 有关存储过程参数的默认值，下列说法正确的是_____。

    A．输入参数必须有默认值

    B．带默认值的输入参数，方便用户调用

    C．带默认值的输入参数，用户不能再传入参数，只能使用默认值

    D．输出参数可以带默认值

(12) 运行下列语句，输出结果是_____。

```
CREATE PROC SP_ShowMsg @StuNo VARCHAR(10)=NULL
AS
    IF @StuNo IS NULL
    BEGIN
      PRINT '对不起，您还未输入学号！'
      RETURN
    END
SELECT * FROM TB_Score WHERE StuNo=@StuNo
GO
EXEC SP_ShowMsg
```

A．编译错误

B．对不起，您还未输入学号！

C．返回一个结果集

D．系统要求输入一个参数

(13) 下列_____表达式可以在 ASP.NET 中判断文本框 TextBox1 中输入的成绩为数字。

A．Length(TextBox1.text)　　　B．IsError(TextBox1.text)

C．IsNumeric(TextBox1.text)　　D．IsNothing(TextBox1.text)

3．简答题

(1) 全局变量和局部变量有什么区别？

(2) 存储过程的优点有哪些？

(3) 简述事务的四大特性。

触发器（Trigger）是一种特殊的存储过程，用户不能直接调用，它是一个功能强大的数据库对象，可以在有数据修改时自动强制执行相应的业务规则。而游标提供了一种对从表中检索出的数据进行灵活操作的手段，实际上是一种能从包括多条数据记录的结果集中每次提取一条记录的机制。

工作任务

- 任务 1：用 AFTER 触发器实现选修的课程班唯一性约束
- 任务 2：用 AFTER 触发器实现课程班选课人数的自增功能
- 任务 3：用 INSTEAD OF 触发器禁止修改表中数据
- 任务 4：用 DDL 触发器禁止修改表结构
- 任务 5：修改和禁用触发器
- 任务 6：用游标实现课程班的成绩处理功能
- 任务 7：基于 ASP.NET 实现课程班的成绩录入与处理

学习目标

- 掌握 AFTER/FOR 触发器创建与维护的方法
- 掌握 INSTEAD OF 触发器创建与维护的方法
- 掌握 DDL 触发器创建与维护的方法
- 掌握禁用和启用各类触发器的方法
- 理解游标的工作原理与机制
- 掌握创建、打开、使用、关闭与释放游标的方法

7.1 任务 1——用 AFTER 触发器实现选修的课程班唯一性约束

 任务描述与分析

在"教学管理系统"中，学生选课的记录存放在 TB_SelectCourse 表中，对于每个学生来说，同一个课程班不能选择两次。在前面的设计中，TB_SelectCourse 表中的 StuID 和 CourseClassID 这两个外键字段通过主键约束来实现这一要求，TB_SelectCourse 表的逻辑设计如表 7-1 所示。

表 7-1　"TB_SelectCourse"表逻辑设计

PK	字段名称	字段类型	NOT NULL	默认值	约束
🔑	StuID	char(8)	√		主键、外键
	CourseClassID	char(10)	√		
	SelectDate	smalldatetime	√		GETDATE()

现在要在 TB_SelectCourse 表创建时，不通过创建 StuID 和 CourseClassID 字段的组合主键约束，而是通过触发器在对 TB_SelectCourse 表插入的选课记录数据进行判断处理，来实现对 StuID 和 CourseClassID 字段的唯一性约束。

要求：用 T-SQL 语句创建一个 DML 触发器实现上述唯一性约束要求。

📎 相关知识与技能

触发器（Trigger）是一种特殊的存储过程，常用的 DML 触发器与表紧密相连，可以看做表定义的一部分。与前面介绍过的存储过程不同，触发器不能被直接显式地调用，主要是通过事件（如用户修改表或视图中的数据时）进行触发而被执行的。触发器是一个功能强大的数据库对象，它可以在有数据修改时自动强制执行相应的业务规则。触发器可以用于 SQL Server 约束、默认值和规则的完整性检查。在 SQL Server 中触发器分为 DML 触发器和 DDL 触发器。

7.1.1　DML 触发器

DML 触发器是当数据库服务器中发生数据操纵语言（DML）事件时要执行的操作。DML 事件主要包括对表或视图发出的 UPDATE、INSERT 或 DELETE 指令。DML 触发器用于在数据被修改时强制执行业务规则，以及扩展 SQL Server 约束、默认值和规则的完整性检查逻辑。DML 触发器可以查询其他表，也可以包含复杂的 T-SQL 语句。它可以将触发器和触发语句作为可在触发器内回滚的单个事务对待，如果检测到错误，则整个事务将会自动回滚。

在 SQL Server 中，可以创建 AFTER 和 INSTEAD OF 类型的 DML 触发器。

AFTER 触发器是在记录已经改变之后，才会被激活执行，它主要用于记录变更后的处理或检查，一旦发现错误，也可以用 ROLLBACK TRANSACTION 语句来回滚本次的操作。AFTER 触发器只能在表上指定。

1．创建 AFTER（FOR）触发器语法

使用 T-SQL 语句创建 AFTER 触发器的基本语法如下：

```
CREATE TRIGGER  触发器名称
ON  数据表或视图名
FOR 或 AFTER  INSERT,UPDATE,DELETE
AS
   要执行的 SQL 语句
```

在创建 AFTER 触发器时，需要明确以下内容：

✪ 触发器名称，定义触发器的名字。

✪ 数据表或视图名，创建 DML 触发器所在的表或视图。

✪ FOR 或 AFTER，指定触发器触发的时机，其中 FOR 也就是创建 AFTER 触发器。

- ✪ INSERT、UPDATE 和 DELETE 指令，用来引起触发器执行的动作，至少要给定一个指令选项。
- ✪ 触发器中要执行的 T-SQL 语句。

AFTER 触发器只能用于数据表中，INSTEAD OF 触发器可以用于数据表和视图上，这两种触发器都不可以建立在临时表上。

> **注意：** 一个数据表可以有多个触发器，但是一个触发器只能对应一个表。

TRUNCATE TABLE 语句虽然类似于 DELETE 语句可以删除记录，但是它不能激活 DELETE 机制的触发器。因为 TRUNCATE TABLE 语句是不记入日志的。

2．INSERTED 表和 DELETED 表

SQL Server 为每个 DML 触发器环境提供了两种特殊的表：INSERTED 表和 DELETED 表。这两个表的结构总是与被该触发器作用的表的结构相同，触发器执行完成后，与该触发器相关的这两个表也会被删除。这两个表是建在数据库服务器的内存中的，是由系统管理的逻辑表，而不是真正存储在数据库中的物理表。对于这两个表，用户只有读取的权限，没有修改的权限。

插入表（INSERTED）里存放的是更新前的记录：对于插入记录操作来说，插入表里存放的是要插入的数据；对于更新记录操作来说，插入表里存放的是要更新的记录。

删除表（DELETED）里存放的是更新后的记录：对于更新记录操作来说，删除表里存放的是更新前的记录（更新完后即被删除）；对于删除记录操作来说，删除表里存入的是被删除的旧记录。

3．AFTER 触发器实现步骤

AFTER 触发器是在记录变更完成之后才会被激活并执行的。以删除记录为例，分为以下步骤：

（1）当 SQL Server 接收到一个要执行删除操作的 T-SQL 语句时，SQL Server 先将要删除的记录存放在 DELETED 表里；

（2）把数据表里的记录删除；

（3）激活 AFTER 触发器，执行 AFTER 触发器里的 T-SQL 语句；

（4）触发器执行完毕之后，删除内存中的 DELETED 表，退出整个操作。

🔍 任务实施与拓展

7.1.2　创建课程班选修唯一性约束触发器

01 打开 SSMS 窗口，在查询编辑器中输入以下代码。

```
USE DB_TeachingMS
GO
IF OBJECT_ID ('TR_UniqueCheck', 'TR') IS NOT NULL
DROP TRIGGER TR_UniqueCheck
GO
CREATE TRIGGER TR_UniqueCheck
ON TB_SelectCourse AFTER INSERT,UPDATE
AS
IF EXISTS (SELECT I.* FROM INSERTED I,TB_SelectCourse TSC
WHERE I.StuID=TSC.StuID AND I.CourseClassID=TSC.CourseClassID)
BEGIN
```

```
RAISERROR 50005 N'唯一性约束错误！'
ROLLBACK
END
```

02 单击"执行"按钮，成功执行后，即可在数据库中生成相应的触发器。

03 在 SSMS 中的"对象资源管理器"下选择"数据库"，定位到要查看触发器的数据表上，展开该表的"触发器"节点。如果在展开的"触发器"节点中没有发现本应存在的触发器，右击"触发器"节点，在弹出的快捷菜单中单击"刷新"命令，即可看到对应的触发器。

04 双击要查看的触发器名，SSMS 自动弹出一个"查询编辑器"对话框，对话框里显示出该触发器的内容。

提示： 也可以用 sp_help 和 sp_helptext 系统存储过程分别查看已创建触发器的信息和内容，对应的 T-SQL 语句分别为"sp_help TR_SelectCourse"和"sp_helptext TR_SelectCourse"。

7.1.3 任务拓展

如果要对 TB_Student 表的 Sex 字段创建 CHECK 约束触发器，可用下述 T-SQL 语句实现。

```
USE DB_TeachingMS
GO
CREATE TRIGGER TR_SexCheck
ON TB_Student AFTER INSERT,UPDATE
AS
IF NOT EXISTS (SELECT * FROM INSERTED WHERE Sex IN ('M','F'))
BEGIN
RAISERROR 50005 N'SEX 字段 CHECK 约束错误！'
ROLLBACK
END
```

如果要对 TB_Teacher 表的 TeacherID 字段创建主键约束触发器，该如何实现？同时，考虑外键约束触发器的实现。

7.2 ▶ 任务2——用 AFTER 触发器实现课程班选课人数的自增功能

📑 任务描述与分析

学生登录网上选课系统，进入课程选修页面，选择要选修的课程班，单击"确定"按钮。应用程序调用"教学管理系统"数据库中的选课存储过程，并将所选课程班插入到 TB_SelectCourse 表中。插入操作随即激活了创建在 TB_SelectCourse 表上的课程选修触发器，触发器执行，将对应课程班（TB_CourseClass 表中的记录）的已选学生人数加 1。学生网上课程选修的完整流程如图 7-1 所示。

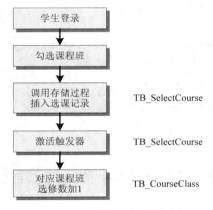

图 7-1　学生网上选课流程

要求：用 T-SQL 语句基于 TB_SelectCourse 表的插入操作创建具有上述功能的课程选修触发器。

任务实施与拓展

7.2.1　创建选课人数自增的 AFTER 触发器

01 打开 SSMS 窗口，在查询编辑器中输入以下代码。

```sql
USE DB_TeachingMS
GO
IF OBJECT_ID ('TR_SelectCourse', 'TR') IS NOT NULL
DROP TRIGGER TR_SelectCourse
GO
CREATE TRIGGER TR_SelectCourse
ON TB_SelectCourse AFTER INSERT
AS
UPDATE TB_CourseClass SET SelectedNumber = SelectedNumber+1
WHERE CourseClassID = (SELECT CourseClassID FROM INSERTED)
```

02 单击"执行"按钮，成功执行后，即可在数据库中生成相应的触发器。

7.2.2　任务拓展

如果想要退掉已经选修的课程班，学生可以登录到课程退选页面进行相应课程班的退选。完成退选操作后，对应的课程班的已选人数要进行减 1 操作。完成对应课程班的已选人数减 1 功能的课程退选触发器的 T-SQL 语句如下：

```sql
USE DB_TeachingMS
GO
CREATE TRIGGER TR_SelectCourse
ON TB_SelectCourse AFTER DELETE
AS
UPDATE TB_CourseClass SET SelectedNumber = SelectedNumber-1
WHERE CourseClassID = (SELECT CourseClassID FROM DELETED)
```

或

```
USE DB_TeachingMS
GO
CREATE TRIGGER TR_SelectCourse
ON TB_SelectCourse AFTER DELETE
AS
UPDATE TB_CourseClass SET SelectedNumber = SelectedNumber-1
FROM TB_CourseClass TCC,DELETED D
WHERE TCC.CourseClassID=D.CourseClassID
```

7.3 任务 3——用 INSTEAD OF 触发器禁止修改表中数据

 ### 任务描述与分析

通过网上课程班选修或者退选，学生选修课程班的信息都存放在 TB_SelectCourse 表中，对于 TB_SelectCourse 表中的学生选修课程班记录，只能删除（课程班退选时删除），不能进行更新和修改。

要求：用 INSTEAD OF 触发器实现不能更新和修改 TB_SelectCourse 表中的课程班选修记录。

 ### 相关知识与技能

7.3.1　INSTEAD OF 触发器

INSTEAD OF 触发器与 AFTER 触发器不同。AFTER 触发器是在 INSERT、UPDATE 和 DELETE 操作完成后才激活的，而 INSTEAD OF 触发器是在这些操作进行之前就激活了，并且不再去执行原来的 T-SQL 操作，而是去运行触发器本身的 T-SQL 语句。

这类触发器一般用来取代原本的操作，在记录变更之前发生，它并不去执行原来 T-SQL 语句里的操作（INSERT、UPDATE、DELETE），而去执行触发器里所定义的 T-SQL 语句。

使用 T-SQL 语句创建 INSTEAD OF 触发器的基本语法如下：

```
CREATE TRIGGER  触发器名称
ON 数据表或视图名
INSTEAD OF INSERT,UPDATE,DELETE
AS
    要执行的SQL 语句
```

从上面可以看出，INSTEAD OF 触发器与 AFTER 触发器的语法几乎一致，只是简单地把 AFTER 改为 INSTEAD OF。

INSTEAD OF 触发器与 AFTER 触发器的工作流程是不一样的。AFTER 触发器是在 SQL Server 服务器接到执行 T-SQL 语句请求后，先建立临时的 INSERTED 表和 DELETED 表，然后实际更改数据，最后才激活触发器的。而 INSTEAD OF 触发器看起来就简单多了，在 SQL Server 服务器接到执行 T-SQL 语句请求后，先建立临时的 INSERTED 表和 DELETED 表，然后就触发了 INSTEAD OF 触发器，至于哪个 T-SQL 语句是插入数据、更新数据还是删除数据，就一概不管了，把执行权全权交给了 INSTEAD OF 触发器，由它去完成之后的操作。

如果针对某个操作既设置了 AFTER 触发器又设置了 INSTEAD OF 触发器，那么 INSTEAD OF 触发器一定会激活，而 AFTER 触发器就不一定会激活了。

注意： 对于含有使用 DELETE 或 UPDATE 级联操作定义的外键的表，最好不要定义 INSTEAD OF DELETE 触发器和 INSTEAD OF UPDATE 触发器。

如果一个子表或引用表上的 DELETE 操作是由于父表的 CASCADE DELETE 操作所引起的，并且子表上定义了 DELETE 的 INSTEAD OF 触发器，那么将忽略该触发器并执行 DELETE 操作。

任务实施与拓展

7.3.2 创建禁止修改表数据的 INSTEAD OF 触发器

01 打开 SSMS 窗口，在查询编辑器中输入以下代码。

```
USE DB_TeachingMS
GO
IF OBJECT_ID ('TR_UpdateSelectCourse', 'TR') IS NOT NULL
DROP TRIGGER TR_UpdateSelectCourse
GO
CREATE TRIGGER TR_UpdateSelectCourse
ON TB_SelectCourse INSTEAD OF UPDATE
AS
PRINT '学生选课信息不能被修改！'
```

02 单击"执行"按钮，成功执行后，即可创建 TR_UpdateSelectCourse 触发器。

03 查看该触发器的方式与 AFTER 触发器相同。

注意： 由于 TB_SelectCourse 表中的外键字段 StuID 和 CourseClassID 存在级联删除和更新，所以创建上述 INSTEAD OF 触发器时会出错，必须将级联更新和删除去掉后再创建。

7.4 ▶ 任务 4——用 DDL 触发器禁止修改表结构

任务描述与分析

基于"教学管理系统"数据库 DB_TeachingMS，创建一个 DDL 触发器，禁止任何用户修改 DB_TeachingMS 数据库中任何表的结构或删除表。

相关知识与技能

7.4.1 DDL 触发器

当服务器或数据库中发生数据定义语言（DDL）事件时将调用 DDL 触发器。DDL 触发器可以用于在数据库中执行管理任务，此类触发器与 DML 触发器的相同之处是两者都需要事件进行触发，不同之处是 DDL 触发器不会响应针对表或视图的 UPDATE、INSERT 或 DELETE 语句，而是响应数据定义语言（DDL）语句而被激发，如 CREATE、ALTER、DROP、GRANT、DENY、REVOKE 和 UPDATE STATISTICS 等语句。DDL 触发器可用于管理任务，例如审核和控制数据库操作。

DDL 触发器主要用于以下 3 个方面：

❂ 防止对数据库或表架构进行某些更改。

❂ 防止数据库或数据表被误操作删除。

❂ 记录数据库架构中的更改或事件。

1．创建 DDL 触发器基本语法

使用 T-SQL 语句创建 DDL 触发器的基本语法如下：

```
CREATE TRIGGER 触发器名称
ON ALL Server 或 DATABASE
FOR 或 AFTER 激活 DDL 触发器的事件
AS
    要执行的 SQL 语句
```

在创建 DDL 触发器时，需要明确以下内容：

❂ 触发器名称，定义触发器的名称。

❂ ALL Server 或 DATABASE，DDL 触发器作用范围（整个服务器或当前数据库）。

❂ FOR 或 AFTER，指定触发器触发的时机，其中 FOR 也是创建 AFTER 触发器。

❂ 激活 DDL 触发器的事件包括两种，在 DDL 触发器作用在当前数据库情况下可以使用以下事件：CREATE_DATABASE，CREATE_TABLE，ALTER_TABLE 等。

2．DDL 触发器触发机制

DDL 触发器是一种特殊的触发器，它在响应数据定义语言（DDL）语句时触发，可以用于在数据库中执行管理任务。例如，每当数据库中发生 CREATE TABLE 事件时，都会触发为响应 CREATE TABLE 事件创建的 DDL 触发器。每当服务器中发生 CREATE LOGIN 事件时，都会触发为响应 CREATE LOGIN 事件创建的 DDL 触发器。

说明： 数据库范围内的 DDL 触发器都作为对象存储在创建它的数据库中，服务器范围内的 DDL 触发器作为对象存储在 master 数据库中。

任务实施与拓展

7.4.2 创建禁止修改教学管理系统数据库表的 DDL 触发器

01 打开 SSMS 窗口，在查询编辑器中输入以下代码。

```
USE DB_TeachingMS
GO
IF EXISTS (SELECT * FROM sys.triggers
WHERE parent_class = 0 AND name = 'TR_TableSafety')
DROP TRIGGER TR_TableSafety ON DATABASE
GO
CREATE TRIGGER TR_TableSafety
```

```
ON DATABASE
FOR DROP_TABLE, ALTER_TABLE
AS
PRINT '您必须先删除触发器 TR_TableSafety 才能对数据表进行操作'
ROLLBACK
```

02 单击"执行"按钮，成功执行后，即可创建 TR_TableSafety 触发器。

03 在 SSMS 中的"对象资源管理器"下选择"数据库"，定位到"可编程性"项，打开"数据库触发器"，即可在"摘要"对话框里看到相应的触发器列表。

04 双击要查看的触发器名，SSMS 自动弹出一个"查询编辑器"对话框，对话框里显示的是该触发器的内容。

注意：　DDL 触发器无法作为 INSTEAD OF 触发器使用。

7.5 任务 5——修改和禁用触发器

任务描述与分析

　　分别对 7.2 和 7.3 中创建的 DML 和 DDL 触发器进行修改，修改 7.2 中的触发器执行语句，用另一种形式书写更新的 T-SQL 语句。在 7.3 的触发条件中增加"CREATE_TABLE"，并对触发器执行语句作相应修改。然后分别禁用这两个触发器。

　　请用 T-SQL 语句实现上述功能要求。

相关知识与技能

7.5.1　修改和删除触发器

1．修改触发器

　　在 SSMS 中修改触发器之前，必须要先查看触发器的内容，在"查询编辑器"对话框里显示的就是用来修改触发器的代码。编辑完代码之后，单击"执行"按钮运行即可。

　　修改触发器（三类触发器）的 T-SQL 语法如下：

```
ALTER TRIGGER  触发器名称
ON 数据表或视图名
FOR 或 AFTER INSERT,UPDATE,DELETE
 AS
 要执行的 SQL 语句
```

```
ALTER TRIGGER  触发器名称
ON 数据表或视图名
INSTEAD OF INSERT,UPDATE,DELETE
AS
 要执行的 SQL 语句
```

```
ALTER TRIGGER  触发器名称
ON ALL Server 或 DATABASE
```

```
FOR 或 AFTER   激活 DDL 触发器的事件
AS
    要执行的 SQL 语句
```

从上面可以看出,修改触发器与创建触发器的语法几乎一致,只是简单地把CREATE改为ALTER。如果只要修改触发器的名称，也可以使用 SP_RENAME 系统存储过程。其语法如下：

```
SP_RENAME 旧触发器名 新触发器名
```

2．删除触发器

在 SSMS 中删除触发器，必须先查到触发器列表，右击要删除的触发器，在弹出的快捷菜单中单击"删除"命令，此时将会弹出"删除对象"对话框，在该对话框中单击"确定"按钮，删除操作完成。也可以用以下 T-SQL 语句删除触发器：

```
DROP TRIGGER 触发器名
```

如果一个数据表被删除，SQL Server 就会自动将与该表相关的触发器删除。

7.5.2 禁用和启用触发器

启用触发器并不是要重新创建它，而是将被禁用的触发器启用。禁用触发器与删除触发器不同，禁用的触发器仍以对象形式存在于当前数据库中，但不激发。

在 SSMS 中禁用或启用 DML 触发器，要先定位到相应的触发器，右击要操作的触发器，在弹出的快捷菜单中单击"禁用"命令，即可禁用该触发器。启用 DML 触发器与上面类似，只是在弹出的快捷菜单中单击"启用"命令即可。DDL 触发器的禁用或启用只能通过 T-SQL 语句来实现。

也可以使用 DISABLE TRIGGER 和 ENABLE TRIGGER 语句来禁用和启用 DML、DDL 触发器。其 T-SQL 语法如下：

```
DISABLE TRIGGER  DML 触发器名 ON 表名        --禁用 DML 触发器
ENABLE TRIGGER   DML 触发器名 ON 表名        --启用 DML 触发器
DISABLE TRIGGER  DDL 触发器名 ON 数据库名    --禁用 DDL 触发器
ENABLE TRIGGER   DDL 触发器名 ON 数据库名    --启用 DDL 触发器
```

若要修改或启用 DML 触发器，用户必须至少对触发器所在的表或视图拥有 ALTER 权限。若要修改或启用具有服务器作用域（ON ALL Server）的 DDL 触发器，用户必须在此服务器上拥有 CONTROL Server 权限。若要修改或启用具有数据库作用域（ON DATABASE）的 DDL 触发器，用户至少应在当前数据库中具有 ALTER ANY DATABASE DDL TRIGGER 权限。

任务实施与拓展

7.5.3 修改和禁用已创建的 DML 和 DDL 触发器

01 打开 SSMS 窗口，在查询编辑器中输入以下代码。

```
USE DB_TeachingMS
GO
ALTER TRIGGER TR_SelectCourse
ON TB_SelectCourse AFTER INSERT
AS
UPDATE TB_CourseClass SET SelectedNumber = SelectedNumber+1
```

```
FROM TB_CourseClass TCC,INSERTED
WHERE TCC.CourseClassID = INSERTED.CourseClassID

ALTER TRIGGER TR_TableSafety
ON DATABASE
FOR CREATE_TABLE,DROP_TABLE, ALTER_TABLE
AS
PRINT '您必须先删除触发器 TR_TableSafety 才能创建、修改和删除表'
ROLLBACK
```

02 单击"执行"按钮，成功执行后，即可修改上述触发器。

03 在 SSMS 中可以查看这两个触发器的内容已经发生改变。

04 用下面的 T-SQL 语句禁用 TR_SelectCourse 和 TR_TableSafety 触发器。

```
DISABLE TRIGGER TR_SelectCourse ON TB_SelectCourse
DISABLE TRIGGER TR_TableSafety ON DATABASE
```

7.5.4　任务拓展

如果要禁用或启用服务器作用域中创建的所有 DDL 触发器，可用 ALL 关键字来代替触发器名，其 T-SQL 语法如下：

```
DISABLE TRIGGER ALL ON ALL Server    --禁用所有 DDL 触发器
ENABLE TRIGGER ALL ON ALL Server     --启用所有 DDL 触发器
```

对于 DML 触发器，可以使用 SP_SETTRIGGERORDER 系统存储过程来指定要对表执行的第一个和最后一个 AFTER 触发器。对一个表只能指定第一个和最后一个 AFTER 触发器。如果在同一个表上还有其他 AFTER 触发器，这些触发器将随机执行。

> **注意：** 如果 ALTER TRIGGER 语句更改了第一个或最后一个触发器，将删除所修改触发器上设置的第一个或最后一个属性，并且必须使用 SP_SETTRIGGERORDER 系统存储过程重置顺序值。

7.6 　任务 6——用游标实现课程班的成绩处理功能

📖 任务描述与分析

学期结束前，任课教师要按课程班将学生考试成绩录入到"教学管理系统"的 TB_Grade 表中，但任课教师只是录入学生的平时成绩、期中成绩和期末成绩（CommonScore、MiddleScore、LastScore），录入完平时成绩、期中成绩和期末成绩后，再根据该课程班的平时、期中和期末考试的比例系数与相应的成绩计算得到总评成绩（TotalScore）。

要求：用基于游标的存储过程来实现计算课程班总评成绩的功能。

📎 相关知识与技能

7.6.1　游标的机制与创建步骤

在数据库中，游标是一个十分重要的概念。游标提供了一种对从表中检索出的数据进行操作的灵活手段，就本质而言，游标实际上是一种能从包括多条数据记录的结果集中每次提取一条记录的机制。游标总是与一条 SELECT 语句相关联，因为游标由结果集和结果集中指向特定记录的游标位置组成。

✪ 游标结果集：由定义该游标的 SELECT 语句返回的行的集合。

✪ 游标位置：指向这个集合中某行的指针。

1. 创建、使用和关闭游标的语法

（1）创建游标的语法如下：

```
DECLARE 游标名 [SCROLL] CURSOR
FOR SELECT 语句
```

SCROLL 关键字指明游标可以在任意方向上滚动。所有的 FETCH 选项（FIRST、LAST、NEXT、RELATIVE、ABSOLUTE）都可以在游标中使用。如果忽略该选项，则游标只能向前滚动（NEXT）。

SELECT 语句指明要创建结果集的 SQL 语句。关键字 COMPUTE、COMPUTE BY、FOR BROWSE 和 INTO 在游标声明的查询语句中不允许使用。

（2）打开游标的语法如下：

```
OPEN 游标名
```

游标通过 DECLARE 语句定义，但其实际执行是通过 OPEN 语句创建结果集。

（3）提取游标中的数据的语法如下：

```
FETCH [NEXT | PRIOR | FIRST | LAST | ABSOLUTE n | RELATIVE n]
FROM 游标名
[INTO @变量 1, @变量 2, …]
```

✪ NEXT 指明从当前行的下一行取值。

✪ PRIOR 指明从当前行的前一行取值。

✪ FIRST 是结果集的第一行。

✪ LAST 是结果集的最后一行。

✪ ABSOLUTE n 表示结果集中的第 n 行，该行数同样可以通过一个局部变量传播。行号从 0 开始，所以 n 为 0 时不能得到任何行。

✪ RELATIVE n 表示要取出的行在当前行的前 n 行或后 n 行的位置上。如果该值为正数，则要取出的行在当前行前 n 行的位置上；如果该值为负数，则返回当前行的后 n 行。

✪ INTO @变量 1，@变量 2，…，表示将游标当前行的列值存储到对应的变量列表中。该变量列表中的变量数与游标创建语句中的 SELECT 语句的字段数相同。变量的数据类型也与 SELECT 语句中对应字段的数据类型相同。

✪ 每一次 FETCH 语句的执行状态都存储在系统变量 "@@FETCH_STATUS" 中。因此，可以用 "@@FETCH_STATUS" 来构造游标逐行处理数据的循环。系统变量 "@@FETCH_STATUS" 有三个不同的返回值：

  ◆ 0：FETCH 语句执行成功。

  ◆ -1：FETCH 语句执行失败或者行数据超出游标数据结果集的范围。

  ◆ -2：表示提取的数据不存在。

（4）关闭游标的语法如下：

```
CLOSE 游标名
```

游标关闭之后，不能再执行 FETCH 操作。如果还需要使用 FETCH 语句，则要重新打开游标。

（5）释放游标的语法如下：

```
DEALLOCATE 游标名
```

游标不再需要之后，要释放游标。

2．游标的不足之处

尽管使用游标比较灵活，可以实现对数据集中单行数据的操作，但游标会在以下 3 个方面影响系统的性能：

- ✪ 使用游标会导致页锁与表锁的增加。
- ✪ 导致网络通信量的增加。
- ✪ 增加了服务器处理相应指令的额外开销。

7.6.2 游标的简单应用

创建一个游标，用以获取一个结果集，内容为课程班"T080010401"的学生成绩（StuID、StuName、CourseName、TotalScore）。并通过游标将这些数据逐行提取出来显示。实现上述功能的 T-SQL 语句如下：

```
DECLARE @StuID CHAR(8),@StuName CHAR(8),@CourseName VARCHAR(32),
@TotalScore REAL
------------------声明游标------------------
DECLARE CUR_CourseClassGrade CURSOR
FOR
    SELECT TG.StuID,StuName,CourseName,TotalScore
    FROM TB_Grade TG,TB_Student TS,TB_Course TC
    WHERE TG.StuID=TS.StuID AND TG.CourseID=TC.CourseID AND
    CourseClassID='T080010401'
------------------打开游标------------------
OPEN CUR_CourseClassGrade
--------------提取游标中数据--------------
FETCH NEXT FROM CUR_CourseClassGrade
INTO @StuID,@StuName,@CourseName,@TotalScore
------循环提取游标中数据并显示------
WHILE @@FETCH_STATUS = 0
BEGIN
    PRINT @StuID+' | '+@StuName+'| '+@CourseName+' | '+CAST(@TotalScore
    AS CHAR)
    FETCH NEXT FROM CUR_CourseClassGrade
    INTO @StuID,@StuName,@CourseName,@TotalScore
END
------------------关闭游标------------------
CLOSE CUR_CourseClassGrade
------------------释放游标------------------
DEALLOCATE CUR_CourseClassGrade
```

执行上述 T-SQL 语句，输出结果如图 7-2 所示。

04080101	任正非	C语言程序设计	83
04080102	王倩	C语言程序设计	84
04080103	戴丽	C语言程序设计	67
04080104	孙军团	C语言程序设计	49.462
04080105	郑志	C语言程序设计	70.1
04080106	龚玲玲	C语言程序设计	77.5
04080107	李铁	C语言程序设计	83.5
04080108	戴安娜	C语言程序设计	89.5
04080109	陈淋淋	C语言程序设计	89.8
04080110	司马光	C语言程序设计	94.6

图 7-2　课程班成绩输出

考虑是否可以在上述例子中的游标关闭语句之前加一条如下的 T-SQL 语句，使游标指针回到结果集开始位置。如果不行，该如何做？

```
FETCH FIRST FROM CUR_CourseClassGrade
INTO @StuID,@StuName,@CourseName,@TotalScore
```

从上面的例子可以看出，游标是一种用来逐行处理数据的机制，一般游标的完整操作过程可分为下述 5 个步骤：

(1) 用 DECLARE 语句声明、定义游标。

(2) 用 OPEN 语句打开和填充游标。

(3) 执行 FETCH 语句逐行处理数据。

(4) 用 CLOSE 语句关闭游标。

(5) 用 DEALLOCATE 语句释放游标。

任务实施与拓展

7.6.3　创建处理课程班成绩的游标

01　打开 SSMS 窗口，在查询编辑器中输入以下代码。

```
CREATE PROC SP_GradeProc @CourseClassID CHAR(10)
AS
------定义课程考试比例系数变量并获取相应的值-------
DECLARE @CPart REAL,@MPart REAL,@LPart REAL
SELECT @CPart=CommonPart,@MPart=MiddlePart,@LPart=LastPart
FROM TB_CourseClass
WHERE CourseClassID=@CourseClassID
------定义用来存放平时、期中、期末成绩的变量-------
DECLARE @CScore REAL,@MScore REAL,@LScore REAL,@TotalScore REAL
------------------声明游标------------------
DECLARE CUR_GradeProc CURSOR FOR
SELECT CommonScore,MiddleScore,LastScore FROM TB_Grade
WHERE CourseClassID=@CourseClassID ORDER BY StuID
------------------打开游标------------------
OPEN CUR_GradeProc
```

```
-----------循环提取游标中成绩并处理-------------
FETCH NEXT FROM CUR_GradeProc INTO @CScore,@MScore,@LScore
WHILE @@FETCH_STATUS = 0
BEGIN
   SET @TotalScore=
   ROUND((@CScore*@CPart+@MScore*@MPart+@LScore*@LPart)/100,0)
   UPDATE TB_Grade SET TotalScore=@TotalScore
   WHERE CURRENT OF CUR_GradeProc
   FETCH NEXT FROM CUR_GradeProc INTO @CScore,@MScore,@LScore
END
------------------关闭释放游标---------------
CLOSE CUR_GradeProc
DEALLOCATE CUR_GradeProc
```

02 单击"执行"按钮，成功执行后，即可在数据库中创建 SP_GradeProc 存储过程。

03 执行下述 T-SQL 语句，即可对课程班 T080010401 的学生成绩进行处理。

```
EXEC SP_GradeProc 'T080010401'
```

7.7 ▶ 任务 7——基于 ASP.NET 实现课程班的成绩录入与处理

📄 任务描述与分析

　　学期结束前，任课教师要按课程班将学生考试成绩录入到"教学管理系统"的 TB_Grade 表中，录入界面如图 7-3 所示。只需录入平时成绩、期中成绩和期末成绩，总评成绩由应用程序调用数据库存储过程根据平时成绩、期中成绩和期末成绩与相应的成绩系数自动计算出来，而补考成绩和锁定标志教师不需录入，由教务员进行处理。

学号	姓名	平时成绩	期中成绩	期末成绩	总评成绩	锁定
04080201	张金玲	0	0	0	0	☐
04080202	王婷婷	0	0	0	0	☐
04020104	汪德荣	0	0	0	0	☐

图 7-3　课程班成绩录入栏目

第 2 项目小组安排唐小磊同学基于 ASP.NET 来实现上述教师课程班成绩录入功能。

🔍 任务实施与拓展

7.7.1　快速原型设计

　　教师课程班成绩网上录入界面设计如图 7-4～图 7-7 所示，界面主要由一个 GridView、两个下拉列表框和两个按钮组件组成。

图 7-4　课程班空白成绩表单

图 7-5　课程班成绩录入及处理页面（非锁定状态）

图 7-6　成绩处理成功对话框

图 7-7　课程班成绩录入及处理页面（锁定状态）

7.7.2　课程成绩处理网页布局与设计

01 在站点"http://localhost/TeacherModel_Web"中添加一个新的 Web 应用程序 GradeProcess.aspx 文件，设计界面如图 7-8 所示。

图 7-8　课程班成绩录入及处理页面设计布局

02 设置图 7-8 中的 GridView 组件的"自动套用格式"为"雨天"格式。

03 在源代码中对图 7-8 中的各个列进行创建，代码如下：

```
<Columns>
  <asp:BoundField DataField="GradeSeedID" HeaderText="成绩编码"
Visible="False" />
  <asp:BoundField DataField="StuID" HeaderText="学号" />
  <asp:BoundField DataField="StuName" HeaderText="姓名" />
  <asp:TemplateField HeaderText="平时成绩">
    <ItemTemplate>
      <asp:TextBox ID="TBoxCommonScore" Width="60" Text="0"
runat="server" />
    </ItemTemplate>
```

```
      </asp:TemplateField>
      <asp:TemplateField HeaderText="期中成绩">
         <ItemTemplate>
            <asp:TextBox ID="TBoxMiddleScore" Width="60" Text="0"
runat="server" />
         </ItemTemplate>
      </asp:TemplateField>
      <asp:TemplateField HeaderText="期末成绩">
         <ItemTemplate>
            <asp:TextBox ID="TBoxLastScore" Width="60" Text="0"
runat="server" />
         </ItemTemplate>
      </asp:TemplateField>
      <asp:BoundField DataField="TotalScore" HeaderText="总评成绩" />
      <asp:TemplateField HeaderText="锁定">
         <ItemTemplate>
            <asp:CheckBox ID="CBoxLockFlag" Enabled="False"
runat="server" />
         </ItemTemplate>
      </asp:TemplateField>
   </Columns>
```

04 设置图 7-8 中的各个组件的属性，如表 7-2 所示。

表 7-2　课程班成绩录入及处理页面组件属性

组件 ID	组件类型	说明
TeacherDDList	TextBox	Width 属性：100px，AutoPostBack 属性："True"
CourseClassDDList	TextBox	Width 属性：300px，AutoPostBack 属性："True"
QueryBtn	Button	Width 属性：80px，Text 属性："确定"
GradeGView	GridView	AutoGenerateColumns 属性："False"，DataKeyNames 属性："GradeSeedID"
GradeProctBtn	Button	Width 属性：80px，Text 属性："成绩处理"

7.7.3　课程班成绩录入及处理功能实现

由于在成绩录入时要显示课程班成绩并进行处理，所以首先在 SQL Server 的 SSMS 中修改任务 6-1 中的 SP_CourseClassGradeQuery 存储过程，在 SELECT 子句中添加 GradeSeedID 和 LockFlag 两个字段。修改存储过程的 T-SQL 语句如下：

```
USE DB_TeachingMS
GO
ALTER PROCEDURE SP_CourseClassGradeQuery @CourseClassID CHAR(10)
AS
   SELECT
   GradeSeedID,TG.StuID,StuName,CommonScore,MiddleScore,LastScore,
   TotalScore,LockFlag
   FROM TB_Grade TG,TB_Student TS
   WHERE TG.StuID=TS.StuID AND CourseClassID=@CourseClassID
```

在 GradeProcess.aspx.cs 文件的头部添加代码"using System.Data.SqlClient;",并在代码头部添加如图 7-9 所示的注释,说明页面开发者及修改日期等信息,便于今后维护。

```
/*---------------------------------------------------------------------------*/
/* 修改者: 孙玲          修改日期: 2010-6-12                                  */
/* 说  明: 实现教师网上成绩录入功能,先生成空白成绩表单,然后录入课程班的成绩。  */
/*         如果不是首次录入,即表"TB_Grade"中已经有相应的课程班的成绩记录,    */
/*         则只需直接录入即可。总评成绩由系统经成绩处理后自动计算出来。        */
/*---------------------------------------------------------------------------*/
```

图 7-9 页面开发信息

1. 教师下拉列表框数据绑定

在此文件中添加一个绑定教师下拉列表框数据的方法"DropDownListBind()",代码如下:

```csharp
private void DropDownListBind()
{
    //新建一个连接实例
    SqlConnection DDLConn = new SqlConnection();
    //从 Web.config 文件获取数据库连接字符串
    DDLConn.ConnectionString =
    ConfigurationManager.ConnectionStrings["ConnStr"].ToString();
    DDLConn.Open();
    //将教师信息表中的数据填充到 DDLDataSet 对象的"TeacherTable"表中
    SqlCommand TeacherCmd = new SqlCommand("SELECT
    TeacherID,TeacherName
    FROM TB_Teacher", DDLConn);
    SqlDataAdapter TeacherDataAdapter = new
    SqlDataAdapter(TeacherCmd);
    DataSet DDLDataSet = new DataSet();
    TeacherDataAdapter.Fill(DDLDataSet,"TeacherTable");
    //教师下拉列表框绑定
    this.TeacherDDList.DataTextField = "TeacherName";
    this.TeacherDDList.DataValueField = "TeacherID";
    this.TeacherDDList.DataSource =
    DDLDataSet.Tables["TeacherTable"];
    this.TeacherDDList.DataBind();
        this.TeacherDDList.Items.Insert(0, new ListItem("=所有教师=", "全部"));
    //关闭数据库连接
    DDLConn.Close();
}
```

为在网页首次加载时显示教师下拉列表框的内容,在方法"Page_Load()"处添加如下代码:

```csharp
#region 载入成绩录入页面,调用方法 DropDownListBind()绑定教师下拉列表框的数据
if (!Page.IsPostBack)
{
    DropDownListBind();
}
#endregion
```

　　其中，"#region…#endregion"的作用是将它们之间的代码作为一个块处理，可以进行收缩和展开显示，在代码编辑时非常方便。

2. 基于教师下拉列表框的课程班下拉列表框数据联动绑定

　　为了实现当选择了"教师"下拉列表框中的某个教师后，"课程班"下拉列表框中就显示对应教师的任教课程班信息的功能，在 TeacherDDList 组件的 SelectedIndexChanged 事件的右侧空白处双击，在方法"TeacherDDList_SelectedIndexChanged()"处添加下述代码。

```csharp
#region 基于教师下拉列表框的课程班下拉列表框数据联动绑定,显示任课老师的课程班信息
protected void TeacherDDList_SelectedIndexChanged(object sender,
EventArgs e)
{
    SqlConnection CourseClassConn = new SqlConnection();
    //从 Web.config 文件获取数据库连接字符串
    CourseClassConn.ConnectionString =
    ConfigurationManager.ConnectionStrings["ConnStr"].ToString();
    CourseClassConn.Open();
    //调用存储过程 SP_CourseClassQuery
    SqlCommand CourseClassCmd =
    new SqlCommand("SP_CourseClassQuery",CourseClassConn);
    //说明 SqlCommand 类型是个存储过程
    CourseClassCmd.CommandType = CommandType.StoredProcedure;
    //添加存储过程需要的参数
    CourseClassCmd.Parameters.Add("@TeacherID",SqlDbType.Char,6).Value =
    this.TeacherDDList.SelectedValue.ToString();
    //新建 DDLDataSet 对象，并将课程班表中的数据填充到此对象的表
    "CourseClassTable"中
    SqlDataAdapter CourseClassDataAdapter = new
    SqlDataAdapter(CourseClassCmd);
    DataSet DDLDataSet = new DataSet();
    CourseClassDataAdapter.Fill(DDLDataSet, "CourseClassTable");
    //课程班下拉列表框绑定
    this.CourseClassDDList.DataTextField = "CCName";
    this.CourseClassDDList.DataValueField = "CourseClassID";
    this.CourseClassDDList.DataSource =
    DDLDataSet.Tables["CourseClassTable"];
    this.CourseClassDDList.DataBind();
    //关闭数据库连接，显示查询按钮，隐藏 GradeGView 和成绩处理按钮
    CourseClassConn.Close();
    QueryBtn.Enabled = true;
    GradeGView.Visible = false;
    GradeProcBtn.Visible = false;
}
#endregion
```

此方法执行后，将显示"确定"查询按钮，同时隐藏 GradeGView 组件和"成绩处理"按钮。

3. 课程班成绩录入绑定并显示

在课程班下拉列表框中选定某个课程班后，单击"确定"按钮，进行相应课程班的成绩录入和处理。如果该课程班的任课教师是首次进行成绩录入，则 TB_Grade 表中的该课程班的成绩记录还不存在，需要将 TB_SelectCourse 表中选修该课程班的学生和课程班信息 StuID 和 CourseClassID 字段，及相关的 ClassID 和 CourseID 字段插入到 TB_Grade 表中。然后查询并在网页上显示该课程班的空白成绩清单，最后进行相应的成绩录入和处理。

因此，需要在数据库中创建一个用于生成空白成绩表单的存储过程，其 T-SQL 语句如下：

```
USE DB_TeachingMS
GO
CREATE PROC SP_MakeGradeSheet @CourseClassID CHAR(10)
AS
  INSERT INTO TB_Grade (StuID,ClassID,CourseClassID,CourseID)
  SELECT TSC.StuID,ClassID,TSC.CourseClassID,CourseID
  FROM TB_SelectCourse TSC,TB_Student TS,TB_CourseClass TCC
  WHERE TSC.StuID=TS.StuID AND TSC.CourseClassID=TCC.CourseClassID
  AND TSC.CourseClassID=@CourseClassID
```

如果不是首次录入成绩，则 TB_Grade 表中的该课程班的成绩记录已经存在，可以直接查询并显示对应课程班的成绩清单，并进行相关的成绩录入和处理。

单击网页中的"确定"按钮，执行方法"GradeGViewDataBind()"创建并显示成绩清单的代码如下：

```
//调用方法 GradeGViewDataBind()，绑定数据并显示成绩处理按钮
protected void QueryBtn_Click(object sender, EventArgs e)
{
  GradeGView.Visible = true;
  GradeGViewDataBind();
  GradeProcBtn.Visible = true;
}
```

方法"GradeGViewDataBind()"的作用是显示课程班的成绩清单，成绩清单显示后，接着显示"成绩处理"按钮。但是，如果该课程班的成绩已经锁定（LockFlag 字段为"L"），则要让 GradeGView 组件中显示的每行成绩处于非激活状态，不能进行录入、修改，同时成绩处理按钮也处于非激活状态；反之，成绩可以修改，且成绩处理按钮也处于激活状态，可以进行成绩处理。

方法"GradeGViewDataBind()"代码如下：

```
#region GradeGView 数据绑定方法：GradeGViewDataBind()
private void GradeGViewDataBind()
{
  //创建字符串变量 CourseClassID，用以获取某个教师的课程班编码值
  string
CourseClassID=this.CourseClassDDList.SelectedValue.ToString();
  //新建一个连接实例
  SqlConnection CCGradeProcConn = new SqlConnection();
  CCGradeProcConn.ConnectionString =
ConfigurationManager.ConnectionStrings["ConnStr"].ToString();
  CCGradeProcConn.Open();
```

```
//如果表中还没有对应的课程班成绩记录，生成空白成绩单
SqlCommand GradeQueryCmd = new SqlCommand("SELECT * FROM TB_Grade
WHERE CourseClassID="+"'"+CourseClassID+"'", CCGradeProcConn);
SqlDataReader GradeDataReader = GradeQueryCmd.ExecuteReader();
GradeDataReader.Read();
if (!GradeDataReader.HasRows)
{
  GradeDataReader.Close();
  //调用存储过程"SP_MakeGradeSheet"生成空白成绩表单
  SqlCommand MakeGradeSheetCmd = new
  SqlCommand("SP_MakeGradeSheet", CCGradeProcConn);
  MakeGradeSheetCmd.CommandType = CommandType.StoredProcedure;
  MakeGradeSheetCmd.Parameters.Add("@CourseClassID",
  SqlDbType.Char, 10).Value = CourseClassID;
  MakeGradeSheetCmd.ExecuteNonQuery();
}
else
  GradeDataReader.Close();
//调用存储过程"SP_CourseClassGradeQuery"进行课程班成绩查询
SqlCommand CourseClassCmd = new
SqlCommand("SP_CourseClassGradeQuery",
CCGradeProcConn);
CourseClassCmd.CommandType = CommandType.StoredProcedure;
CourseClassCmd.Parameters.Add("@CourseClassID", SqlDbType.Char,
10).Value = CourseClassID;
//新建 QueryDS 对象，并将成绩表中的数据填充到此对象的 CCGradeTable 表中
SqlDataAdapter CourseClassDataAdapter = new
SqlDataAdapter(CourseClassCmd);
DataSet QueryDS = new DataSet();
CourseClassDataAdapter.Fill(QueryDS, "CCGradeTable");
//在 GradeGView 中将课程班成绩绑定
this.GradeGView.DataSource = QueryDS.Tables["CCGradeTable"];
this.GradeGView.DataBind();
//再逐行绑定平时、期中、期末成绩到相应的 TextBox 中
for (int i = 0; i < this.GradeGView.Rows.Count; i++)
  {
  //定义三个 TextBox 和一个 CheckBox 实例，用来处理三个成绩和成绩锁定标志
  TextBox CTextBox =
  (TextBox)this.GradeGView.Rows[i].FindControl("TBoxCommonScore");
  TextBox MTextBox =
  (TextBox)this.GradeGView.Rows[i].FindControl("TBoxMiddleScore");
  TextBox LTextBox =
  (TextBox)this.GradeGView.Rows[i].FindControl("TBoxLastScore");
  CheckBox LockCheckBox =
  (CheckBox)this.GradeGView.Rows[i].FindControl("CBoxLockFlag");
  CTextBox.Text =
  QueryDS.Tables["CCGradeTable"].Rows[i]["CommonScore"].ToString();
```

```
    MTextBox.Text =
    QueryDS.Tables["CCGradeTable"].Rows[i]["MiddleScore"].ToString();
    LTextBox.Text =
    QueryDS.Tables["CCGradeTable"].Rows[i]["LastScore"].ToString();
    //如果锁定标志位为"L"，则成绩行和成绩处理按钮为非激活状态
        if (QueryDS.Tables["CCGradeTable"].Rows[i]["LockFlag"].
    ToString() == "L")
    {
      this.GradeGView.Rows[i].Enabled = false;
      LockCheckBox.Checked = true;
      GradeProcBtn.Enabled = false;
    }
    else
      GradeProcBtn.Enabled = true;
}
//关闭数据库连接
CCGradeProcConn.Close();
}
#endregion
```

4. 成绩更新及总评成绩计算

成绩更新及总评成绩计算功能，通过单击"成绩处理"按钮执行"GradeProcBtn_Click()"方法来实现。

（1）在方法"GradeProcBtn_Click()"中定义四个变量 intGradeSeedID、fltCommonScore、fltMiddleScore 和 fltLastScore。其中，变量 intGradeSeedID 用来获取每行成绩的标识种子值，其余三个变量分别从 GradeGView 组件每行中内嵌的 TextBox 组件中获取对应的平时、期中和期末成绩值。

（2）基于循环用 UPDATE 语句对 GradeGView 组件中录入的每行平时、期中和期末成绩进行更新，从首行开始，逐行更新，直到最后一行。

（3）调用方法"TotalScoreProc()"对刚刚更新好的课程班成绩进行总评成绩计算，并重新将计算好的课程班成绩绑定到 GradeGView 组件中显示。

方法"GradeProcBtn_Click()"代码如下：

```
#region 成绩更新并进行总评成绩计算
protected void GradeProcBtn_Click(object sender, EventArgs e)
{
int intGradeSeedID;
float fltCommonScore,fltMiddleScore,fltLastScore;
//如果 GradeGView 中有记录，则进行数据更新处理
if (this.GradeGView.Rows.Count > 0)
{
  SqlConnection GradeUpdateConn = new SqlConnection();
  GradeUpdateConn.ConnectionString =
  ConfigurationManager.ConnectionStrings["ConnStr"].ToString();
  GradeUpdateConn.Open();
  for (int i = 0; i < this.GradeGView.Rows.Count; i++)
  {
        //4 个变量，分别从 GradeGView 获取成绩记录标识种子，平时、期中和期末成绩的值
    intGradeSeedID =
```

```
    Convert.ToInt32(this.GradeGView.DataKeys[i].Value);
    fltCommonScore =
    Convert.ToSingle(((TextBox)this.GradeGView.Rows[i].FindContro
    l("TBoxCommonScore")).Text);
    fltMiddleScore =
    Convert.ToSingle(((TextBox)this.GradeGView.Rows[i].FindContro
    l("TBoxMiddleScore")).Text);
    fltLastScore =
    Convert.ToSingle(((TextBox)this.GradeGView.Rows[i].FindContro
    l("TBoxLastScore")).Text);
    //构建添加班级记录的 UPDATE 语句
    string GradeUpdateSQL = "UPDATE TB_Grade SET CommonScore=";
    GradeUpdateSQL = GradeUpdateSQL + fltCommonScore;
    GradeUpdateSQL = GradeUpdateSQL + ",MiddleScore=" +
    fltMiddleScore;
    GradeUpdateSQL = GradeUpdateSQL + ",LastScore=" + fltLastScore;
    GradeUpdateSQL = GradeUpdateSQL + " WHERE GradeSeedID=" +
    intGradeSeedID;
    //Response.Write(GradeUpdateSQL);
    //将录入的课程班成绩更新到 TB_Grade 表中
    SqlCommand GradeUpdateCmd=new SqlCommand(GradeUpdateSQL,
    GradeUpdateConn);
    GradeUpdateCmd.ExecuteNonQuery();
    }
    //调用方法 TotalScoreProc()进行总评成绩处理
    TotalScoreProc();
    //关闭数据库连接
    GradeUpdateConn.Close();
    //调用方法 GradeGViewDataBind()进行数据重新绑定，并显示成绩处理成功对话框
    GradeGViewDataBind();
    Response.Write("<SCRIPT language='javascript'>alert('成绩处理成功并
刷新！'); </SCRIPT>");
    }
}
#endregion
```

方法"TotalScoreProc()"通过调用 SP_GradeProc 存储过程来实现课程班总评成绩的计算，具体代码如下：

```
#region 总评成绩处理方法：TotalScoreProc()
private void TotalScoreProc()
{
    SqlConnection GradeProcConn = new SqlConnection();
    GradeProcConn.ConnectionString =
    ConfigurationManager.ConnectionStrings["ConnStr"].ToString();
    GradeProcConn.Open();
    //调用存储过程
    SqlCommand SelectCourseCmd = new SqlCommand("SP_GradeProc",
    GradeProcConn);
    //说明 SqlCommand 类型是个存储过程
    SelectCourseCmd.CommandType = CommandType.StoredProcedure;
    //添加存储过程的参数，CourseClassID
    SelectCourseCmd.Parameters.Add("@CourseClassID", SqlDbType.Char,
```

```
10).Value =
this.CourseClassDDList.SelectedValue.ToString();
SelectCourseCmd.ExecuteNonQuery();    //执行存储过程
GradeProcConn.Close();        //关闭数据库连接
}
#endregion
```

（4）需要在课程班下拉列表框的内容发生变化时，将已经显示其他课程班成绩的 GradeGView 组件和"成绩处理"按钮隐藏。当单击"确定"按钮，新课程班的数据绑定到 GradeGView 组件时，再将 GradeGView 组件和"成绩处理"按钮显示出来。

上述功能可以通过网页设计页面中"课程班"下拉列表框的 TextChanged 事件的方法 "CourseClassDDList_TextChanged()"来实现，具体代码如下：

```
//若课程班下拉列表框的内容发生变化，则隐藏 GradeGView 和成绩处理按钮
protected void CourseClassDDList_TextChanged(object sender, EventArgs e)
{
GradeGView.Visible = false;
GradeProcBtn.Visible = false;
}
```

7.8 模块小结

本模块具体介绍了触发器和游标的概念和处理机制，并在此基础上重点对触发器的创建、维护和删除，以及游标的定义、打开、利用、关闭和释放等作了详细的阐述。同时，结合"教学管理系统"的选课与退课功能，进行课程班选课人数的自动增加和减少触发器设计，并在 ASP.NET 中调用存储过程实现了"教学管理系统"的课程班成绩录入、修改和总评成绩处理等功能。主要的关键知识点有：

- ✪ 触发器工作原理和触发机制。
- ✪ INSERTED 表和 DELETED 表。
- ✪ DML 触发器：AFTER 触发器和 INSTEAD OF 触发器。
- ✪ DDL 触发器：作用于数据库的 DDL 触发器和作用于服务器的 DDL 触发器。
- ✪ 触发器的启用和禁用。
- ✪ 游标的工作原理和机制。
- ✪ 游标的定义、打开、利用、关闭和释放。
- ✪ ASP.NET 中页面代码编写规范与技巧。

📊 实训操作

（1）考虑到学生的实际情况，每学期每个学生最多选修 4 个学分（含 4 个学分）的选修课程。请基于 TB_SelectCourse 表创建一个 AFTER 触发器，用以限制单个学生一个学期选修课程超过 4 个学分，否则超过 4 学分的选修课程作废（将 TB_SelectCourse 表的课程班插入操作回滚），同时将其设置为该表第一个触发的触发器。

（2）如果不通过基于 TB_SelectCourse 表创建一个 AFTER 触发器来限制学生单学期选修

课程不超过 4 个学分，而是基于 ASP.NET 在课程班选修网页应用程序中来实现该限制功能。请修改第 6 模块中 6.6 节中的网页应用程序来实现这个功能。

作业练习

1．填空题

（1）游标的操作包括以下几个步骤：声明、_____、处理（提取、删除或修改）、_____和_____游标。

（2）当对某表进行诸如_____、_____、_____这些操作时，SQL Server 就会自动执行触发器所定义的 T-SQL 语句。

（3）触发器的主要作用就是能够实现数据的_____和_____。

2．选择题

（1）创建触发器的语句是_____。

    A．DECLARE   B．CREATE TABLE
    C．CREATE DATABASE   D．CREATE TRIGGER

（2）如果要从数据库中删除触发器，应该使用 T-SQL 语言的命令_____。

    A．DELETE   TRIGGER   B．DROP   TRIGGER
    C．REMOVE   TRIGGER   D．DISABLE   TRIGGER

（3）下面_____的代码可替代原始的更新语句执行。

    A．AFTER 触发器   B．INSTEAD OF 触发器
    C．列级触发器   D．DDL 数据库级触发器

（4）已知员工和员工亲属两个表，当员工调走时，应该从员工表中删除该员工的记录，同时在员工亲属表中删除对应的亲属记录。在 T-SQL 语言中利用触发器定义这个完整性约束的语句是_____。

    A．INSTEAD OF DELETE   B．INSTEAD OF DROP
    C．AFTER DELETE   D．AFTER UPDATE

（5）关闭游标使用的命令是_____。

    A．DELETE CURSOR   B．DROP CURSOR
    C．DEALLOCATE   D．CLOSE CURSOR

（6）声明游标的语句是_____。

    A．CREATE CURSOR   B．DECLARE CURSOR
    C．OPEN CURSOR   D．DELLOCATE CURSOR

3．简答题

（1）简述触发器的工作原理。

（2）分别执行 DELETE、UPDATE 和 INSERT 三种 DML 触发器时，各创建了哪些临时表？

（3）INSTEAD OF 触发器与 AFTER 触发器有什么不同？

（4）简述游标机制。

第 **8** 模块　系统安全机制设计

"教学管理系统"数据库 DB_TeachingMS 创建完成后，必须设法使之免遭非法用户的入侵和访问，保证数据库的安全性。SQL Server 2008 提供了从操作系统、服务器、数据库到数据对象的多级别的安全保护，并涉及数据库登录、用户、权限等安全性方面的设置。

工作任务

- 任务 1：创建 Windows 身份验证模式登录名
- 任务 2：创建与登录账户同名的数据库用户
- 任务 3：创建 SQL Server 身份验证模式登录名
- 任务 4：创建学生评教架构和相应数据对象
- 任务 5：为数据库用户授予权限
- 任务 6：创建用户自定义的数据库角色

学习目标

- 了解 SQL Server 2008 的安全机制
- 掌握 SQL Server 2008 的登录模式
- 掌握数据库用户的创建与维护
- 了解架构的概念及架构创建方法
- 掌握数据库用户权限的设置与维护
- 了解固定服务器和数据库角色及其应用
- 掌握自定义数据库角色的创建

8.1　任务 1——创建 Windows 身份验证模式登录名

任务描述与分析

项目经理孙教授要求第 3 项目小组的李娜同学为"教学管理系统"数据库的两个教师分别用向导方式和 T-SQL 方式创建名为 Teacher_Yao 和 Teacher_Zhang 的 SQL Server 身份验证模式的登录名。

相关知识与技能

8.1.1 SQL Server 2008 安全机制

SQL Server 2008 的安全机制可以分为 5 个等级。

- ✪ 客户机安全机制
- ✪ 网络传输安全机制
- ✪ 服务器级别安全机制
- ✪ 数据库级别安全机制
- ✪ 数据库对象级别安全机制

以上的每个等级就好像一道安全大门，用户必须打开上一道门才能到达下一个安全等级。如果通过了所有的门，就可以实现对数据库中数据的访问。这种关系如图 8-1 所示。

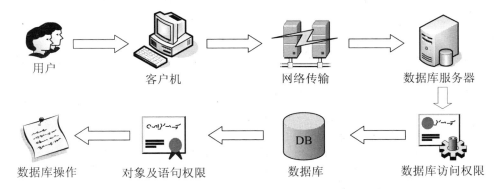

图 8-1 SQL Server 2008 安全机制

1. 客户机安全机制

用户在使用客户计算机通过网络对 SQL Server 服务器进行访问时，首先要获得客户计算机操作系统的使用权。

2. 网络传输安全机制

通常情况下，在能够实现网络互连的前提下，用户没有必要对运行 SQL Server 服务器的主机进行直接登录，而是通过网络连接远程登录到 SQL Server 服务器上。此时，用户要取得访问 SQL Server 服务器所在网络的权限。

3. 服务器级别安全机制

SQL Server 的服务器级别安全建立在控制服务器的登录的基础上，SQL Server 一般采用 Windows 身份验证和 SQL Server 身份验证两种登录模式。无论使用哪种登录方式，用户在登录时提供的登录账号和密码决定了用户能否获得 SQL Server 的访问权限。

4. 数据库级别安全机制

这个级别的安全性主要通过数据库用户进行控制，要想访问一个数据库，必须拥有该数据库的一个用户身份。数据库用户是通过登录名进行映射的，可以属于固定的数据库角色或自定义数据库角色。

5．数据库对象级别安全机制

这个级别的安全性通过设置数据库对象的访问权限进行控制。数据库对象的安全性是 SQL Server 安全机制的最后一个安全等级。数据库对象的访问权限定义了数据库用户对数据库中数据对象的引用、数据操作语句的许可权限，这可以通过定义对象和语句的许可权限来实现。在创建数据库对象的时候，SQL Server 自动把该数据库对象的拥有权赋予给它的所有者（创建者）。

8.1.2 登录账户和身份验证方式

在 SQL Server 中，登录账户（即登录名）是用来登录 SQL Server 服务器的账户，一个合法的登录账户只表明该使用数据库的人员通过了 SQL Server 服务器的验证，但不能表明他可以对相应的数据库和数据库对象进行操作。

SQL Server 2008 有两种身份验证方式：Windows 身份验证和 SQL Server 身份验证。

Windows 身份验证：当用户通过 Windows 用户账户连接时，SQL Server 使用操作系统中的 Windows 标记的账户名和密码。也就是说，用户身份由 Windows 进行确认，SQL Server 不要求提供密码，也不执行身份验证。Windows 身份验证是默认的身份验证模式，并且比 SQL Server 身份验证更为安全。

SQL Server 身份验证：当使用 SQL Server 身份验证时，在 SQL Server 中创建的登录名并不基于 Windows 用户账户。用户名和密码均通过 SQL Server 创建并存储在 SQL Server 中。通过 SQL Server 身份验证进行连接的用户每次连接时必须提供其凭据（登录名和密码）。

SQL Server 2008 允许两种身份验证模式："Windows 身份验证模式"和"混合身份验证模式"。"Windows 身份验证模式"是指 SQL Server 只采用"Windows 身份验证"进行用户登录验证，而"混合身份验证模式"是指 SQL Server 同时采用"Windows 身份验证"和"SQL Server 身份验证"进行用户登录验证。

8.1.3 Windows 操作系统用户

Windows 用户就是使用微软的 Windows 操作系统（如 Windows 98、Windows XP 等）的用户。说到 Windows 用户，普遍会联想到系统登录时输入的用户名和密码，没错，用户账户的建立简单来说就是为了区分不同的用户。每个 Windows 用户都为自己建立一个用户账户，并设置密码，这样只有在输入自己的用户名和密码之后才能进入到 Windows 操作系统中。

🔍 任务实施与拓展

8.1.4 创建 Windows XP 操作系统用户

01 选择"开始"|"设置"|"控制面板"命令，弹出"控制面板"窗口。

02 双击"管理工具"|"计算机管理"图标，弹出如图 8-2 所示的"计算机管理"窗口。

03 单击"本地用户和组"节点，右击"用户"图标，弹出快捷菜单，选择"新用户"命令，弹出"新用户"对话框。

04 在"用户名"文本框中输入"Teacher_Yao"，在"全名"中输入"Teacher_Yao"，在"密码"与"确认密码"中输入"TYPassword"。取消"新用户"对话框中"用户下次登录时须更改密码"项的选择，同时选择"密码永不过期"项，如图 8-3 所示，然后单击"创建"按钮。用同样的方式再创建一个 Teacher_Zhang 用户。

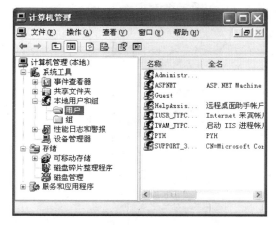

图 8-2　"计算机管理"窗口　　　　　　　图 8-3　"新用户"对话框

05 关闭"新用户"对话框，在"用户管理"窗口出现如图 8-4 所示的 Teacher_Yao 和 Teacher_Zhang 账户。

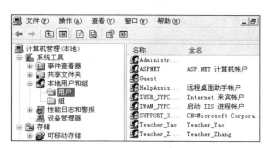

图 8-4　计算机管理窗口中的新建用户

8.1.5　创建 Windows 验证模式的登录账户

1．向导方式创建 Teacher_Yao 登录名

01 在 SSMS 的"资源管理器"中，右击"安全性"｜"登录名"节点，如图 8-5 所示，在弹出的快捷菜单中选择"新建登录名"命令，打开"登录名-新建"对话框。

图 8-5　登录名右击快捷菜单

02 在"登录名-新建"对话框中，单击"搜索"按钮，打开如图 8-6 所示的"选择用户或组"对话框。

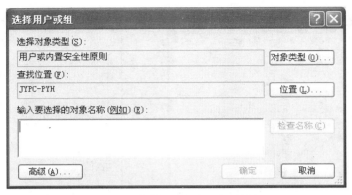

图 8-6　"选择用户或组"对话框

03 在"选择用户或组"对话框中，单击"高级"按钮，打开"选择用户或组"的高级对话框。在此对话框中单击"立即查找"按钮，则"选择用户或组"高级对话框的下部将列出 Windows XP 操作系统用户，如图 8-7 所示。

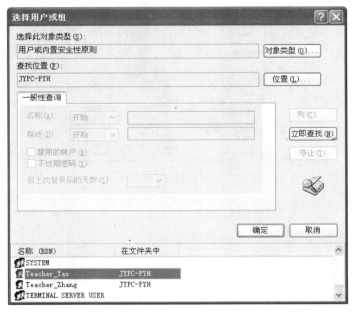

图 8-7　"选择用户或组"高级对话框

04 单击选中 Teacher_Yao 用户，然后单击"确定"按钮，回到如图 8-6 所示的"选择用户或组"对话框，"输入要选择的对象名称"列表中出现刚才选中的 Windows XP 操作系统用户 Teacher_Yao，如图 8-8 所示。

05 单击图 8-8 中的"确定"按钮，回到"登录名-新建"对话框；选择默认数据库为 DB_TeachingMS，如图 8-9 所示。单击"确定"按钮，完成将 Windows XP 操作系统用户 Teacher_Yao 在 SQL Server 2008 中的登录名注册。

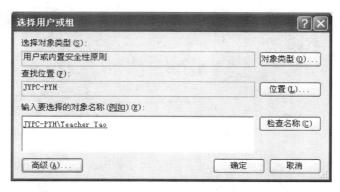

图 8-8　完成对象名称的选择

图 8-9　用户默认数据库和语言

2. T-SQL 方式创建 Teacher_Zhang 登录名

01 在 SSMS 窗口中单击"新建查询"按钮,打开一个查询输入窗口。

02 在窗口中输入如下创建 Teacher_Zhang 登录名的 T-SQL 语句。

```
USE master
GO
CREATE LOGIN [JYPC-PYH\Teacher_Zhang] FROM WINDOWS
GO
```

03 单击"执行"按钮执行语句,如果成功执行,在结果窗格中同样显示"命令已成功完成"提示消息。

04 在 SSMS 的"资源管理器"中,展开"安全性"|"登录名"节点,即可发现两个新创建的 Teacher_Yao 和 Teacher_Zhang 登录名,如图 8-10 所示。

图 8-10　新创建的登录名

此时,SQL Server 2008 已经分别将 Windows XP 操作系统的用户 Teacher_Yao 和 Teacher_Zhang 注册成 SQL Server 2008 的登录名。此时,可以注销 Windows XP 操作系统的用户,重新用 Teacher_Yao 或 Teacher_Zhang 登录 Windows XP 操作系统。然后启动 SSMS,用 Teacher_Yao 登录名以 Windows 身份验证方式登录 SQL Server 2008,此时会发现不能正常登录,登录时出现如图 8-11 所示的出错提示。

图 8-11　登录出错提示

出现错误的原因是：创建登录名后，必须为登录名创建关联的数据库用户，否则登录名同样无法登录 SSMS。一个登录名可以在多个数据库中创建用户，这样，通过登录名登录 SQL Server 2008 后，可以使用多个数据库。

8.2　任务 2——创建与登录账户同名的数据库用户

任务描述与分析

为了使 8.1 中创建的 Windows 验证模式的登录名能够正常登录到数据库服务器，第 3 项目小组要求李娜同学为刚刚创建的 Teacher_Yao 和 Teacher_Zhang 登录名分别用向导方式和 T-SQL 方式创建对应的数据库用户名：Teacher_Yao 和 Teacher_Zhang。

相关知识与技能

在 SQL Server 2008 中，登录账户（即登录名）和数据库用户是两个不同的概念。登录名是用来登录 SQL Server 服务器的登录账户，而数据库用户是登录 SQL Server 服务器后用来访问某个具体数据库的用户账户。一个合法的登录账户只表明该使用数据库的人员通过了数据库服务器的验证（Windows 身份验证或 SQL Server 身份验证），但不能表明他可以对相应的数据库和数据库对象进行操作。一般将登录账户与一个或多个数据库用户相关联，这样才能访问对应的数据库。例如，系统登录账户 sa 自动与每个数据库用户 dbo 相关联，所以 sa 登录 SQL Server 2008 服务器后可以访问每个数据库。

8.2.1　数据库用户

1．登录名与用户映射关系

要访问特定的数据库，还必须具有对应的数据库用户名，而用户名在特定的数据库内创建时，必须关联一个登录名。创建后的用户名必须分配相应的访问数据库对象的权限，这样，用这个与用户关联的登录名登录 SQL Server 2008 服务器的人员才能正常访问对应数据库中的对象。

可以这样想象，假设 SQL Server 是一个包含许多房间的大楼，每个房间代表一个数据库，房间里的柜子、抽屉等就是数据库中的对象。登录名就相当于进入大楼的钥匙，每个房间的钥匙就是每个数据库的用户，而赋给数据库用户的权限就相当于每个柜子和抽屉的钥匙。对应关系如图 8-12 所示。

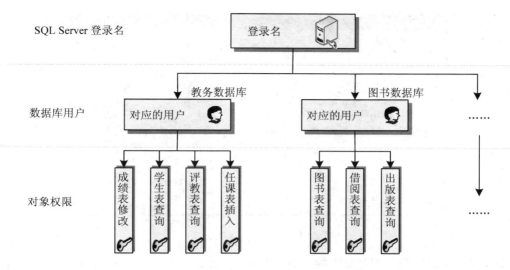

SQL Server 登录名

数据库用户

对象权限

图 8-12　SQL Server 登录名与用户映射关系

2．Guest 用户

在 SQL Server 2008 中，有一个特殊的数据库用户 Guest，任何已经登录到 SQL Server 2008 服务器的账户，都可以访问有 Guest 用户的数据库。

一个没有映射到数据库用户的登录账户试图登录数据库时，SQL Server 2008 将尝试用 Guest 用户进行连接。可以通过为 Guest 用户授予 CONNECT 权限来启用 Guest 用户。启用 Guest 用户一定要谨慎，使用不当会为数据库系统带来安全隐患。

不能删除 Guest 用户，但可禁用除 master 或 temp 数据库之外的任何数据库中的 Guest 用户。

📇 任务实施与拓展

8.2.2　创建数据库用户

1．向导方式创建数据库用户 Teacher_Yao

01 在 SSMS 中 DB_TeachingMS 数据库的"安全性"｜"用户"节点上右击，在弹出的快捷菜单中选择"新建用户"命令，打开"数据库用户-新建"对话框，在用户文本框内输入与登录账户同名的数据库用户 Teacher_Yao，如图 8-13 所示。

图 8-13　登录名选择

02 单击图 8-13 中"登录名"后面的选择按钮⌷⌷⌷，弹出"选择登录名"对话框。然后单击"选择登录名"对话框中的"浏览"按钮，打开"查找对象"对话框，在"匹配的对象"栏内选择 Teacher_Yao 登录名，如图 8-14 所示。

图 8-14 "查找对象"对话框

03 单击"查找对象"对话框中的"确定"按钮,回到"选择登录名"对话框,如图 8-15 所示。

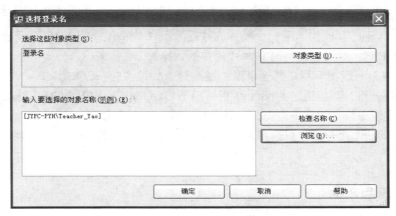

图 8-15 "选择登录名"对话框

04 单击"选择登录名"对话框中的"确定"按钮,回到"数据库用户-新建"对话框。可以 发现"登录名"栏内出现了"JYPC-PYH\Teacher_Yao"。

05 单击"数据库用户-新建"对话框中的"确定"按钮,即可为 Teacher_Yao 登录名创建同 名的数据库用户 Teacher_Yao。

2. T-SQL 方式创建数据库用户 Teacher_Zhang

01 在 SSMS 窗口中单击"新建查询"按钮,打开一个查询输入窗口。

02 在窗口中输入如下 T-SQL 语句,创建 Teacher_Zhang 登录名的同名数据库用户 Teacher_Zhang。

```
USE DB_TeachingMS
GO
CREATE USER Teacher_Zhang FOR LOGIN [JYPC-PYH\Teacher_Zhang]
GO
```

03 单击"执行"按钮执行语句,如果成功执行,在结果窗格中同样显示"命令已成功完成" 提示消息。

04 在 SSMS 的"资源管理器"中，展开数据库 DB_TeachingMS|"安全性"|"用户"节点，即可发现两个新创建的用户 Teacher_Yao 和 Teacher_Zhang，如图 8-16 所示。

图 8-16　新创建的用户

　　重新注销 Windows XP 操作系统的用户，用 Teacher_Yao 登录 Windows XP 操作系统。然后启动 SSMS，用 Teacher_Yao 登录名以 Windows 身份验证方式登录 SQL Server，可以顺利登录到 SQL Server 服务器实例。

　　此时，可以尝试访问 SQL Server 服务器实例中的不同数据库，却发现不能对任何一个数据库进行有效的访问，原因是还没有对刚才创建的数据库用户 Teacher_Yao 赋予相应的访问权限。

8.2.3　任务拓展

1．删除数据库用户

　　不能从数据库中删除拥有架构或安全对象的用户。必须先删除或转移安全对象的所有权，才能删除拥有这些安全对象的数据库用户。下面举例说明。

　　可以通过向导方式和 T-SQL 语句两种途径来删除 DB_TeachingMS 数据库的用户 Student_Sun。

　　（1）向导方式

01 以默认的 Windows 登录名或系统登录名 sa 登录 SQL Server。

02 在 SSMS 的"资源管理器"中，右击 DB_TeachingMS 数据库中的"安全性"|"用户"|"Student_Sun"用户，在弹出的快捷菜单中选择"删除"命令，如图 8-17 所示，打开"删除对象"对话框。

图 8-17　用户节点右击快捷菜单

03 单击"删除对象"对话框中的"确定"按钮，即可删除数据库中的 Student_Sun 用户。

　　（2）T-SQL 语句方式

01 以默认的 Windows 登录名或系统登录名 sa 登录 SQL Server。

02 在 SSMS 中单击"新建查询"按钮，在查询分析器中输入下述 T-SQL 语句。

```
USE DB_TeachingMS
GO
DROP USER Student_Sun
GO
```

03 单击"执行"按钮，如果成功执行，即可删除 DB_TeachingMS 数据库的用户 Student_Sun。

2. 启用和禁用 Guest 用户

可以通过下述 T-SQL 语句来启用和禁用 DB_TeachingMS 数据库中的 Guest 用户。

```
--启用 GUEST 用户
USE DB_TeachingMS
GO
GRANT CONNECT TO GUEST
GO
```

```
--禁用 GUEST 用户
USE DB_TeachingMS
GO
DENY CONNECT TO GUEST
GO
```

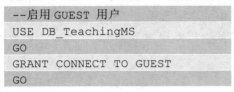

8.3 ▶ 任务 3——创建 SQL Server 身份验证模式登录名

📋 任务描述与分析

第 3 项目小组让周丽同学为"教学管理系统"数据库的两个学生分别用向导方式和 T-SQL 方式创建名为"Student_Sun"和"Student_Li"的 SQL Server 身份验证模式的登录名，并为上述两个登录名创建同名的数据库用户名。

🔍 任务实施与拓展

8.3.1 创建 SQL Server 验证模式的登录名

1. 用向导方式创建登录名及同名数据库用户 Student_Sun

01 在 SSMS 的"对象资源管理器"中，右击"安全性"|"登录名"选项，在弹出的快捷菜单中选择"新建登录名"命令，打开"登录名-新建"对话框。在"登录名"文本框内输入"Student_Sun"，选择"SQL Server 身份验证"模式。

02 在"登录名-新建"对话框的"密码"和"确认密码"文本框中输入密码"PStudent_Sun"，取消"用户在下次登录时必须更改密码"选项。同时，"默认数据库"栏内选择 DB_TeachingMS 数据库，如图 8-18 所示。

03 单击"登录名-新建"对话框左边"选择页"中的"用户映射"项，在"映射到此登录名的用户"窗格中选择 DB_TeachingMS 数据库，如图 8-19 所示。

04 单击"登录名-新建"对话框中的"确定"按钮，即可创建名为"Student_Sun"的 SQL Server 身份验证模式的登录名。同时，通过图 8-19 中的"用户映射"为 Student_Sun 登录名在 DB_TeachingMS 数据库中创建一个同名用户"Student_Sun"。

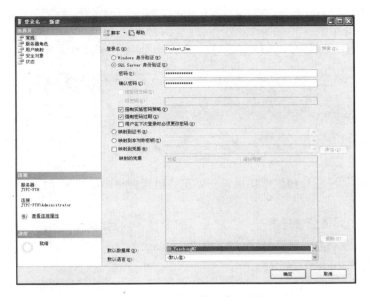

图 8-18　"登录名-新建"对话框

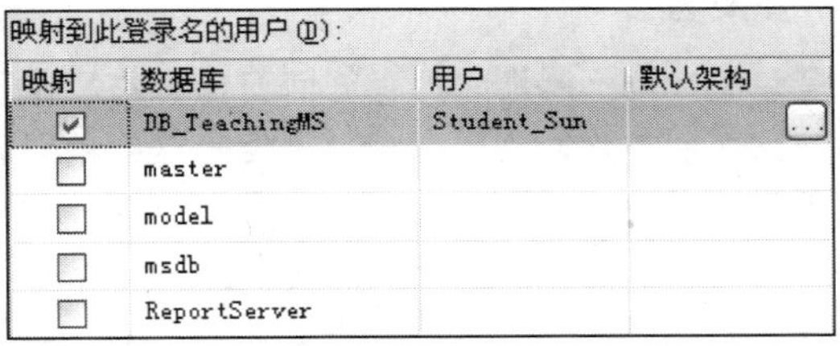

映射	数据库	用户	默认架构
☑	DB_TeachingMS	Student_Sun	[..]
☐	master		
☐	model		
☐	msdb		
☐	ReportServer		

图 8-19　登录名数据库映射

05 在 SSMS 的"资源管理器"中，展开"安全性"|"登录名"节点，即可发现新创建的 Student_Sun 登录名，如图 8-20 所示。

06 在 SSMS 的"资源管理器"中，展开数据库"DB_TeachingMS"|"安全性"|"用户"节点，即可发现新创建的 Student_Sun 用户，如图 8-21 所示。

图 8-20　新建的 Studenet_Sun 登录名

图 8-21　新建的数据库用户

2. 用 T-SQL 方式创建登录名及同名数据库用户 Student_Li

01 在 SSMS 窗口中单击"新建查询"按钮，在查询分析器中输入如下创建 SQL Server 验证模式的登录名 Student_Li 的 T-SQL 语句。

```
USE master
GO
CREATE LOGIN Student_Li
WITH
PASSWORD='PStudent_Li', DEFAULT_DATABASE=DB_TeachingMS
GO
USE DB_TeachingMS
GO
CREATE USER Student_Li FOR LOGIN Student_Li
GO
```

02 单击"执行"按钮,如果成功执行,即可在结果窗格中同样显示"命令已成功完成"提示消息。

03 在 SSMS 的"资源管理器"中,展开"安全性"|"登录名"节点,即可发现新创建的 Student_Li 登录名。展开数据库"DB_TeachingMS"|"安全性"|"用户"节点,可发现新创建的 Student_Li 用户。

8.3.2 任务拓展

1. 删除 SQL Server 登录名

不能删除正在使用的登录名,也不能删除拥有任何安全对象、服务器级别对象或 SQL 代理作业的登录名。可以删除数据库用户映射到的登录名,但是这会创建孤立用户。

可以通过向导方式和 T-SQL 语句两种途径来删除 Teacher_Yao 登录名。

（1）向导方式

01 以默认的 Windows 登录名或系统登录名 sa 登录 SQL Server。

02 在 SSMS 的"资源管理器"中的"安全性"|"登录名"|"JYPC-PYH\Teacher_Yao"登录名上右击,单击弹出的快捷菜单中的"删除"命令,如图 8-22 所示,打开"删除对象"对话框。

图 8-22 "登录名节点右击"快捷菜单

03 单击"删除对象"对话框中的"确定"按钮,即可删除 Teacher_Yao 登录名。

（2）T-SQL 方式

01 以默认的 Windows 登录名或系统登录名 sa 登录 SQL Server。

02 在 SSMS 中单击"新建查询"按钮，在查询分析器中输入下述 T-SQL 语句。

```
USE DB_TeachingMS
GO
DROP LOGIN [JYPC-PYH\Teacher_Yao]
GO
```

03 单击"执行"按钮，如果成功执行，在结果窗格中同样显示"命令已成功完成"提示消息。此时，"JYPC-PYH\Teacher_Yao"登录名已经被删除。

> **注意：** 由于登录名中存在转义字符，所有上面的 T-SQL 语句中要在登录名上加"[ ]"。

8.4 任务 4——创建学生评教架构和相应数据对象

📋 任务描述与分析

用 T-SQL 语句为 SQL Server 创建三个登录名 LoginAdmin_TeachingMS、LoginTeacher_TeachingMS 和 LoginStudent_TeachingMS，在 DB_TeachingMS 数据库中创建三个对应的 DB_Admin、CC_Teacher 和 CC_Student 用户。然后通过 DB_Admin 用户创建一个名为 CC_Evaluation 的架构。在创建此架构的同时，创建一个评教表 TB_Evaluation 及两个用户 CC_Teacher 和 CC_Student，并向 CC_Teacher 用户授予 SELECT 权限，向 CC_Student 用户授予 SELECT、INSERT、UPDATE 权限。

📎 相关知识与技能

8.4.1 架构

SQL Server 中的架构是一种新的命名规则，是形成单个命名空间的数据库对象的集合，其中每个元素的名称都是唯一的。例如，为了避免名称冲突，同一架构中不能有两个同名的表，两个表只有在位于不同的架构时才可以同名。

架构是指包含表、视图、过程、函数等的容器，是一个命名空间。它位于数据库内部，而数据库位于服务器内部。这些实体就像嵌套框放置在一起。服务器是最外面的框，而架构是最里面的框。架构包含下面列出的所有安全对象，但是它不包含其他框。

架构中的每个安全对象都必须有唯一的名称。架构中安全对象的完全指定名称包括此安全对象所在的架构的名称。因此，架构也是命名空间。现在，SQL Server 中一个完整的、符合要求的对象名由用小数点隔开的四个部分构成，例如 server.database.schema.database-object，这个命名规则表示只有第四个元素是强制要求必须有的。

架构不再等效于数据库用户。现在，每个架构都是独立于创建它的数据库用户存在的不同命名空间。也就是说，架构只是对象的容器。任何用户都可以拥有架构，并且架构所有权可以转移。用户与架构分离体现在以下 4 个方面：

- ✪ 架构的所有权和架构范围内的安全对象可以转移。
- ✪ 对象可以在架构之间移动。

- ✪ 单个架构可以包含由多个数据库用户拥有的对象。
- ✪ 多个数据库用户可以共享单个默认架构。

SQL Server 中默认的架构主要用于确定没有使用完全限定名的对象的命名，它指定了服务器确定对象的名称时所查找的第一个架构。从 SQL Server 2005 开始，每个用户都拥有一个默认架构。可以使用 CREATE USER 或 ALTER USER 的 DEFAULT_SCHEMA 选项设置和更改默认架构。如果未定义 DEFAULT_SCHEMA，则数据库用户将使用 dbo 作为默认架构。

Q+ 任务实施与拓展

8.4.2 创建 CC_Evaluation 架构

01 在 SSMS 窗口中单击 "新建查询" 按钮，打开查询输入窗口。

02 在 "查询窗口" 中输入如下创建数据库用户的 T-SQL 语句。

```
--创建三个登录名
USE master
GO
CREATE LOGIN LoginAdmin_TeachingMS
WITH PASSWORD='Pass_TeachingMS', DEFAULT_DATABASE=DB_TeachingMS
CREATE LOGIN LoginTeacher_TeachingMS
WITH PASSWORD='Pass_TeachingMS', DEFAULT_DATABASE=DB_TeachingMS
CREATE LOGIN LoginStudent_TeachingMS
WITH PASSWORD='Pass_TeachingMS', DEFAULT_DATABASE=DB_TeachingMS
GO
--创建与登录名关联的三个数据库用户
USE DB_TeachingMS
GO
CREATE USER DB_Admin FOR LOGIN LoginAdmin_TeachingMS
CREATE USER CC_Teacher FOR LOGIN LoginTeacher_TeachingMS
CREATE USER CC_Student FOR LOGIN LoginStudent_TeachingMS
GO
```

03 单击 "执行" 按钮执行语句，如果成功执行，在结果窗格中显示 "命令已成功完成" 提示消息。

04 在 "资源管理器" 窗口中，展开 "安全性" | "登录名" 节点，即可发现新创建的三个登录名。展开数据库 "DB_TeachingMS" | "安全性" | "用户" 节点，可发现新创建的三个与相应登录名关联的数据库用户。

05 新建一个 "查询窗口"，并输入如下创建架构的 T-SQL 语句。

```
USE DB_TeachingMS
GO
CREATE SCHEMA CC_Evaluation AUTHORIZATION DB_Admin
CREATE TABLE TB_Evaluation
(EvaluationID INT IDENTITY(1,1) PRIMARY KEY,
```

```
    CourseClassID CHAR(10) NOT NULL,
    StuID CHAR(8) NOT NULL,
    EScore REAL NOT NULL
)
GRANT SELECT TO CC_Teacher
GRANT SELECT,INSERT,UPDATE TO CC_Student
GO
```

06 单击"执行"按钮，如果成功执行，同样在结果窗格中显示"命令已成功完成"提示消息。

07 在"资源管理器"窗口中，展开数据库"DB_TeachingMS"|"表"节点，可发现新创建的 TB_Evaluation 表，而且该表在 CC_Evaluation 架构中，如图 8-23 所示。

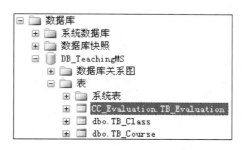

图 8-23　新建的架构

08 在数据库"DB_TeachingMS"|"安全性"|"用户"节点中的 CC_Student 用户上右击，单击弹出的快捷菜单中的"属性"命令，打开"数据库用户"对话框，可以查看该用户的权限设置情况。

8.4.3　任务拓展

可以通过下述 T-SQL 语句来删除刚才创建的 CC_Evaluation 架构，但是，要删除的架构不能包含任何对象。所以要删除 CC_Evaluation 架构，必须先删除 CC_Evaluation 架构中的 TB_Evaluation 表。

```
USE DB_TeachingMS
GO
DROP TABLE CC_Evaluation.TB_Evaluation
DROP SCHEMA CC_Evaluation
GO
```

注意： 如果要删除的架构中包含对象，则 DROP 语句删除架构将失败。

8.5 ▶ 任务 5——为数据库用户授予权限

📄 任务描述与分析

考虑到教师在课程班授课结束后，要向 DB_TeachingMS 数据库的 TB_Grade 表录入课程成绩，要求为任务 8-4 中创建的数据库用户 CC_Teacher 赋予 TB_Grade 表的 UPDATE 权限；而学生在考试结束后，要在网上进行成绩查询，要求为数据库用户 CC_Student 赋予 TB_Grade 表的 SELECT 权限。同时，给数据库用户 DB_Admin 赋予创建表和创建存储过程的语句权限。

相关知识与技能

当用户第一次登录到数据库时，没有任何权限来操作数据库中的数据，必须由数据库管理员来赋予相应的权限后才能操控数据。例如，用户要访问 DB_TeachingMS 数据库中的 TB_Student 表，那么必须先赋予其查询该表的权限；同样，如果要修改 TB_Student 表中的数据，就需要赋予其修改该表的权限。

8.5.1 对象权限与语句权限

在 SQL Server 数据库中，权限分为对象权限和语句权限两种。

1. 对象权限

对象权限就是用户在已经创建的对象上行使的权限，主要包括以下内容：

- SELECT：对表、视图等对象进行数据查询的权限。
- INSERT：对表、视图等对象进行数据插入的权限。
- UPDATE：对表、视图等对象进行数据修改的权限。
- DELETE：对表、视图等对象进行数据删除的权限。
- EXECUTE：执行存储过程或函数的权限。
- ALTER：对表、视图等对象进行结构更改的权限。
- REFERENCE：通过外键引用其他表的权限。

2. 语句权限

SQL Server 除了提供对象的操作权限以外，还提供了创建对象的权限。创建数据库或者数据库中的对象所涉及的活动同样需要一定的权限。例如，用户需要在数据库中创建表、视图，那么这个用户就需要被赋予创建这些对象的权限。语句权限主要包括以下内容：

- CREATE TABLE：在数据库中创建表的权限。
- CREATE VIEW：在数据库中创建视图的权限。
- CREATE RULE：在数据库中创建规则的权限。
- CREATE PROCEDURE：在数据库中创建存储过程的权限。
- CREATE DEFAULT：在数据库中创建默认值的权限。
- CREATE DATABASE：创建数据库的权限。
- BACKUP DATABASE：备份数据库的权限。
- BACKUP LOG：备份数据库日志的权限。

8.5.2 权限的授予、拒绝和撤销

赋予用户对象权限和语句权限可以通过向导方式和 T-SQL 命令方式实现。而权限分为三种状态：授予、拒绝和撤销。可以使用下述三种语句来修改权限的状态：

- GRANT：授予权限以执行相关的操作。如果是授权给角色，则所有该角色的成员都继承此权限。

❂ REVOKE：撤销授予的权限，但不会显式地阻止用户或角色执行操作。用户或角色仍然能继承其他角色授予的权限。

❂ DENY：显式地拒绝执行操作的权限，并阻止用户或角色继承权限，该语句优先于其他授予的权限。

任务实施与拓展

8.5.3 用向导方式授予数据库用户对象和语句权限

1. 对象权限授予

01 在 SSMS 的"资源管理器"中的"DB_TeachingMS" | "安全性" | "用户" | "CC_Teacher"用户节点上右击，在弹出的快捷菜单中选择"属性"命令，打开"数据库用户-CC_Teacher"对话框。

02 单击"数据库用户-CC_Teacher"对话框左边"选择页"窗格的"安全对象"选项，对话框的右边出现"安全对象"内容窗格。单击"搜索"按钮，弹出"添加对象"对话框，选择"特定对象"选项，如图 8-24 所示。

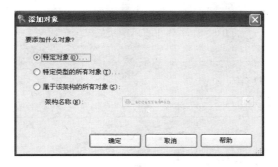

图 8-24　"添加对象"对话框

03 单击"添加对象"对话框中的"确定"按钮，打开"选择对象"对话框。单击"对象类型"按钮，打开"对象类型"对话框，选择"表"选项，如图 8-25 所示。

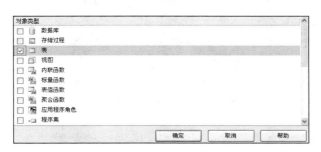

图 8-25　"对象类型"对话框

04 单击"对象类型"对话框中的"确定"按钮，回到"选择对象"对话框，可以看到"选择这些对象类型"窗格中已经添加了内容"表"。单击"浏览"按钮，打开"查找对象"对话框。

05 在"查找对象"对话框中选择"[dbo].[TB_Grade]"选项，如图 8-26 所示。单击"确定"按钮，再回到"选择对象"对话框，可以看到"输入要选择对象名称"窗格中已经添加了内容"[dbo].[TB_Grade]"。

图 8-26 "查找对象"对话框

06 单击"选择对象"对话框中的"确定"按钮,回到"数据库用户-CC_Teacher"对话框,可以看到对话框右边的"安全对象"窗格中已经添加了 TB_Grade 表,"dbo.TB_Grade 的权限"窗格中列出了各种可以授予的对象权限。

07 在"dbo.TB_Grade 的权限"窗格中选取"更新"权限,如图 8-27 所示。单击"确定"按钮,即可完成数据库用户 CC_Teacher 的 UPDATE 权限授予。

权限	授权者	授予	具有授予权限	拒绝
插入	dbo	☐	☐	☐
查看定义	dbo	☐	☐	☐
查看更改跟踪	dbo	☐	☐	☐
更改	dbo	☐	☐	☐
更新	dbo	☑	☐	☐
接管所有权	dbo	☐	☐	☐
控制	dbo	☐	☐	☐
删除	dbo	☐	☐	☐

图 8-27 对象权限授予

08 同样按照上述步骤完成数据库用户 CC_Student 的 SELECT 权限授予。

2. 语句权限授予

01 在 SSMS 的"资源管理器"中的数据库"DB_TeachingMS"|"安全性"|"用户"|"DB_Admin"用户节点上右击,单击弹出的快捷菜单中的"属性"命令,弹出"数据库用户-DB_Admin"对话框。

02 单击"数据库用户-DB_Admin"对话框左边"选择页"窗格的"安全对象"项,单击"搜索"按钮,弹出"添加对象"对话框,点选"特定对象"选项。

03 单击"添加对象"对话框中的"确定"按钮,弹出"选择对象"对话框。单击"对象类型"按钮,弹出"对象类型"对话框,选择"数据库"选项,如图 8-28 所示。

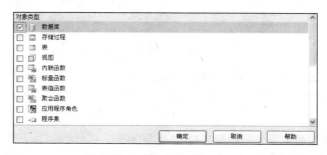

图 8-28 "对象类型"对话框

04 单击"对象类型"对话框中的"确定"按钮，回到"选择对象"对话框，可以看到"选择这些对象类型"窗格中已经添加了内容"数据库"。单击"浏览"按钮，弹出"查找对象"对话框。

05 在"查找对象"对话框中选取"[DB_TeachingMS]"选项，如图 8-29 所示。单击"确定"按钮，再回到"选择对象"对话框，可以看到"输入要选择对象名称"窗格中已经添加了内容"[DB_TeachingMS]"。

图 8-29　"查找对象"对话框

06 单击"选择对象"对话框中的"确定"按钮，回到"数据库用户-DB_Admin"对话框，可以看到对话框右边的"安全对象"窗格中已经添加 DB_TeachingMS 数据库，"DB_TeachingMS 的权限"窗格中列出了各种可以授予的语句权限。

07 在"DB_TeachingMS 的权限"窗格中选择"创建表"和"创建过程"权限，如图 8-30 所示。单击"确定"按钮，即可完成数据库用户 DB_Admin 相应的语句权限授予。

权限	授权者	授予	具有授予权限	拒绝
创建表	dbo	☑	☐	☐
创建程序集	dbo	☐	☐	☐
创建队列	dbo	☐	☐	☐
创建对称密钥	dbo	☐	☐	☐
创建非对称密钥	dbo	☐	☐	☐
创建服务	dbo	☐	☐	☐
创建规则	dbo	☐	☐	☐
创建过程	dbo	☑	☐	☐

图 8-30　语句权限授予

8.5.4　用 T-SQL 方式授予数据库用户对象和语句权限

01 在 SSMS 窗口中单击"新建查询"按钮，打开查询输入窗口。

02 在窗口中输入如下授予用户权限的 T-SQL 语句。

```
--授予用户对象权限
USE DB_TeachingMS
GO
GRANT UPDATE ON dbo.TB_Grade TO CC_Teacher
GRANT SELECT ON dbo.TB_Grade TO CC_Student
GO
--授予用户语句权限
```

```
GRANT CREATE TABLE TO DB_Admin
GRANT CREATE PROCEDURE TO DB_Admin
GO
```

03 单击"执行"按钮，如果成功执行，在结果窗格中显示"命令已成功完成"提示消息。

8.5.5　任务拓展

通过 REVOKE 语句删除某种权限可以停止以前授予或者拒绝给用户的权限。删除权限是删除已经授予的权限，并不妨碍用户、组或角色从更高级别继承得到的权限。DENY 语句用来拒绝授予用户权限，防止用户通过组或角色成员身份继承权限。

1．删除对象权限

可以通过下述 T-SQL 语句删除赋予 CC_Student 用户对 TB_Grade 表的 SELECT 对象权限。

```
USE DB_TeachingMS
GO
REVOKE SELECT ON TB_Grade FROM CC_Student
GO
```

2．删除语句权限

可以通过下述 T-SQL 语句删除刚才赋予 DB_Admin 用户创建存储过程的语句权限。

```
USE DB_TeachingMS
GO
REVOKE CREATE PROCEDURE FROM DB_Admin
GO
```

3．拒绝授予对象权限

可以通过下述 T-SQL 语句拒绝 CC_Student 用户对 TB_Grade 表的 UPDATE 对象权限，此时 CC_Student 用户也不能继承角色对 TB_Grade 表的 UPDATE 权限。

```
USE DB_TeachingMS
GO
DENY UPDATE ON TB_Grade FROM CC_Student
GO
```

8.6　任务 6——创建用户自定义的数据库角色

📖 任务描述与分析

考虑到"教学管理系统"数据库由网络中心的两位教师和教务处的一位老师共同维护，他们三个人的维护权限相同，都可以在"教学管理系统"数据库中创建和删除表、视图、存储过程。要求先分别为这三位老师创建名为"Admin_Wang"、"Admin_Liu"和"Admin_Chen"的登录名及对应的同名数据库用户，然后创建一个数据库角色 TMS_Admin，并为创建的数据库角色授予创建表、视图、存储过程的权限，最后将刚创建的三个用户添加到上述自定义的数据库角色中。

相关知识与技能

在 SQL Server 2008 安全体系中，还提供了一种强大的工具，就是角色。角色是权限的集合，类似于 Windows 操作系统中"组"的概念。在实际工作中，有大量用户的权限是一样的，如果让数据库管理员在每次创建完账户以后再赋予权限，是一件非常繁琐的事情。而如果把权限相同的用户集中在一个组（角色）中管理，则要方便得多。

角色正好提供了这样的功能，对一个角色授予、撤销权限将适用于角色中所有成员。可以建立一个角色，来代表同一类用户所要执行的工作，然后给角色授予适当的权限。当需要时，可以将用户作为一个成员添加到该角色；当不需要时，从角色中删除该用户即可。

SQL Server 为服务器提供了固定服务器角色，在数据库级别提供了固定数据库角色。同时，用户可以修改固定数据库角色，也可以自己创建自定义数据库角色，然后分配权限给新建的用户自定义角色。

8.6.1　固定服务器角色和固定数据库角色

1．固定服务器角色

固定服务器角色的权限作用域为服务器范围，可以向服务器级角色中添加 SQL Server 登录名、Windows 用户账户和 Windows 组。固定服务器角色的每个成员都可以向其所属的角色添加其他登录名。用户不能修改和删除固定服务器角色，也不能创建新的服务器角色。SQL Server 系统中有 8 个服务器角色，具体如表 8-1 所示。

表 8-1　固定服务器角色说明

固定服务器角色	说明
sysadmin	这个服务器角色的成员有权在 SQL Server 中执行任何任务。不熟悉 SQL Server 的用户可能会意外地造成严重问题，所以给这个角色分配用户时应该特别小心。通常情况下，这个角色仅适合数据库管理员 (DBA)
securityadmin	这个服务器角色的成员将管理登录名及其属性。它们可以 GRANT、DENY 和 REVOKE 服务器级权限，也可以 GRANT、DENY 和 REVOKE 数据库级权限。另外，它们可以重置 SQL Server 登录名的密码
serveradmin	这个服务器角色的成员可以更改服务器范围的配置选项和关闭服务器。比如 SQL Server 可以使用多大内存或者何时关闭服务器，这个角色可以减轻管理员的一些管理负担
setupadmin	这个服务器角色的成员可以添加和删除连接服务器，也可以执行某些系统存储过程
processadmin	SQL Server 能够多任务化，也就是说，它可以通过执行多个进程做多件事。例如，SQL Server 可以生成一个进程用于向高速缓存写数据，同时生成另一个进程用于从高速缓存中读取数据，这个角色的成员可以结束进程
diskadmin	这个服务器角色用于管理磁盘文件，比如镜像数据库和添加备份设备。这适合于助理 DBA
dbcreator	这个服务器角色的成员可以创建、更改、删除和还原任何数据库。这不仅适合助理 DBA 的角色，也是适合开发人员的角色
bulkadmin	这个服务器角色的成员可以运行 BULK INSERT 语句。这条语句允许从文本文件中将数据导入到 SQL Server 数据库中

2. 固定数据库角色

固定数据库角色存在于每个数据库中，在数据库级别提供管理权限分组。管理员可将任何有效的数据库用户添加为固定数据库角色成员，每个成员都将获得固定数据库角色所拥有的权限。用户不能增加、修改和删除固定数据库角色。

SQL Server 2008 系统中默认创建了 10 个固定数据库角色，具体如表 8-2 所示。

表 8-2　固定数据库角色说明

固定数据库角色	说明
db_owner	进行所有数据库角色的活动以及数据库中其他维护和配置活动。该角色的权限跨越所有其他的固定数据库角色
db_accessadmin	这些用户有权通过添加或者删除用户来指定谁可以访问数据库
db_securityadmin	这个数据库角色的成员可以修改角色成员身份和管理权限
db_ddladmin	这个数据库角色的成员可以在数据库中运行任何数据定义语言命令。这个角色允许它们创建、修改或者删除数据库对象而不需浏览里面的数据
db_backupoperator	这个数据库角色的成员可以备份该数据库
db_datareader	这个数据库角色的成员可以读取所有用户表中的所有数据
db_datawriter	这个数据库角色的成员可以在所有用户表中添加、删除或者更改数据
db_denydatareader	这个数据库角色的成员不能读取数据库内用户表中的任何数据，但可以执行架构修改（比如在表中添加列）
db_denydatawriter	这个数据库角色的成员不能添加、修改或者删除数据库内用户表中的任何数据
public	在 SQL Server 中每个数据库用户都属于 public 数据库角色。当尚未对某个用户授予或者拒绝对安全对象的特定权限时，该用户将继承授予该安全对象的 public 角色的权限。这个数据库角色不能被删除

8.6.2　应用程序角色和用户自定义角色

1. 应用程序角色

应用程序角色是一个数据库主体，它使应用程序能够用其自身的、类似用户的特权来运行。使用应用程序角色可以只允许通过特定应用程序连接的用户访问特定数据。与数据库角色不同的是，应用程序角色默认情况下不包含任何成员，而且不活动。应用程序角色使用两种身份验证模式，可以使用 sp_setapprole 系统存储过程来激活，并且需要密码。因为应用程序角色是数据库级别的对象，所以它只能通过其他数据库中授予 guest 用户的权限来访问这些数据库。因此，任何禁用 guest 用户的数据库对其他数据库中的应用程序角色都不可访问。

2. 用户自定义角色

有时，固定数据库角色可能不能满足需要。例如，有些用户可能只需要数据库的"选择和更新"权限，由于固定数据库角色中没有一个角色能提供这组权限，所以需要创建一个自定义的数据库角色。

在创建用户自定义的数据库角色后，要先给该角色指派相应的权限，然后将用户添加给角色。这样，这个用户就继承了这个角色的所有权限。这不同于固定数据库角色，因为固定数据库角色不需指派权限，只要直接将用户添加到角色中去。

任务实施与拓展

8.6.3　用 T-SQL 方式创建 TMS_Admin 数据库角色

01 在 SSMS 窗口中单击"新建查询"按钮，打开查询输入窗口。

02 在查询窗口中输入如下创建三个登录名和同名数据库用户的 T-SQL 语句。

```
--创建三个登录名
USE master
GO
CREATE LOGIN Admin_Wang
WITH PASSWORD='Pass_Wang', DEFAULT_DATABASE=DB_TeachingMS
CREATE LOGIN Admin_Liu
WITH PASSWORD='Pass_Liu', DEFAULT_DATABASE=DB_TeachingMS
CREATE LOGIN Admin_Chen
WITH PASSWORD='Pass_Chen', DEFAULT_DATABASE=DB_TeachingMS
GO
--创建与登录名关联的三个数据库用户
USE DB_TeachingMS
GO
CREATE USER Admin_Wang FOR LOGIN Admin_Wang
CREATE USER Admin_Liu FOR LOGIN Admin_Liu
CREATE USER Admin_Chen FOR LOGIN Admin_Chen
GO
```

03 单击"执行"按钮执行语句，如果成功执行，在结果窗格中显示"命令已成功完成"提示消息。

04 在查询窗口中输入如下创建自定义数据库角色的 T-SQL 语句。

```
--创建数据库角色
USE DB_TeachingMS
GO
EXEC sp_addrole TMS_Admin
GO
--给数据库角色赋权限
GRANT CREATE TABLE TO TMS_Admin
GRANT CREATE VIEW TO TMS_Admin
GRANT CREATE PROCEDURE TO TMS_Admin
GO
--将用户添加到数据库角色中
EXEC sp_addrolemember 'TMS_Admin','Admin_Wang'
EXEC sp_addrolemember 'TMS_Admin','Admin_Liu'
EXEC sp_addrolemember 'TMS_Admin','Admin_Chen'
GO
```

05 单击"执行"按钮执行语句，如果成功执行，在结果窗格中显示"命令已成功完成"提示消息。

8.6.4　任务拓展

1．从数据库角色中删除用户

可以通过下述 T-SQL 语句删除数据库角色 TMS_Admin 中的 Admin_Wang 用户。

```
USE DB_TeachingMS
```

```
GO
EXEC sp_droprolemember 'TMS_Admin','Admin_Wang'
GO
```

2. 删除数据库角色

可以通过下述 T-SQL 语句删除数据库角色 TMS_Admin。

```
USE DB_TeachingMS
GO
EXEC sp_droprole 'TMS_Admin'
GO
```

注意： 数据库角色成员必须为空后才能被删除，即在删除数据库角色之前，要将角色中的所有用户删除。

8.7 模块小结

本模块介绍了 SQL Server 安全机制，重点从服务器、数据库和数据库对象 3 个级别的安全进行了详细的阐述，并对 SQL Server 角色进行了具体的说明。与之相关的关键知识点主要有：

- Windows 用户账户的概念及创建方法。
- SQL Server 登录名的概念及创建、删除方法。
- SQL Server 数据库用户的概念及创建、删除方法。
- SQL Server 对象权限和语句权限，权限的三种状态：授予、撤销、拒绝。
- 授予、撤销和删除对象权限及语句权限的方法。
- SQL Server 角色概念和角色类别：固定服务器角色、数据库角色、应用程序角色和用户自定义角色。
- 创建角色的方法，向角色中添加数据库用户的方法。
- 从角色中删除数据库用户的方法，删除角色的方法。

实训操作

（1）首先在第 3 模块创建的 "图书管理系统" 数据库 DB_BookMS 中创建一个名为 "BookUser" 的数据库用户。然后在 SQL Server 2008 中创建一个名为 "BookLogin" 的登录名，并为该登录名映射相应的 DB_BookMS 数据库用户 "BookUser"。

（2）为 DB_BookMS 数据库用户 "BookUser" 赋予图书表的 SELECT、UPDATE 和 DELETE 权限。

作业练习

1. 填空题

（1）登录账户的信息是系统级信息，存储在_____数据库的_____系统表中。

（2）SQL Server 有一个默认的登录账号_____，在 SQL Server 系统中它拥有全部权限，可以执行所有的操作。

（3）SQL Server 2008 采用的身份验证模式有_____模式和_____模式。

（4）在 SQL Server 中，为了数据库的安全性，设置了对数据的存取进行控制的语句，对用户授权使用_____语句，收回所授的权限使用_____语句，限制用户或角色的某些权限使用_____语句。

2．选择题

（1）向用户授予操作权限的 T-SQL 命令是_____。

    A．CTEATE   B．REVOKE

    C．SELECT   D．GRANT

（2）数据库管理系统通常提供授权功能来控制不同用户访问数据的权限，这主要是为了实现数据库的_____。

    A．可靠性   B．一致性

    C．完整性   D．安全性

（3）SQL Server 中，为便于管理用户及权限，可以将一组具有相同权限的用户组织在一起，这一组具有相同权限的用户就称为_____。

    A．账户   B．角色

    C．登录   D．用户

（4）SQL Server 使用权限来加强系统的安全性，语句权限使用的命令有_____。

    A．EXECUTE   B．CREATE TABLE

    C．UPDATE   D．SELECT

（5）SQL Server 使用权限来加强系统的安全性，通常将权限分为_____。

    A．对象权限   B．用户权限

    C．语句权限   D．隐含权限

（6）有关登录名、数据库用户、角色三者的叙述中正确的是_____。

    A．登录账户是服务器级的，用户是数据库级的

    B．用户一定是登录账户，登录账户不一定是数据库用户

    C．角色是具有一定权限的用户组

    D．角色成员继承角色所拥有访问权限

（7）可以在服务器执行任何活动的服务器角色是_____。

    A．数据库创建角色（dbcreator）   B．安全管理角色（securityadmin）

    C．系统管理角色（sysadmin）   D．服务器管理角色（serveradmin）

3．简答题

（1）简述 SQL Server 2008 的安全体系结构。

（2）简述禁止权限和撤销权限的异同。

（3）什么是角色？角色和用户有什么关系？当一个用户被添加到某一角色中后，其权限发生怎样的变化？

（4）简述 SQL Server 2008 登录名和数据库用户概念和两者的联系。

（5）简述数据库用户的对象权限和语句权限。

第9模块 数据备份策略

创建"教学管理系统"数据库备份策略是学校数据库管理员最重要的工作环节。没有一个可靠的备份和恢复方案,重要的数据很可能会被意外地删除和破坏,严重的甚至会让所有数据丢失殆尽。SQL Server 2008 提供了高性能的数据备份和恢复功能,用户可以根据实际需要制定自己的备份策略。

工作任务

- 任务 1:创建"教学管理系统"数据库完全备份
- 任务 2:创建"教学管理系统"数据库差异备份及日志备份
- 任务 3:SQL Server 数据的导入导出
- 任务 4:将数据导出到 Excel 中

学习目标

- 理解备份的基本概念和备份设备
- 理解不同类型备份的机制和特点
- 掌握数据库不同类型的备份方法
- 掌握数据库不同类型备份的恢复方法
- 掌握 SQL Server 之间数据的导入导出方法
- 掌握 SQL Server 与 Excel 之间数据的导入导出方法

9.1 任务 1——创建"教学管理系统"数据库完全备份

任务描述与分析

为了保证"教学管理系统"数据库数据的安全性,防止数据丢失以及数据库损坏带来的不良后果,需要在每学期末对数据库进行完全备份。

要求:用向导方式和 T-SQL 语句方式在创建备份设备的基础上,创建"教学管理系统"数据库的完全备份。

相关知识与技能

数据库的备份是非常重要的。备份是数据的副本,用于在系统发生故障后还原和恢复数据,备份使用户能够在发生故障后还原数据。数据对于现代企业来说就是财富,现代企业中的所有数据都存储在计算机中，无法想象银行、民航等企业一旦数据丢失将会给社会造成多么大的损失。

那么有哪些因素可能造成数据库数据丢失呢？

- ✪ 存储介质故障：磁带、硬盘和光盘等介质，都有一定的寿命，在使用过程中，会出现损坏，造成数据的丢失。
- ✪ 用户错误操作：用户无意或者恶意在数据库中进行了大量的非法操作，如删除了某些重要数据。
- ✪ 服务器崩溃：大型服务器和普通 PC 一样，也有硬件运行出故障的时候，也有崩溃的时候。
- ✪ 其他因素：一些难以预料的因素，如地震、火灾、电压不稳、计算机病毒和盗窃等。

总之，有各种各样的外在因素会造成数据库数据不可用，所以数据备份是系统管理员以及数据库管理员最为重要的工作之一。

9.1.1　备份类型与备份设备

1．备份类型

SQL Server 2008 提供了高性能的备份和恢复功能，用户可以根据需要设计自己的备份策略，以保护存储在 SQL Server 2008 数据库中的关键数据。SQL Server 2008 提供了 4 种数据库备份类型：完全备份、差异备份、日志备份和文件组备份。

完全备份就是备份整个数据库。它备份数据库文件、文件的地址以及事务日志的某些部分（从备份开始时所记录的日志顺序号到备份结束时的日志顺序号）。这是任何备份策略中都要求完成的第一种备份类型，因为其他所有备份类型都依赖于完全备份。换句话说，如果没有执行完全备份，就无法执行差异备份和事务日志备份。

2．备份设备

备份存放在物理备份介质上，备份介质可以是磁带驱动器或者硬盘驱动器（位于本机或网络上）。备份设备就是用来存储数据库、事务日志或文件、文件组备份的存储介质。

常见的备份设备可以分为 3 种类型：磁盘备份设备、磁带备份设备和逻辑备份设备。

（1）磁盘备份设备

磁盘备份设备就是存储在硬盘或其他磁盘介质上的文件。与常规操作系统文件相同，引用磁盘备份设备与引用任何其他操作系统文件一样。可以在服务器的本地磁盘上或网络共享资源的远程磁盘上定义磁盘备份设备，磁盘备份设备根据需要可大可小，最大可以达到磁盘备份设备文件所在磁盘的闲置空间大小。

（2）磁带备份设备

磁带备份设备的用法与磁盘设备相同，不过磁带备份设备必须物理连接到运行 SQL Server 2008 实例的服务器上。如果磁带备份设备在备份操作执行过程中已满，但还需要写入数据，则 SQL Server 2008 将提示更换新磁带并继续备份操作。

（3）逻辑备份设备

逻辑备份设备是物理备份设备的别名，通常比物理设备能更简单、有效地描述备份设备的特征。逻辑备份设备对于标识磁带备份设备尤为有用。逻辑备份设备的名称将被永久保存在 SQL Server 的系统表中。

⌖ **任务实施与拓展**

....

9.1.2　用向导方式创建数据库完全备份

1. 创建磁盘备份设备

01 在 D 盘根目录创建名为"TS_Bak_Device"的文件夹。

02 在 SSMS 的"对象资源管理器"中，展开"服务器对象"节点，然后右击"备份设备"项。在弹出的快捷菜单中，单击"新建备份设备"命令，打开"备份设备"对话框。

03 在"备份设备"对话框中的"设备名称"栏内输入"教学管理系统备份"，并单击"目标"|"文件"栏后面的"⋯"按钮，在弹出的"定位数据库文件"窗口中指定"教学管理系统备份"存放的文件夹"D:\TS_Bak_Device"，并在窗口的"文件名"栏内输入"教学管理系统备份.bak"，单击"确定"按钮回到"备份设备"对话框，如图 9-1 所示。

图 9-1　"备份设备"对话框

04 单击"备份设备"对话框中的"确定"按钮，即可创建"教学管理系统"备份设备。展开"对象资源管理器"|"服务器对象"|"备份设备"节点，即可发现新建的备份设备"教学管理系统备份"。

2. 创建"教学管理系统"数据库完全备份

01 在 SSMS 的"对象资源管理器"中，展开"数据库"节点，右击 DB_TeachingMS 数据库，在弹出的快捷菜单中单击"属性"命令，打开"数据库属性"对话框。

02 在"数据库属性"对话框左边的"选择页"栏中单击"选项"节点，然后在窗口右边的"恢复模式"下拉列表框中选择"完整"项，如图 9-2 所示，单击"确定"按钮完成设置。

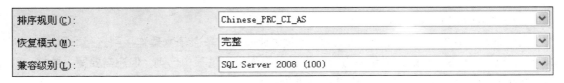

图 9-2　"数据库属性"对话框

03 右击 DB_TeachingMS 数据库，在弹出的快捷菜单中单击"任务"|"备份"命令，打开"备份数据库"对话框。

04 在"备份数据库"对话框的"数据库"下拉列表框中选择 DB_TeachingMS 数据库，在"备份类型"下拉列表框中选择"完整"项，保留"名称"栏中的默认内容。

05 设置备份到磁盘的目标位置。单击窗口下部"目标"属性栏中的"删除"按钮删除系统默认的备份目标文件，然后单击"添加"按钮，打开"选择备份目标"对话框，选择"备份设备"选项，选择"教学管理系统备份"备份设备，如图 9-3 所示。

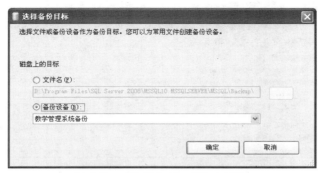

图 9-3　"选择备份目标"对话框

06 单击"选择备份目标"对话框中的"确定"按钮，返回"备份数据库"对话框，可以看到"目标"属性栏的文本框中增加了一个"教学管理系统备份"备份设备，如图 9-4 所示。

图 9-4　备份数据库"常规"属性页

07 单击"备份数据库"对话框左边"选择页"栏中的"选项"节点，点选窗口右边"覆盖媒体"属性栏中"覆盖所有现有备份集"项，用于初始化新的备份设备或覆盖现有的备份设备。选择"可靠性"属性栏中"完成后验证备份"复选框，用来在备份结束后核对实际数据库与备份副本，确保在备份完成后两者一致，具体如图 9-5 所示。

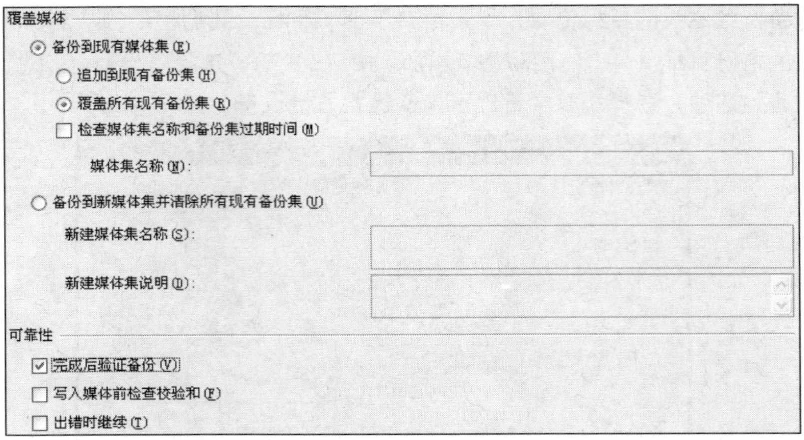

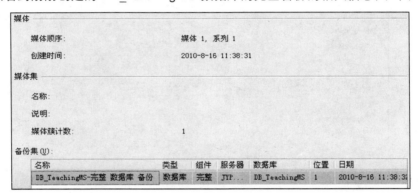

图 9-5 备份数据库"选项"属性页

08 单击"备份数据库"对话框中的"确定"按钮，即可完成对 DB_TeachingMS 数据库的完全备份。完成后系统将弹出"备份完成"对话框，单击"确定"按钮即可。

09 在"对象资源管理器"中，右击"服务器对象"|"备份设备"|"教学管理系统备份"节点，单击弹出的快捷菜单中的"属性"命令，打开"备份设备"对话框。

10 在"备份设备"对话框中，单击窗口左边"选择页"栏中的"媒体内容"项，在窗口右边可以看到刚刚创建的 DB_TeachingMS 数据库的完全备份的相关信息，如图 9-6 所示。

图 9-6 备份设备"媒体内容"属性页

9.1.3 用 T-SQL 方式创建数据库完全备份

01 在 SSMS 窗口中单击"新建查询"按钮，打开一个查询输入窗口。

02 在窗口中输入如下用 sp_addumpdevice 系统存储过程来创建备份设备的 T-SQL 语句。

```
USE master
GO
EXEC sp_addumpdevice 'DISK', '教学管理系统备份',
'D:\TS_Bak_Device\教学管理系统备份.bak'
GO
```

03 单击"执行"按钮执行语句，如果成功执行，在结果窗格中将显示"命令已成功完成"提示消息。

04 新建一个查询窗口，输入如下创建 DB_TeachingMS 数据库完全备份的 T-SQL 语句。

```
USE master
GO
BACKUP DATABASE DB_TeachingMS TO 教学管理系统备份
GO
```

05 同样，单击"执行"按钮执行语句，如果成功执行，在结果窗格中会出现如图 9-7 所示的提示信息。

> 已为数据库 'DB_TeachingMS'，文件 'TeachingMS_Data' （位于文件 1 上）处理了 240 页。
> 已为数据库 'DB_TeachingMS'，文件 'TeachingMS_Log' （位于文件 1 上）处理了 1 页。
> BACKUP DATABASE 成功处理了 241 页，花费 0.323 秒(5.829 MB/秒)。

图 9-7　数据库完全备份提示信息

9.1.4　任务拓展

1．还原数据库完全备份

如果要将前面创建的 DB_TeachingMS 数据库完全备份进行还原，可以按照下述步骤进行。

01 在"对象资源管理器"中，展开"数据库"节点，在 DB_TeachingMS 数据库上右击，单击弹出的快捷菜单中的"任务"｜"还原"｜"数据库"命令，打开"还原数据库"对话框。

02 在"还原数据库"对话框右边的"还原的源"属性栏中，选择"源设备"项，然后单击"源设备"项对应的"⋯"按钮，弹出"指定设备"对话框。

03 在"指定设备"对话框中的"备份媒体"下拉列表框中选择"备份设备"，单击"添加"按钮，在弹出的"选择备份设备"对话框中选择"教学管理系统备份"，单击"确定"按钮回到"指定设备"对话框，可以看到"备份位置"栏中已经添加了一个备份设备"教学管理系统备份"，如图 9-8 所示。

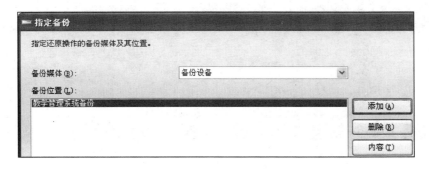

图 9-8　"指定备份"对话框

04 在"指定设备"对话框中单击"确定"按钮，回到"还原数据库"对话框，选择"选择用于还原的备份集"栏中的 DB_TeachingMS 数据库的完全备份集，如图 9-9 所示。

05 在"还原数据库"对话框左边的"选择页"栏中，单击"选项"节点。在窗口右边的"还原选项"栏中选择"覆盖现有数据库"项，如图 9-10 所示。然后，单击"还原数据库"对话框中的"确定"按钮，即可将 DB_TeachingMS 数据库从完全备份中恢复。

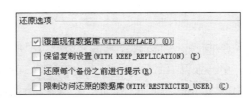

图 9-9　"还原数据库"对话框

图 9-10　数据库恢复还原选项

2.　删除备份设备

如果要将前面创建的备份设备"教学管理系统备份"删除，可以通过下述两个途径实现：

（1）在 SSMS 的"对象资源管理器"中，右击"服务器对象"｜"备份设备"｜"教学管理系统备份"节点，单击弹出的快捷菜单中的"删除"命令，打开"删除对象"对话框，单击"确定"按钮即可删除"教学管理系统备份"备份设备。

（2）也可以用下述 T-SQL 语句（基于 sp_dropdevice 系统存储过程）实现：

```
USE master
GO
EXEC sp_dropdevice 教学管理系统备份
GO
```

9.2　任务 2——创建"教学管理系统"数据库差异备份及日志备份

📖　任务描述与分析

对"教学管理系统"数据库 DB_TeachingMS 先进行完全备份；然后在 TB_Dept 表中插入一条记录"16，建筑工程系"，同时对 DB_TeachingMS 数据库进行差异备份；接着在 TB_Dept 表中插入一条记录"17，生物工程系"，同时对 DB_TeachingMS 数据库再进行日志备份，再继续在 TB_Dept 表中插入一条记录"18，纺织工程系"。

要求用向导方式和 T-SQL 方式按次序完成上述三个不同类型的备份。

📎 **相关知识与技能**

虽然从单独一个完整数据库备份就可以恢复数据库，但是完整数据库备份与差异备份、日志备份相比，在备份的过程中需要花费更多的空间和时间，所以完整数据库备份不可以频繁地进行。如果只使用完整数据库备份，那么进行数据恢复时只能恢复到最后一次完整数据库备份时的状态，该状态之后的所有改变都将丢失。

9.2.1 差异备份、日志备份和文件组备份

1. 差异备份

差异备份是指将最近一次完整数据库备份（完全备份）以后发生改变的数据进行备份。如果在完全备份后将某个文件添加至数据库，则差异备份会包括该新文件。这样可以方便地备份数据库，而无须了解各个文件。例如，如果在星期一执行了完整备份，并在星期二执行了差异备份，那么该差异备份将记录自星期一的完全备份以来发生的所有修改。而星期三的差异备份将记录自星期一的完全备份以来已发生的所有修改。差异备份每做一次就会变得更大一些，但仍然比完全备份小，因此差异备份比完全备份快。

2. 日志备份

尽管日志备份依赖于完全备份，但它并不备份数据库本身。这种类型的备份只记录事务日志的适当部分，确切地说，是从上一个事务以来发生了变化的部分。日志备份比完全备份节省时间和空间，而且利用事务日志进行恢复时，可以指定恢复到某一个事务，比如可以将数据库恢复到某个破坏性操作执行前的一个事务，完全备份和差异备份则不能做到。但是与完全备份和差异备份相比，用日志备份恢复数据库要花费较长的时间，这是因为日志备份仅仅存放日志信息，恢复时需要按照日志重新插入、修改或删除数据。所以，通常情况下，日志备份经常与完全备份和差异备份结合使用。比如，每周进行一次完全备份，每天进行一次差异备份，每小时进行一次日志备份。这样，最多只会丢失一个小时的数据。

3. 文件组备份

当一个数据库很大时，对整个数据库进行备份可能会花很多的时间，这时可以采用文件和文件组备份，即对数据库中的部分文件或文件组进行备份。

文件组是一种将数据库存放在多个文件上的方法，并允许控制数据库对象（比如表或视图）存储到这些文件当中的哪些文件上。这样，数据库就不会受到只能存储在单个硬盘上的限制，而是可以分散到许多硬盘上，因而可以变得非常大。利用文件组备份，每次可以备份这些文件当中的一个或多个文件，而不是同时备份整个数据库。

9.2.2 数据库备份策略

备份是一种十分耗费时间和资源的操作，不能频繁进行。应该根据数据库使用情况确定一个适当的备份方案。数据库的备份是有一定策略的，在设计数据库备份策略时，要根据当前系统的实际情况，以及可以容忍的数据损失。无论数据库的备份多么频繁，无论数据库的模型是哪种，都无法避免数据库恢复时造成一定的数据丢失。一般要根据用户的实际情况来制定数据库备份的间隔时间。

对于一些小型的数据库系统，如仓库物品存储系统，可能一个月备份一次都足够，那么其

允许的数据损失间隔是一个月，如果在下一次备份之前数据库崩溃，则这段时间丢失的数据只能通过手工来补录。

对于一些重要的数据库系统，两次备份的时间间隔要短得多，允许丢失一个小时的数据的数据库就已经要求非常高了，要求数据丢失的时间越短，其代价就越昂贵，数据库性能要求就越高。

一般地，系统在夜间访问量是最少的，所以完全备份适合在夜间执行，完全备份的数据量比较大、时间长，所以要在系统访问量最少的时候执行完全备份。差异备份的数据量比完全备份少，时间相对来说短。日志备份数据量小、时间最快。

所以，不应经常使用完全备份，要在完全备份的基础上适当地使用差异备份，经常使用日志备份。

任务实施与拓展

9.2.3 用向导方式创建数据库差异备份和日志备份

01 按照任务 9-1 中的方法，在备份设备"教学管理系统备份"中创建 DB_TeachingMS 数据库的完全备份。

02 用下述 T-SQL 语句向 TB_Dept 表中插入"建筑工程系"的系部记录。

```
INSERT INTO TB_Dept
VALUES ('16','建筑工程系',GETDATE(),'省略')
```

03 右击"DB_TeachingMS"数据库，在弹出的快捷菜单中单击"任务"|"备份"命令，打开"备份数据库"对话框。在"备份类型"下拉列表框中选择"差异"项，保留"名称"栏中的默认内容。

04 在"备份数据库"对话框的"目标"属性栏中选择"教学管理系统备份"备份设备，如图 9-11 所示。

05 单击"备份数据库"对话框左边"选择页"栏中的"选项"节点，点选窗口右边"覆盖媒体"属性栏中的"追加到现有备份集"项，用于在原有备份的基础上追加备份。

06 选择"可靠性"属性栏中的"完成后验证备份"复选框，用来在备份结束后核对实际数据库与备份副本，确保在备份完成后两者一致，具体如图 9-12 所示。

图 9-11 差异备份数据库对话框

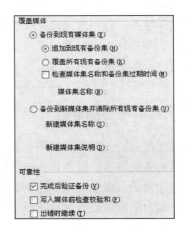

图 9-12 差异备份数据库对话框"选项"属性页

07　单击"备份数据库"对话框中的"确定"按钮，即可完成对 DB_TeachingMS 数据库的完全备份。完成后系统弹出"备份完成"对话框，单击"确定"按钮即可。

08　在 DB_TeachingMS 数据库的差异备份结束后，用下述 T-SQL 语句向 TB_Dept 表中插入"生物工程系"的系部记录。

```
INSERT INTO TB_Dept
VALUES ('17','生物工程系',GETDATE(),'省略')
```

09　按照步骤 **03** ～ **07** 在备份设备"教学管理系统备份"中创建 DB_TeachingMS 数据库的日志备份。

注意： 在步骤 **03** 中的"备份类型"下拉列表框中要选择"事务日志"项。

10　同样，在 DB_TeachingMS 数据库的日志备份结束后，用下述 T-SQL 语句继续向 TB_Dept 表中插入"生物工程系"的系部记录。

```
INSERT INTO TB_Dept
VALUES ('18','纺织工程系',GETDATE(),'省略')
```

11　在"对象资源管理器"中，右击"服务器对象"|"备份设备"|"教学管理系统备份"节点，单击弹出的快捷菜单中的"属性"命令，打开"备份设备"对话框。

12　在"备份设备"对话框中，单击窗口左边"选择页"栏中的"媒体内容"项，在窗口右边可以看到刚刚创建的 DB_TeachingMS 数据库的完全备份的相关信息，如图 9-13 所示。

备份集(U):

名称	类型	组件	数据库	位置	日期	大小
DB_TeachingMS-完整 数据库 备份	数据库	完整	DB_TeachingMS	1	2010-8-1...	2043904
DB_TeachingMS-差异 数据库 备份	数据库	差异	DB_TeachingMS	2	2010-8-1...	339968
DB_TeachingMS-事务日志　备份		事务日志	DB_TeachingMS	3	2010-8-1...	75776

图 9-13　"备份设备"对话框中的备份集信息

9.2.4　用 T-SQL 方式创建数据库差异备份和日志备份

01　在 SSMS 窗口中单击"新建查询"按钮，打开一个查询输入窗口。

02　在窗口中输入如下创建 DB_TeachingMS 数据库完全备份、差异备份和日志备份的 T-SQL 语句。

```
--完全备份
USE master
GO
BACKUP DATABASE DB_TeachingMS TO 教学管理系统备份
GO
--插入记录
USE DB_TeachingMS
GO
INSERT INTO TB_Dept VALUES ('16','建筑工程系',GETDATE( ),'省略')
GO
--差异备份
USE master
GO
BACKUP DATABASE DB_TeachingMS TO 教学管理系统备份
WITH DIFFERENTIAL
```

```
GO
--插入记录
USE DB_TeachingMS
GO
INSERT INTO TB_Dept VALUES ('17','生物工程系',GETDATE ( ),'省略')
GO
--日志备份
USE master
GO
BACKUP LOG DB_TeachingMS TO 教学管理系统备份
GO
--插入记录
USE DB_TeachingMS
GO
INSERT INTO TB_Dept VALUES ('18','纺织工程系',GETDATE ( ),'省略')
GO
```

03 逐批执行上述 T-SQL 语句，依次完成 DB_TeachingMS 数据库的完全备份、差异备份和日志备份。

04 用 RESTORE HEADERONLY 命令查看备份设备"教学管理系统备份"中的备份信息，T-SQL 语句如下，执行结果如图 9-14 所示。

```
RESTORE HEADERONLY FROM 教学管理系统备份
GO
```

Position	DeviceType	UserName	DatabaseName	Database...	BackupSize
1	102	JYPC-PYH\Administrator	DB_TeachingMS	2010-08-1...	2044928
2	102	JYPC-PYH\Administrator	DB_TeachingMS	2010-08-1...	602112
3	102	JYPC-PYH\Administrator	DB_TeachingMS	2010-08-1...	142336

图 9-14 "DB_TeachingMS"数据库备份信息

9.2.5 用向导方式恢复数据库差异备份和日志备份

在上述任务中完全、差异和日志备份操作的基础上，现在要将备份设备中的备份数据恢复到最近的状态。那么，首先要恢复数据库最近一次的完全备份，然后恢复差异备份和日志备份。因为差异备份是在完全备份的基础上进行备份的，而日志备份是在最近一次备份（差异备份）的基础上进行的。

如果要将刚才创建的数据库完全、差异和日志备份从备份设备"教学管理系统备份"中逐一恢复出来，则可以通过向导方式和 T-SQL 语句两种途径实现。

1. 还原完全备份

01 按照任务 9-1 任务拓展中还原数据库完全备份的 **01** ～ **04**，在"还原数据库"对话框中的"选择用于还原的备份集"栏中选择 DB_TeachingMS 数据库的完全备份集，如图 9-15 所示。

02 在"还原数据库"对话框左边的"选择页"栏中，单击"选项"节点。在窗口右边的"还原选项"栏中选择"覆盖现有数据库"项。然后，单击"还原数据库"对话框中的"确定"按钮，即可将 DB_TeachingMS 数据库从完全备份中恢复。

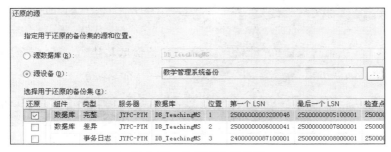

图 9-15 选择完全备份集

2. 还原差异备份

重复上述还原完全备份中的步骤 **01** 和步骤 **02**，可将 DB_TeachingMS 数据库从差异备份中恢复。

注意： 在"还原数据库"对话框中的"选择用于还原的备份集"栏中选择 DB_TeachingMS 数据库的差异和完整两种备份类型，如图 9-16 所示。

还原	组件	类型	服务器	数据库	位置	第一个 LSN	最后一个 LSN
☑	数据库	完整	JYPC-PYH	DB_TeachingMS	1	25000000003200046	25000000005100001
☑	数据库	差异	JYPC-PYH	DB_TeachingMS	2	25000000006000041	25000000007800001
☐		事务日志	JYPC-PYH	DB_TeachingMS	3	24000000087100001	25000000008000001

图 9-16 选择差异和完整两种备份类型

3. 还原日志备份

同样重复上述还原完全备份中的步骤 **01** 和步骤 **02**，即可将 DB_TeachingMS 数据库从日志备份中恢复。

注意： 在"还原数据库"对话框中的"选择用于还原的备份集"栏中同时选择 DB_TeachingMS 数据库的差异、日志和完整备份集，如图 9-17 所示。

还原	组件	类型	服务器	数据库	位置	第一个 LSN	最后一个 LSN
☑	数据库	完整	JYPC-PYH	DB_TeachingMS	1	25000000003200046	25000000005100001
☑	数据库	差异	JYPC-PYH	DB_TeachingMS	2	25000000006000041	25000000007800001
☑		事务日志	JYPC-PYH	DB_TeachingMS	3	24000000087100001	25000000008000001

图 9-17 选择完整、差异和日志备份集

9.2.6 用 T-SQL 方式恢复数据库差异备份和日志备份

01 先删除 DB_TeachingMS 数据库。

02 在 SSMS 中的查询窗口中输入下述 T-SQL 语句，从图 9-18 中可以看出数据库完全备份在第 1 备份集上。下面 T-SQL 语句中的"FILE=1"就表示从第 1 备份集上进行数据库还原。而 NORECOVERY 关键字指定不发生回滚，在这种情况下，按还原顺序可还原其他备份。

```
USE master
GO
RESTORE DATABASE DB_TeachingMS FROM 教学管理系统备份
```

```
WITH FILE=1, NORECOVERY
GO
```

03 同样，单击"执行"按钮执行语句，如果完全备份成功执行，在结果窗格中会出现如图 9-18 所示的提示信息。

```
已为数据库 'DB_TeachingMS'，文件 'TeachingMS_Data' (位于文件 1 上)处理了 240 页。
已为数据库 'DB_TeachingMS'，文件 'TeachingMS_Log' (位于文件 1 上)处理了 1 页。
RESTORE DATABASE 成功处理了 241 页，花费 0.407 秒(4.626 MB/秒)。
```

图 9-18　数据库从完全备份中恢复提示信息

04 展开并刷新"对象资源管理器"窗口中的"数据库"节点，可以看到还原的 DB_TeachingMS 数据库显示"正在还原..."，且不可操作，如图 9-19 所示。

图 9-19　完全备份中恢复的 DB_TeachingMS 数据库

05 在查询窗口中输入下述 T-SQL 语句，从第 2 备份集上进行数据库差异备份还原。

```
RESTORE DATABASE DB_TeachingMS FROM 教学管理系统备份
WITH FILE=2, NORECOVERY
GO
```

06 同样，单击"执行"按钮执行语句，如果完全备份成功执行，在结果窗格中会出现相应的提示信息。

尝试将上述还原差异备份数据库的 T-SQL 语句中的关键字 NORECOVER 改为 RECOVERY，并对还原的数据库中的 TB_Dept 表进行查询，看看插入的记录"'16', '建筑工程系'"是否存在。然后，在此还原的基础上继续执行日志备份恢复，会出现什么结果？

07 在查询窗口中输入下述 T-SQL 语句，从第 3 备份集上进行数据库事务日志备份还原。

```
RESTORE LOG DB_TeachingMS FROM 教学管理系统备份
WITH FILE =3, RECOVERY
GO
```

此处，RECOVERY（默认值）表示本次数据库恢复到此结束。可借此选项选择恢复到差异备份就结束。如果前滚集尚未前滚到与数据库保持一致的地步，并且指定了 RECOVERY，则数据库引擎将发出错误。

08 同样，单击"执行"按钮执行语句，如果完全备份成功执行，在结果窗格中会出现相应的提示信息。此时，恢复了差异备份，也恢复了整个数据库。

9.2.7　任务拓展

本次任务拓展是关于时间点还原的。

时间点还原的恢复点通常位于事务日志备份中。如果某事务错误更改了一些数据，则可能需要将该数据库还原到紧邻不正确数据项且在其之前的那个恢复点。如图 9-20 所示显示了在时间 t9 处执行的到事务日志中间某个恢复点的还原。　在时间 t10 处执行的此备份剩余部分以及随后的日志备份中的更改将被丢弃。

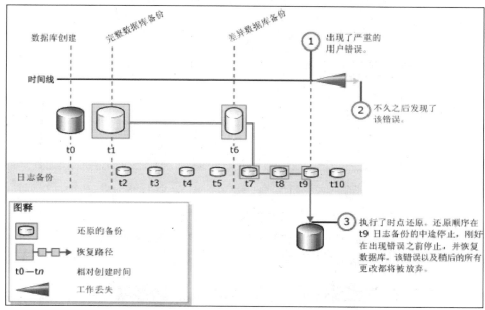

图 9-20　时间点还原机制

可以使用下列方式之一指定目标恢复点。

✪ 事务日志中的特定时点。

✪ 以前插入事务日志记录中的命名标记。

✪ 日志序列号（LSN）。

例如，在上述本任务的"教学管理系统"数据库 DB_TeachingMS 差异备份的基础上，数据库每天又进行了大量数据的操作，每天都会定时做事务日志备份，假如某天中午 12:00:00 时刻服务器出现了故障或操作错误，损坏了许多数据。此时，可以通过对日志备份的时间点还原，恢复这一天中午 12:00:00 之前对数据的修改，忽略 12:00:00 之后的错误操作。

具体时间点还原的步骤如下。

01 在"对象资源管理器"中，展开"数据库"节点，在 DB_TeachingMS 数据库上右击，单击弹出的快捷菜单中的"任务"|"还原"|"数据库"命令，打开"还原数据库"对话框。

02 在"还原数据库"对话框右边的"还原的目标"的"目标数据库"列表框中，若要创建新数据库，在列表框中输入数据库名，否则保留默认数据库名称。

03 在"还原数据库"对话框右边的"还原的目标"的"目标时间点"文本框中，默认的时间点为"当前时间"。若要选择特定的日期和时间，单击"目标时间点"文本框右边的浏览按钮 ... ，弹出如图 9-21 所示的"时点还原"对话框。

04 在"时点还原"对话框中，输入如图 9-21 所示的日期和时间，单击"确定"按钮，返回到"还原数据库"对话框。

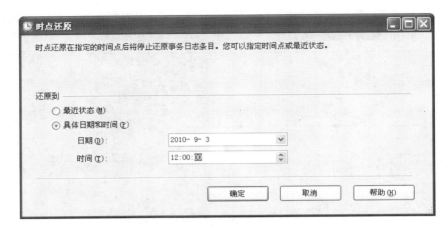

图 9-21 "时点还原"对话框

05 在"还原数据库"对话框中,选择"选择用于还原的备份集"栏中的 DB_TeachingMS 数据库的所有备份集,单击"确定"按钮,即可将数据库还原到具体的时间点的状态,同时弹出如图 9-22 所示的还原成功信息。

图 9-22 时点还原成功信息

9.3 ▶ 任务 3——SQL Server 数据的导入导出

📄 任务描述与分析

人事部门在 DB_TeachingMS 数据库所在的 SQL Server 服务器上也建立了一个 DB_HumanMS 数据库。现在,需要将 DB_TeachingMS 数据库 TB_Dept 表中的数据导入到 DB_HumanMS 数据库中,并创建结构相同的同名表 TB_Dept。

要求:用向导方式完成上述数据的传输。

🔍 任务实施与拓展

将数据导出到其他 SQL Server 数据库。

01 在 SSMS 的"对象资源管理器"中,展开"数据库"节点,右击 DB_TeachingMS 数据库,在弹出的快捷菜单中单击"任务"|"导出数据"命令,打开"SQL Server 导入和导出向导"对话框,单击"下一步"按钮。

02 采用"选择数据源"属性页中的默认设置,如图 9-23 所示,单击"下一步"按钮。

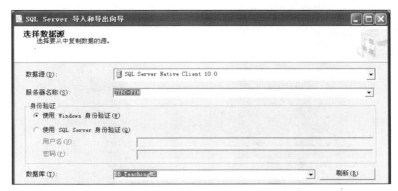

图 9-23　"选择数据源"属性页

03 在"选择目标"属性页中，在"数据库"下拉列表框中选择 DB_TeachingMS 数据库，其他采用默认选项，单击"下一步"按钮。如果要将数据导出到网络上的其他 SQL Server 服务器数据库中，可在图 9-24 中的"服务器名称"下拉列表框中进行选择。

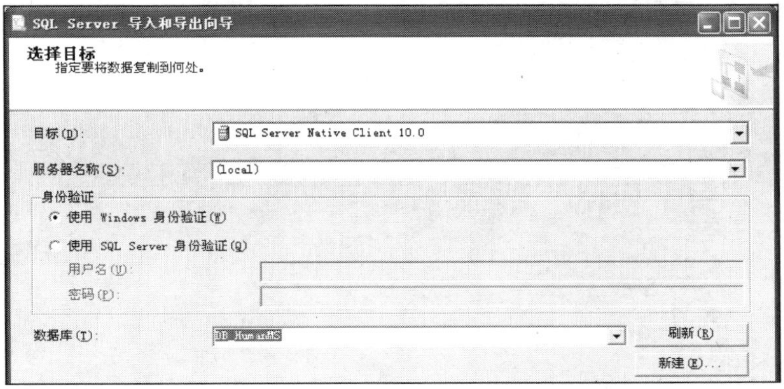

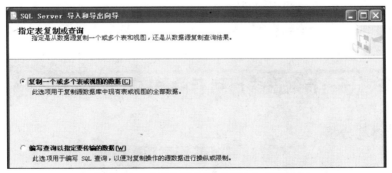

图 9-24　"选择目标"属性页

04 在"指定表复制或查询"属性页中，点选"复制一个或多个表或视图的数据"项，如图 9-25 所示，单击"下一步"按钮。

图 9-25　"指定表复制或查询"属性页

05 在"选择源表或源视图"属性页中，选择表"[dbo].[TB_Detp]"，如图 9-26 所示，单击"下一步"按钮。

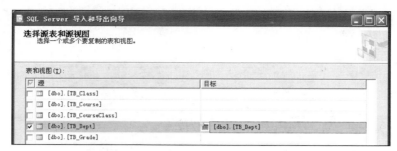

图 9-26　"选择源表和源视图"属性页

06 在"保存并运行包"属性页中，单击"下一步"按钮，进入"完成该向导"属性页，单击"完成"按钮。

07 系统显示"正在执行操作…"属性页，如图 9-27 所示。操作完成后，系统显示"执行成功"属性页，并显示相关执行信息，单击"关闭"按钮即可。

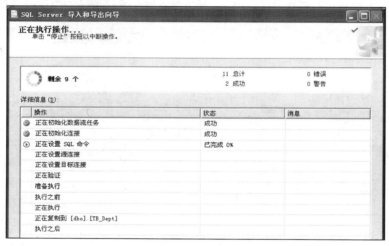

图 9-27　"正在执行操作…"属性页

08 展开并刷新 DB_HumanMS 数据库中的"表"节点，可以看见一个新创建的 TB_Dept 表。在 TB_Dept 表上右击，单击快捷菜单中的"选择前 1000 行"命令，在右边的查询结果窗口中可以发现系部数据已经导入过来。

9.4 ▶ 任务 4——将数据导出到 Excel 中

📖 任务描述与分析

新生入学注册时，教务处可以直接从招生办公室获得所有新生的大部分相关学籍信息（Excel 数据表），并将它们直接导入到 TB_Student 表中。同时，在新生报到结束后，教务处要将 TB_Student 表中的新生信息导出到 Excel 数据表中，并按班级分发给各系的班主任。

现在，先在 DB_Teaching 数据库中创建一个结构与 TB_Student 表相同的 TB_Student_New 表，然后将文件"D:\NewStudentInfo.xls"（Excel 2003 版本）中的数据导入到 DB_TeachingMS 数据库

的 TB_Student_New 表中，然后将 TB_Student 表中的数据导出到文件 "D:\StudentInfoOut.xls" 中。

相关知识与技能

在新安装的 SQL Server 2008 的默认配置中，很多功能并未启用。SQL Server 2008 仅有选择地安装并启动关键服务和功能，以最大限度地减少可能受到恶意用户攻击的功能数。系统管理员可以在安装时更改这些设置，也可以有选择地启用或禁用运行中的 SQL Server 2008 实例的功能。

9.4.1　sp_configure 系统存储过程

可以使用 SQL Server Management Studio 或 sp_configure 系统存储过程通过配置选项来管理和优化 SQL Server 2008 的资源。大多数常用的服务器配置选项可以通过 SQL Server Management Studio 来使用，而所有配置选项都可通过 sp_configure 系统存储过程来访问。

若要配置高级选项，必须先在将 "show advanced options" 选项设置为 1 时运行 sp_configure 系统存储过程，然后运行 RECONFIGURE 命令。

系统存储过程 "sp_configure" 可以显示或更改当前服务器的全局配置设置，语法格式如下。

```
sp_configure [ [ @configname = ] 'option_name' [ , [ @configvalue = ]
'value' ] ]
```

其中，参数意义如下：

[@configname =] 'option_name'：配置选项的名称。

[@configvalue =] 'value'：新的配置设置。value 的数据类型为 int，默认值为 NULL。

系统存储过程 sp_configure 执行后返回代码值为 0（成功）或 1（失败）。

9.4.2　Ad Hoc Distributed Queries 高级选项

默认情况下，SQL Server 2008 不允许使用 OPENROWSET 和 OPENDATASOURCE 进行即席分布式查询。Ad Hoc Distributed Queries 选项设置为 1 时，SQL Server 2008 允许进行即席访问。如果 Ad Hoc Distributed Queries 选项未设置或设置为 0，则 SQL Server 2008 不允许进行即席访问。

即席分布式查询使用 OPENROWSET 和 OPENDATASOURCE 函数连接到使用 OLE DB 的远程数据源。OPENROWSET 和 OPENDATASOURCE 只在引用不常访问的 OLE DB 数据源时使用。

9.4.3　xp_cmdshell 扩展存储过程

扩展存储过程 xp_cmdshell 用来生成 Windows 命令 "shell" 并以字符串的形式传递以便执行，任何输出都作为文本的行返回。

```
xp_cmdshell { 'command_string' } [ , no_output ]
```

其中，参数意义如下：

command_string：包含要传递到操作系统的命令的字符串。command_string 的数据类型为 varchar(8000)或 nvarchar(4000)，无默认值。command_string 不能包含一对以上的双引号。如果 command_string 中引用的文件路径或程序名中存在空格，则需要使用一对引号。

no_output：可选参数，指定不应向客户端返回任何输出。

扩展存储过程 xp_cmdshell 执行后返回代码值 0（成功）或 1（失败）。

扩展存储过程 xp_cmdshell 生成的 Windows 进程与 SQL Server 服务账户具有相同的安全权限，以同步方式操作。在 shell 命令执行完毕之前，不会将控制权返回给调用方。

SQL Server 中引入的 xp_cmdshell 是服务器配置选项，使系统管理员能够控制是否可以在系统上执行 xp_cmdshell 扩展存储过程。默认情况下，xp_cmdshell 在新安装的系统上处于禁用状态，但是可以使用基于策略的管理或运行 sp_configure 系统存储过程来启用它。

提示： 在 SQL Server 2008 中，"xp_cmdshell" 默认是被禁止使用的，可以使用基于策略的管理或通过执行 "sp_configure" 来启用和禁用 "xp_cmdshell"。

任务实施与拓展

9.4.4 将数据从 Excel 2003 导入到 SQL Server 2008

01 在 SSMS 窗口中单击 "新建查询" 按钮，打开查询输入窗口。

02 在 "查询窗口" 中输入如下启用高级选项 "Ad Hoc Distributed Queries" 的 T-SQL 语句。

```
-- 允许配置高级选项,0→1
sp_configure 'show advanced options',1
--重新配置
RECONFIGURE
GO
-- 启用"Ad Hoc Distributed Queries"高级选项,0→1
sp_configure 'Ad Hoc Distributed Queries',1
--重新配置
RECONFIGURE
GO
```

03 单击 "执行" 按钮执行语句，如果成功执行，在结果窗格中显示如图 9-28 所示的提示消息。

> 配置选项 'show advanced options' 已从 1 更改为 1。请运行 RECONFIGURE 语句进行安装。
> 配置选项 'Ad Hoc Distributed Queries' 已从 0 更改为 1。请运行 RECONFIGURE 语句进行安装。

图 9-28　启用 "Ad Hoc Distributed Queries" 高级选项提示信息

04 新建一个 "查询窗口"，并输入如下将 Excel 2003 数据导入到 SQL Server 2008 中的 T-SQL 语句。

```
-- Excel 导入到 SQL
USE DB_TeachingMS
GO
SELECT * INTO TB_Student_New FROM
OpenDataSource( 'Microsoft.Jet.OLEDB.4.0','Data Source=
        "D:\NewStudentInfo";User ID=Admin;Password=;Extended
        properties=Excel 8.0')...[Sheet1$]
GO
```

05 单击 "执行" 按钮执行语句，如果成功执行，在结果窗格中显示 "***行受影响" 的提示消息。

06 打开 DB_TeachingMS 数据库中的 TB_Student_New 表，可以看到 Excel 文件中的新生数据已经导入进来了。

注意: 步骤 **04** 的 T-SQL 代码中的"sheet1"为工作簿的一个工作表的名字。但是如果 Excel 为空，则自动插入了空行。另外，数据导入时，Excel 文件必须关闭。

9.4.5 将数据从 SQL Server 2008 导入到 Excel 2003

01 在新建的查询窗口中，输入如下启用 xp_cmdshell 扩展存储过程的 T-SQL 语句。

```
-- 允许配置高级选项,0→1
sp_configure 'show advanced options',1
--重新配置
RECONFIGURE
GO
-- 启用"xp_cmdshell"高级选项,0→1
sp_configure 'xp_cmdshell',1
--重新配置
RECONFIGURE
GO
```

02 单击"执行"按钮执行语句，如果成功执行，在结果窗格中显示如图 9-29 所示的提示消息。

> 配置选项 'show advanced options' 已从 0 更改为 1。请运行 RECONFIGURE 语句进行安装。
> 配置选项 'xp_cmdshell' 已从 0 更改为 1。请运行 RECONFIGURE 语句进行安装。

图 9-29　启用"xp_cmdshell"高级选项提示信息

03 新建一个"查询窗口"，并输入如下将 SQL Server 2008 数据导入到 Excel 2003 中的 T-SQL 语句。

```
-- SQL 导出到 Excel
EXEC master..xp_cmdshell 'bcp DB_TeachingMS.dbo.TB_Student out
D:\StudentInfoOut.xls -c -q -S"JYPC-PYH" -U"sa" -P"systemadmin"'
```

其中，参数"S"是 SQL 服务器名，"U"是登录名，"P"是密码。

04 单击"执行"按钮执行语句，如果成功执行，在结果窗格中显示如图 9-30 所示的相关消息。

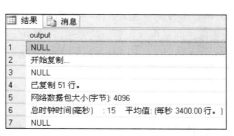

图 9-30　数据导出到 Excel 成功提示信息

05 打开文件"D:\StudentInfoOut.xls"，可以发现 DB_TeachingMS 数据库 TB_Student 表中的数据已经导出到对应的 Excel 文件中。

9.4.6 禁用高级选项

由于 xp_cmdshell 扩展存储过程可以执行任何操作系统命令,所以一旦 SQL Server 管理员账号(如 sa)被攻破,那么攻击者就可以利用 xp_cmdshell 在 SQL Server 中执行操作系统命令,如创建系统管理员,也就意味着系统的最高权限已在别人的掌控之中。

完成 SQL Server 2008 和 Excel 2003 之间的数据导入导出后,从安全角度考虑,要将 xp_cmdshell 禁用,可以通过下述 T-SQL 语句将刚才启用的高级选项功能禁用。

```
-- 禁用"Ad Hoc Distributed Queries"高级选项,1→0
EXEC sp_configure 'Ad Hoc Distributed Queries',0
RECONFIGURE
GO
-- 禁用"xp_cmdshell"高级选项,1→0
EXEC sp_configure 'xp_cmdshell',0
RECONFIGURE
GO
-- 禁止配置高级选项,1→0
EXEC sp_configure 'show advanced options',0
RECONFIGURE
GO
```

执行上述禁用高级选项的 T-SQL 语句后,SQL Server 2008 系统显示如图 9-31 的提示信息。

```
配置选项 'Ad Hoc Distributed Queries' 已从 1 更改为 0。请运行 RECONFIGURE 语句进行安装。
配置选项 'xp_cmdshell' 已从 1 更改为 0。请运行 RECONFIGURE 语句进行安装。
配置选项 'show advanced options' 已从 1 更改为 0。请运行 RECONFIGURE 语句进行安装。
```

图 9-31 禁用高级选项提示信息

9.5 ▶ 模块小结

本模块重点介绍了 SQL Server 2008 数据库备份和还原的作用、类型和方法,数据在 SQL Server 之间、在 SQL Server 与 Excel 之间的导入和导出。与之相关的关键知识点主要有:

- ✪ 数据库备份、备份设备的概念。
- ✪ 备份的类型:完全备份、差异备份和日志备份。
- ✪ 创建完全备份、差异备份和日志备份的方法。
- ✪ 从完全备份、差异备份和日志备份中还原数据库的方法。
- ✪ 在 SQL Server 2008 数据库之间数据导入导出的方法。
- ✪ 在 SQL Server 2008 与 Excel 2003 文件之间数据导入导出的方法。

📊 实训操作

(1)假如"教学管理系统"数据库管理员昨天晚上 9 点多备份了 DB_TeacheingMS 数据库。今天早上 10 点钟,有个用户对 DB_TeacheingMS 数据库做了一个 UPDATE 语句更新数据。到了下午 3 点钟,该用户发现上午 10 点钟的那条 UPDATE 语句更新数据出错了。现在数据库管理员想把 DB_TeacheingMS 数据库恢复到今天早上 10 点钟(出错)之前的状态,应该怎么办?

提示：　① 从昨天晚上到今天早上 10 点，DB_TeacheingMS 数据库一直有数据变动。

② 主要是尾日志备份和时间点还原问题。

要求：用向导方式和 T-SQL 语句两种途径解决上述问题。

（2）基于向导方式，将 SQL Server 2008 "教学管理系统" 数据库 DB_TeacheingMS 的 TB_Teacher 表中的数据导入到 ACCESS 数据库的 TB_Teacher_Out 表中，然后将 ACCESS 2003 数据库的 TB_Teacher_Out 表中的数据再导入到 SQL Server 2008 的 DB_TeacheingMS 数据库的新表 TB_Teacher_New 中。

作业练习

1．填空题

（1）数据备份是指将数据库中的数据进行复制后另外存放。在数据库发生故障后，就可以利用已_____的数据对数据库进行恢复。

（2）SQL Server 2008 提供的数据库备份方法有_____数据库备份、_____数据库备份、_____备份和_____备份。

2．选择题

（1）备份的主要用途是_____。

　A．数据转储·　　　　　　　　　　B．历史档案

　C．故障恢复　　　　　　　　　　D．安全性控制

（2）能将数据库恢复到某个时间点的备份类型是_____。

　A．完全备份　　　　　　　　　　B．差异备份

　C．日志备份　　　　　　　　　　D．文件和文件组备份

（3）如果用户正在处理大型数据库，其中一个数据库文件发生故障，可以采用_____。

　A．完整数据库备份　　　　　　　B．完整数据库和事务日志备份

　C．完整数据库和差异备份　　　　D．文件和文件组备份

（4）关于几种备份类型，下列说法中错误的一项是_____。

　A．如果没有执行完全备份，就无法执行差异备份和日志备份

　B．差异备份是指将从最近一次完全备份以后发生改变的数据进行备份

　C．利用事务日志备份进行恢复时，不可以指定恢复到某一事务

　D．当一个数据库很大时，对整个数据库进行备份可能会花很多时间，这时可以采用文件和文件组备份

3．简答题

（1）什么是数据库备份？数据库备份的目的是什么？

（2）SQL Server 2008 数据库恢复有几种模式？它们分别在什么情况下适用？

（3）SQL Server 2008 数据库的备份类型有哪几种？它们有何异同？

（4）某企业的数据库每周周日晚 12 点进行一次全库备份，每天晚 2 点进行一次差异备份，每小时进行一次日志备份。该企业的数据库在 2010 年 10 月 8 日 10 点 30 分崩溃，应如何将其恢复使数据损失最小？

附录 SQL Server 2008 常用函数速查

一、字符转换函数

1. ASCII（）

返回字符表达式最左端字符的 ASCII 码值。在 ASCII（）函数中，纯数字的字符串可不用括起来，但含其他字符的字符串必须用 ' ' 括起来使用，否则会出错。

2. CHAR（）

将 ASCII 码转换为字符。如果没有输入 0 ～ 255 之间的 ASCII 码值，CHAR（）返回 NULL。

3. LOWER（）和 UPPER（）

LOWER（）将字符串全部转为小写；UPPER（）将字符串全部转为大写。

4. STR（）

把数值型数据转换为字符型数据。

STR（<float_expression>[, length[, <decimal>]]），其中，length 指定返回的字符串的长度，decimal 指定返回的小数位数。如果没有指定长度，默认的 length 值为 10，decimal 默认值为 0。当 length 或者 decimal 为负值时，返回 NULL；当 length 小于小数点左边（包括符号位）的位数时，返回 length 个 "*"；先 length，再取 decimal；当返回的字符串位数小于 length 时，左边补足空格。

二、去空格函数

1. LTRIM（）

把字符串头部的空格去掉。

2. RTRIM（）

把字符串尾部的空格去掉。

三、取子串函数

1. LEFT（）

LEFT（<character_expression>, <integer_expression>），返回 character_expression 左起 integer_expression 个字符。

2. RIGHT（）

RIGHT（<character_expression>, <integer_expression>），返回 character_expression 右起 integer_expression 个字符。

3. SUBSTRING（）

SUBSTRING（<expression>, <starting_ position>, length），返回从字符串左边第 starting_ position 个字符起 length 个字符的部分。

四、字符串比较函数

1. CHARINDEX（）

返回字符串中某个指定的子串出现的开始位置。

CHARINDEX（<'substring_expression'>，<expression>），其中，substring_expression 是所要查找的字符表达式，expression 可为字符串也可为列名表达式。如果没有发现子串，则返回 0 值。此函数不能用于 TEXT 和 IMAGE 数据类型。

2. PATINDEX（）

返回字符串中某个指定的子串出现的开始位置。

PATINDEX（<'%substring_expression%'>，<column_name>），其中，子串表达式前后必须有百分号"%"，否则返回值为 0。与 CHARINDEX 函数不同的是，PATINDEX 函数的子串中可以使用通配符，且此函数可用于 char、varchar 和 text 数据类型。

五、字符串操作函数

1. QUOTENAME（）

返回被特定字符括起来的字符串。

QUOTENAME（<'character_expression'>[，quote_character]），其中，quote_character 标明括号内字符串所用的字符，默认值为"[]"。

2. REPLICATE（）

返回一个重复 character_expression 指定次数的字符串。

REPLICATE（character_expression integer_expression），如果 integer_expression 值为负，则返回 NULL。

3. REVERSE（）

将指定的字符串的字符排列顺序反向。

REVERSE（<character_expression>），其中，character_expression 可以是字符串、常数或一个列的值。

4. REPLACE（）

返回被替换了指定子串的字符串。

REPLACE（<string_expression1>，<string_expression2>，<string_expression3>），用 string_expression3 替换 string_expression1 中的子串 string_expression2。

5. SPACE（）

返回一个指定长度的空白字符串。

SPACE（<integer_expression>），如果 integer_expression 的值为负，则返回 NULL。

6. STUFF（）

用另一子串替换字符串指定位置、长度的子串。

STUFF（<character_expression1>，<start_position>，<length>，<character_expression2>），如果起始位置为负或长度值为负，或者起始位置大于 character_expression1 的长度，则返回 NULL 值。如果 length 长度大于 character_expression1 中 start_position 以右的长度，则 character_expression1 只

保留首字符。

六、数据类型转换函数

1. CAST（）

CAST（<expression> AS <data_ type>[length])

2. CONVERT（）

CONVERT（<data_ type>[length]，<expression> [，style])

（1）data_type 为 SQL Server 系统定义的数据类型，用户自定义的数据类型不能在此使用。

（2）length 用于指定数据的长度，默认值为 30。

（3）把 CHAR 或 VARCHAR 类型转换为诸如 INT 或 SMALLINT 这样的 INTEGER 类型，结果必须是带正号或负号的数值。

（4）TEXT 类型到 CHAR 或 VARCHAR 类型的转换最多为 8000 个字符，即 CHAR 或 VARCHAR 数据类型的最大长度。

（5）IMAGE 类型存储的数据转换到 BINARY 或 VARBINARY 类型，最多为 8000 个字符。

（6）把整数值转换为 MONEY 或 SMALLMONEY 类型，按定义的国家的货币单位来处理，如人民币、美元、英镑等。

（7）BIT 类型的转换把非零值转换为 1，并仍以 BIT 类型存储。

（8）试图转换到不同长度的数据类型，会截断转换值并在转换值后显示"+"，以标识发生了这种截断。

（9）用 CONVERT（）函数的 style 选项能以不同的格式显示日期和时间。style 是将 DATATIME 和 SMALLDATETIME 数据转换为字符串时所选用的由 SQL Server 系统提供的转换样式编号，不同的样式编号有不同的输出格式。

七、日期函数

1. DAY（date_expression）

返回 date_expression 中的日期值。

2. MONTH（date_expression）

返回 date_expression 中的月份值。

3. YEAR（date_expression）

返回 date_expression 中的年份值。

4. DATEADD（）

DATEADD（<datepart>，<number>，<date>），返回指定日期 date 加上指定的额外日期间隔 number 产生的新日期。

5. DATEDIFF（）

DATEDIFF（<datepart>，<date1>，<date2>），返回两个指定日期在 datepart 方面的不同之处，即 date2 与 date1 的差值，其结果是一个带有正负号的整数。

6．DATENAME（）

DATENAME（<datepart>，<date>），以字符串的形式返回日期的指定部分。此部分由 datepart 来指定。

7．DATEPART（）

DATEPART（<datepart>，<date>），以整数值的形式返回日期的指定部分。此部分由 datepart 来指定。

DATEPART（dd，date）等同于 DAY（date）；

DATEPART（mm，date）等同于 MONTH（date）；

DATEPART（yy，date）等同于 YEAR（date）。

8．GETDATE（）

以 DATETIME 的默认格式返回系统当前的日期和时间。

八、统计函数

1．AVG（）

返回数值列的平均值。NULL 值不包括在计算中。

2．COUNT（）

返回在给定的选择中被选的行数。

3．FIRST（）

返回指定的字段中第一个记录的值。可使用 ORDER BY 语句对记录进行排序。

4．LAST（）

返回指定的字段中最后一个记录的值。可使用 ORDER BY 语句对记录进行排序。

5．MAX（）

返回一列中的最大值。NULL 值不包括在计算中。

6．MIN（）

返回一列中的最小值。NULL 值不包括在计算中。

7．TOTAL（）

返回数值列的总和。

九、数学函数

1．ABS（numeric_expr）

返回指定数值表达式的绝对值。

2．CEILING（numeric_expr）

返回大于或等于给定数字表达式的最小整数。

3．FLOOR（numeric_expr）

返回小于或等于给定数字表达式的最大整数。

4．EXP（float_expr）

取指数，返回 e 的一个幂。

5．POWER（numeric_expr,power）

返回给定表达式的指定次方的值。

6．RAND（[int_expr]）

返回介于 0 和 1 之间的随机 float 值。

7．ROUND（numeric_expr,int_expr）

返回数字表达式并四舍五入为指定的长度或精度。

8．SIGN（int_expr）

根据给定表达式的值为正数、零和负数，返回对应的 1、0 和-1。

9．SQRT（float_expr）

返回给定表达式的平方根。

十、系统函数

1．USER_NAME（）

返回当前数据库用户关联的数据库用户名。

2．DB_NAME（）

返回数据库名。

3．OBJECT_NAME（obj_id）

返回数据库对象的名称。其返回值为 NCHAR 类型。

4．COL_NAME（obj_id,col_id）

返回表中指定字段的名称，即列名。其返回值为 SYSNAME 类型。

5．COL_LENGTH（objname,colname）

返回表中指定字段的长度值。其返回值为 INT 类型。